Fugen und Verbindungen im Hochbau

FUGEN UND VERBINDUNGEN IM HOCHBAU

Bruce Martin

Beton-Verlag GmbH

CIP-Kurztitelaufnahme der Deutschen Bibliothek

Martin, Bruce:
Fugen und Verbindungen im Hochbau/Bruce Martin.–
Düsseldorf: Beton-Verlag, 1982.

Einheitssacht.: Joints in buildings ‹dt.›

ISBN 3-7640-0128-3

Titel der englischen Originalausgabe:
Joints in Buildings

Copyright 1977 by Bruce Martin
First published in Great Britain by
George Godwin Limited 1977
Deutsche Bearbeitung: Dipl.-Ing. Eberhard Kremser

Copyright der deutschen Ausgabe:
Beton-Verlag GmbH, Düsseldorf, 1982
Satz: Knipping Druckerei GmbH, Düsseldorf
Druck: Bercker, Graphischer Betrieb GmbH, Kevelaer

Inhaltsübersicht

Vorwort des Verfassers 7

Anmerkungen des Verlags 7

Teil I: Grundlagen

Kapitel 1: Fugen und Verbindungen im Bauwesen .. 11

Kapitel 2: Die Funktion von Verbindungen 29

Kapitel 3: Entwurfsgrundlagen 32

Kapitel 4: Verbindungsmittel 44

Kapitel 5: Verbindungstechniken 54

Teil II: Beispiele aus der Praxis

Einführung 59

Fundamente 60

Rahmen 70

Dächer 85

Wände 110

Trennwände 138

Innenwandausführungen 151

Fußbodenausführungen 160

Deckenausführungen 170

Formteile 176

Stichwortverzeichnis 189

Vorwort zur deutschen Ausgabe

Große Vielseitigkeit und eine überschaubare Gliederung machen dieses Werk zu einer einzigartigen Sammlung von Detailpunkten im Hochbau. Ziel einer solchen Sammlung kann es weder sein, alle möglichen Fugen und Verbindungen im Hochbau erschöpfend darzustellen und zu diskutieren noch die eingeführten Werke über Baukonstruktionen zu ersetzen. Der Nutzen dieses Werkes liegt darin, daß es durch das Aufzeigen einer Vielzahl von Varianten und Lösungsmöglichkeiten die vorhandenen Erfahrungen ergänzt.

Diese Sammlung von Details im Hochbau entstand in Großbritannien. Wegen des starken internationalen Austausches an Wissen und technischen Errungenschaften (Patente, Verfahren, Halbzeuge usw.) ist ein großer Teil der vorgestellten Details durchaus international und damit auch auf deutsche Verhältnisse übertragar. Selbst typisch englische Lösungen, z.B. die Verwendung spezieller Profile, stören in diesem Zusammenhang kaum, zeigen doch auch sie praxiserprobte Details.

Das Buch empfiehlt sich daher für Studierende wie für Praktiker, wenn sie es richtig zu nutzen wissen: Nicht als eine Sammlung von Fugen und Verbindungen, die ohne nachzudenken in jedem Detail kopiert und eingebaut werden können, sondern als Fundgrube für Lösungsmöglichkeiten und als Hilfestellung zur Lösung komplizierter Aufgaben in der Praxis.

E. Kremser

Vorwort des Verfassers

Dieses Werk ist ein Versuch, Ordnung in ein neues Fachgebiet zu bringen. Das Bauen neigt von Natur aus dazu, empirisch zu sein. Es ist eine handwerkliche Kunst, in der sich viele Resultate direkt aus der Handlung ergeben. Die Praktiker sind fast nie literarische Enthusiasten und nur selten akademische Philosophen – jeweils im besten Sinne dieser Begriffe. Das Bauen wandelt sich nur langsam von einem Handwerk zu einer Industrie: Die modernen Bauwissenschaften sind neueren Ursprungs.

Die Wissenschaft als geordnetes Wissen eines Fachbereiches basiert auf Technologie. Sie stellt ein Fundament des Verständnisses und der Innovation bereit. Der Aufbau einer Wissenschaft erfordert harte Arbeit, Ausdauer und Hartnäckigkeit, angetrieben vielleicht durch wirtschaftliche Erfordernisse, Wissensdurst, dem Bedürfnis nach Sicherheit und Ordnung und ein Greuel vor dem Unexakten, dem mangelhaft Definierten, dem Ungewissen. Heute sind dies jedoch keine allseits bewunderten Attribute mehr, wie es in früheren Jahrhunderten der Fall war. Im Zeitalter des bezahlten Urlaubs, der Freizeitgestaltung, der immer kürzer werdenden Arbeitszeit, der verminderten handwerklichen Qualität, des Fernsehens und des Wartens auf irgendein Ereignis ist der Entdecker sehr auf sich selbst gestellt.

Das Verbinden ist die eigentliche Grundlage des Bauens; verbinden heißt zusammenfügen, zusammenfügen heißt bauen. Das Verbinden wurde in der Praxis als integraler Bestandteil einer langen Tradition des Handwerklichen aufgefaßt und konnte sich nur weniger bewußter Untersuchungen erfreuen. Der Sektor der Verbindungen und Fugen ist der zentrale Teil eines größeren Bereiches der Baukonstruktion und wurde bis vor kurzem nie als eigenständiger Bereich untersucht.

In den letzten zehn Jahren jedoch wurden viele theoretische und angewandte Forschungsprojekte durchgeführt, mit dem Resultat, daß dieses Fachgebiet untersucht, vermessen, definert, und detailliert aufgenommen wurde. Eine Terminologie wurde festgelegt und eine einigermaßen umfassende theoretische Grundlage geschaffen.

Ich hoffe, daß dieses Buch zu einer Quelle des fundierten, verläßlichen Wissens über den Kern der Baukonstruktionen wird. Gleichzeitig könnte es als historisches Dokument über den Stand der Technik in der Mitte der zweiten Hälfte des zwanzigsten Jahrhunderts dienlich sein.

Ich möchte all denen danken, die mir bei der Vorbereitung dieses Buches geholfen haben: meiner Frau Barbara Martin für die Anfertigung der Zeichnungen; George Atkinson, H.W. Harrison und R.B. Bonshor vom Bauforschungs-Institut für deren Fachberatung; Jan Bobrowski, David Dean, Roger D. Foster, R. Howard, Malcolm Johnson, Susan Martin, Anthony Williams und Philip Wykham, die alle wertvolle Hinweise gegeben und Hilfe geleistet haben.

Ich möchte mich bei den Firmen bedanken, die technisches Material zur Verfügung gestellt haben.

Anmerkungen des Verlags

Obwohl die in diesem Buch behandelten Themen und die dargestellten Zeichnungen das Produkt sorgfältiger Untersuchungen sind, können der Verfasser und der Verlag keinerlei Gewähr für die Brauchbarkeit des Inhalts in einer bestimmten Situation übernehmen. Auch für Fehler wird nicht gehaftet.

Verschiedene Hersteller haben mit dem Verfasser zusammengearbeitet, indem sie Unterlagen über ihre Produkte zur Verfügung gestellt haben. Hierüber wurde frei verfügt, so daß die Informationen bis zu einem gewissen Grad den Erfordernissen angepaßt werden konnten, um dieses Buch für Architekten und Planer so hilfreich wie möglich zu gestalten.

Es ist zu beachten, daß aus der Einbeziehung von Materialien, Komponenten, Produkten oder Systemen in dieses Buch keinerlei Rechte abgeleitet werden können, ausgenommen die Verwendung besagter Materialien, Komponenten, Produkte oder Systeme bei der Ausführung des Bauwerks.

Es liegt in der Natur der modernen Technologie, daß Produkte und Verfahren einer ständigen Erneuerung unterliegen. Oft jedoch vergeht geraume Zeit, bevor neuere Verfahren von der ganzen Industrie eingeführt werden. In der Tat kommt es manchmal vor, daß die letzte Innovation nie breite Anerkennung findet.

Dieses Buch versucht, die z.Z. gängige Praxis aufzuzeigen. Innerhalb der dargestellten Grenzen wurde die größtmögliche Genauigkeit angestrebt.

Teil I
Grundlagen

Kapitel 1
Fugen und Verbindungen im Bauwesen

1.1 Einführung

Wir kennen heute Bauweisen, die vom einfachen Handwerk bis hin zur fortgeschrittenen Technologie reichen. Zwischen diesen beiden Extremen liegen alle Formen des Bauens, von völlig traditionellen Bauweisen bis hin zur hochentwickelten Ingenieurkunst.

Traditionelles Bauen wurde durch die Verwendung von örtlich verfügbaren Baustoffen, bestimmten Gestaltungsgedanken und bewährten Konstruktionsmethoden charakterisiert. Es war in der Regel das Werk einer kleinen Gemeinschaft mit ihren eigenen Normen, kaum von fremden Ideen und Einflüssen berührt. Die Regeln wurden vom Vater an den Sohn weitergegeben und fast nie niedergeschrieben. Man lernte durch Tun.

Wären die traditionellen Bauweisen fortgeführt worden und wären sie die einzigen Bauweisen geblieben, so wäre dieses Buch zum größten Teil überflüssig und mit Sicherheit ohne den Großteil des jetzigen Inhalts geblieben. In den örtlichen Bauweisen führte die Verwendung von ein oder zwei natürlichen Baustoffen zu einigen anerkannten Konstruktionsmethoden mit einer naturgemäß beschränkten Anzahl von Möglichkeiten, nach denen die Verbindungen und Fugen ausgeführt werden konnten. Diese Methoden wurden über viele Generationen angewandt und ausprobiert, so daß sie verläßlich wurden.

In einem Zeitraum von mehr als zweihundert Jahren haben wissenschaftliche Methoden, die industrielle Revolution und die darauf folgenden sozialen Revolutionen zu einem Niedergang des Handwerklichen geführt. Ganz neue Bauweisen traten zum ersten Mal in der Geschichte in Erscheinung. Sowohl in der Bautätigkeit als auch im Gesamtbestand an Gebäuden hat es enorme Zuwachsraten gegeben. Die Einführung fabrikmäßig hergestellter Bauteile mit neuen Baustoffen und Produktionsmethoden hat das Verhältnis zwischen dem Architekten und dem Mann auf der Baustelle gewandelt. Die Fähigkeit, brauchbare Verbindungen auf traditionelle Weise herzustellen, ging allmählich verloren. Neue Baustoffe, neue Produktionsmethoden und neue Anforderungen haben zu neuen Bauweisen, Montage- und Verbindungsmethoden geführt.

Richtig durchgeführt, basieren die neuzeitlichen Konstruktionsvorgänge auf einer eindeutigen Beschreibung der Anforderungen hinsichtlich des erwarteten Verhaltens. Sie werden von Normen, Vorschriften und maßstabsgerechten Zeichnungen unterstützt. Das Gebäude wird als ein aus mehreren Einzelteilen bestehendes Ganzes konzipiert, dessen Teile nach vorhersehbarem Muster zusammengefügt werden können. Die Teile werden so konstruiert, daß sie in einer Fabrik hergestellt werden können, um später auf der Baustelle montiert zu werden. Die Konstruktionsdetails und im besonderen die Verbindungen zwischen den Teilen sind sorgfältig geplant. Prototypen werden hergestellt, und Versuche stellen sicher, daß den Anforderungen entsprochen wird, bevor die Serienproduktion aufgenommen wird. Die fabrikmäßige Herstellung basiert auf detaillierten Kenntnissen der Produktionsmethoden und auf strenger Qualitätskontrolle. Die Teile werden aus hochwertigen Stoffen hergestellt, deren Eigenschaften bekannt und erfaßt sind und deren Verhalten errechnet bzw. deren zukünftiges Verhalten mit Sicherheit vorausgesagt werden kann. Das Material wird in der Regel gezielt zusammengesetzt und hat viele neue Eigenschaften, die sich oft besonders für das Bauen anbieten, z.B. geringes Gewicht, gute Wärmedämmung oder hohe Festigkeit.

Aus dem Material werden von Maschinen Teile geformt, die den Anforderungen von einschlägigen Normen aller Art entsprechen, besonders hinsichtlich Standardgrößen mit vorgegebenen Toleranzen. Ein wesentlicher Anteil der Bauteile ist relativ groß, wobei die Größe jedoch aus Transportgründen begrenzt wird, um das Teil auch problemlos von der Fabrik zur Baustelle bringen zu können. Die Montage auf der Baustelle ist eine schnelle Abfolge von Schritten, die auf einer vollkommenen Koordination zwischen den Größen der Bauteile und den Abmessungen des Grundrisses sowie auf dem richtigen Einmessen und Verlegen basieren: Mit dieser neuen Bauweise werden die Verbindungen zwischen den Teilen ebenso wichtig wie die Teile zwischen den Verbindungen.

Im vorigen Jahrhundert wurden noch relativ wenige Gebäude nach diesen Konstruktionsprinzipien errichtet. Die besten frühen Beispiele, wie der Kristall-Palace und die großen Londoner Bahnhöfe, waren das Produkt einer hochorganisierten, reichen Industriegesellschaft im Mittelpunkt eines Weltreiches. Zwei Weltkriege richteten große Zerstörung an, vernichteten alle traditionellen Methoden und führten zur Improvisation und zu Experimenten in großem Umfang. Die Bautätigkeit verdoppelte sich und verdoppelte sich nochmals innerhalb weniger Jahrzehnte. Jede nur erdenkliche Bauweise wurde ausprobiert und ausgeführt. Die Baukosten stiegen stetig an. Viele Gebäudearten, wie die amerikanischen Wolkenkratzer, waren in dem Verbrauch von Material und Energie verschwenderisch, und das sowohl bei der Errichtung als auch im Unterhalt. Die Bereitstellung von Behausungen stellte einen immer größer werdenden Teil der Staatsausgaben dar. Sparmaßnahmen führten zu verminderter Qualität und zu ungenügenden Sicherheitsbeiwerten für außergewöhnliche Fälle und, in manchen Fällen, auch für durchaus mögliche Belastungsfälle.

Konstruktionsmethoden wurden immer komplizierter und individueller. Bei den Konstruktionen von Fugen und Verbindungen verlief die Entwicklung ähnlich. Insgesamt stieg dadurch die Schadenshäufigkeit an.

Es ist möglich, sicherlich wünschenswert und wahrscheinlich auch notwendig, daß die Anzahl der Varianten bei Fugen und Verbindungen im Bauwesen weniger, die Konstruktionen einfacher und allgemein anerkannt werden sollten. Aber heute – und möglicherweise auch, um dieses Ziel zu erreichen – müssen wir so viele der Fugen- und Verbindungsmethoden erfassen wie möglich, damit ihre Verwendungsmöglichkeiten in der Praxis erkannt werden können. Dieses ist ein wichtiger Grund dafür, daß dieses Werk geschaffen und zahlreiche ausgesuchte Beispiele als Detailzeichnungen im zweiten Teil des Buches aufgenommen wurden.

1.2 Bezeichnungen von Verbindungen

Bezeichnungen von Verbindungen in traditionellen Bauweisen

Fugen und Verbindungen wurden in den traditionellen Bauweisen kaum bewußt untersucht. Es gab keine theoretischen Grundlagen, und Fachausdrücke waren nicht vonnöten. Die Verbindungen wurden nicht analysiert, eine Benennung der einzelnen Teile fand nicht statt. Andererseits war es in einzelnen Gewerken notwendig, eine bestimmte Verbindung zu benennen, um sie von anderen unterscheiden zu können. Die Bezeichnungen der traditionellen Verbindungen deuten meist auf die einzelnen Gewerke und auf die verwendete Technik hin. Es waren wenige Gewerke, und die angewandten Verbindungen waren wohlerprobt und wenige an der Zahl. Ein Teil dieser Verbindungen findet noch immer Verwendung.

Der Zimmermann, später der Bautischler, war damit beschäftigt, Holzstücke zu verbinden. Viele Bezeichnungen beschreiben die Form des Schnittes, z.B.: Versatz, Klauenschiftung, Verkämmung, Schwalbenschwanz, Verzahnung, Stoß, Schäftung, Fingerzinkung, Spund, Gehrung. Einige Bezeichnungen beschreiben die Lage der Holzteile, z.B.: Eckverbindung, Überlappungsverbindung. Andere Bezeichnungen stammen von der Arbeitsweise ab, z.B.: Überblattung, Profilverbindung. Andere wiederum stammen von dem verwendeten Verbindungsmittel, z.B.: genagelte Verbindung, geschraubte Verbindung, Konstruktion mit Holzverbindern, gedübelte Verbindung.

Im Mauerwerksbau beschreiben einige der Bezeichnungen die Lage des Mörtels zwischen den Steinen, z.B.: Lagerfuge, Stoßfuge, Längsfuge, Querfuge. Andere Bezeichnungen beziehen sich auf die Form des Steines, z.B.: Steinverklammerung, Stumpfstoß. Im Ziegelmauerwerksbau werden einige der Mörtelfugen nach der Form der Verfugung benannt, z.B.: Bündige Fuge, Hohlfuge, vertiefte Fuge.

In den Installationsgewerken werden einige Verbindungen nach dem Material, dem Rohr oder dem Formstück benannt: Glockenmuffenverbindung, Kugelgelenk, Flanschverbindung, geschraubte Verbindung, Kapillarverbindung, Drehgelenk. Andere werden nach dem verwendeten Material benannt: Hartlöten (Messing), Bleilöten (Blei), Löten (Lötzinn). Andere Verbindungen werden nach dem Formstück benannt, das die Verbindung herstellt: Stopfbuchse, Vollgummiring. Andere werden durch die Art beschrieben, in der die Verbindung hergestellt wird: Druckverbindung, Schmelzverbindung, hartgelötete Verbindung, geschweißte Verbindung. Weitere werden nach der Lage der Rohre benannt: Abzweige, Übergangsrohr, Krümmer. Eine Verbindung wird nach ihrer Funktion benannt: Biegsame Verbindung.

Die Bezeichnung von Verbindungen in neuen Bauweisen

Mit der Entwicklung von Wissenschaft und Technologie, neuen Baustoffen, Formen und Methoden haben die Bauweisen zu neuen Verbindungsmethoden geführt und zur Einführung von neuen Bezeichnungen, die meistens eine Eigenschaft der Verbindung beschreiben. Von diesen gibt es nur wenige. Die offene Fuge wird so genannt, weil sie offen bleibt. Die geschlossene Fuge wird mit einer Fugenmasse geschlossen. Die Labyrinthfuge wird nach der Form ihrer Profile benannt.

Eine Reihe von Verbindungen im Bauwesen werden nach ihrem Zweck benannt: Bewegungsfuge (läßt Bewegung zu), Dehnungsfuge (läßt Dehnung zu), reibungsbehinderte Fuge (läßt relative Verschiebung in der Fugenachse zu), Schwindfuge (erlaubt kontrolliertes Schwinden), induzierte Schwindfuge, Teil-Schwindfuge. Eine Verbindung wird nach der Verbindungskomponente benannt: Die Nietverbindung (Niet).

In der Regel kann jedoch gesagt werden, daß die Verbindungen heute nicht mehr benannt werden. Es gibt zum Beispiel viele Möglichkeiten, ein Fenster zu verglasen, aber die sich daraus ergebenden Verbindungen werden nicht namentlich differenziert. Die Materialien, Verbindungsprodukte, Funktionen und Verhaltensmerkmale werden benannt, aber die Verbindungen selbst erhalten keine Namen. Aus diesem Grund wird eine Verbindung als Teil eines Bauteils beschrieben, nach der Anordnung im Bauteil benannt, nach dem Fugenprofil, nach einem besonderen Attribut oder auf weniger anschauliche Weise beschrieben. Da eine geordnete Benennung fehlt, kann eine konsequente Klassifizierung nicht stattfinden.

Die Bezeichnungen in diesem Buch sind zum größten Teil nicht genormt. Eine eindeutige Begriffsvereinheitlichung und -zuordnung oder ein Thesaurus wurden bisher für das Gebiet der Fugen und Verbindungen noch nicht eingeführt und in dieses Buch daher auch noch nicht eingearbeitet. Es können sich daher Unterschiede zwischen dem örtlichen Sprachgebrauch und den Bezeichnungen in diesem Buch ergeben – ein weiteres Zeichen für die Notwendigkeit dieses Buches, das das Fachgebiet der Fugen und Verbindungen erstmals geschlossen darstellt.

Fugen und Verbindungen

1.3 Holzverbindungen

Überlappung

Verbindung zwischen zwei Holzteilen, die durch Übereinanderlegen zweier Enden zustande kommt und mit durchgehenden Bolzen, Stahlbändern oder Ankerringen hergestellt wird.

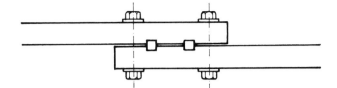

Gerades Blatt

Verbindung zwischen den Enden zweier Holzteile von gleicher Dicke. Sie wird durch das Wegschneiden der halben Materialdicke am Ende der Teile geformt und durch Verleimen, Verleimen und Verschrauben, Nageln oder Bolzen hergestellt.

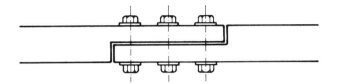

Schräges Blatt

Überblattung, bei der die Schnittflächen schräg verlaufen, um Zugkräfte aufnehmen zu können.

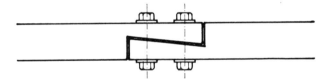

Schäftung

Verbindung zwischen zwei Holzteilen, bei der das schräg angeschnittene Ende eines Teils mit dem anderen Teil korrespondiert. Die Verbindung kann verleimt, verbolzt oder mit Bändern hergestellt werden und beinhaltet möglicherweise Verklammerungen, Keile oder Rillen.

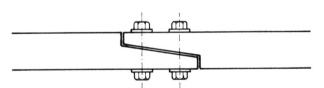

Verzahnung

Verbindung zwischen den Enden zweier Holzteile, hergestellt durch das Schneiden von Fallkerben in den Enden und in der korrespondierenden Lasche. Die Verbindung wird verbolzt und kann Keile beinhalten.

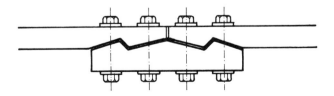

Keilzinkenverbindung

Verbindung zwischen den Enden zweier Holzteile, hergestellt durch das Einschneiden korrespondierender V-förmiger Zinken in den Enden. Diese Verbindung wird mit großer Genauigkeit auf Spezialmaschinen geschnitten und verleimt.

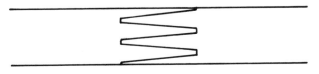

Teil I

Stumpfer Stoß

Verbindung zwischen zwei Holzteilen, die aufeinandertreffen, ohne zu überlappen. Die Teile können Kopf-an-Kopf, Seite-an-Seite oder rechtwinkelig zueinander liegen und werden in der Regel verleimt.

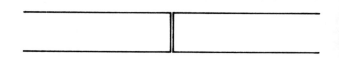

Überfälzung

Verbindung zwischen zwei Holzteilen, hergestellt durch das Zusammenfügen zweier korrespondierender Falze.

Nut- und Federverbindung

Verbindung zwischen den Seiten zweier Bretter, hergestellt durch das Einschneiden von Nuten in die eine Seite des Brettes und von Spunden in die andere Seite. Die Nuten bzw. Federn werden mittig in die Seiten der Bretter oder nahe der Unterseite (wie bei Fußbodenbrettern) geschnitten.

Federverbindung

Verbindung zwischen den Seiten zweier Bretter, hergestellt durch das Einfügen von Federn in den beidseitig eingeschnittenen Längsnuten.

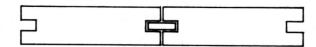

Nut- und Federverbindung mit Fase

V-förmige Verbindung zwischen den Seiten zweier mit Nut und Spund verbundenen Bretter, die an den Längsseiten abgefast wurden.

S-Falz

Verbindung zwischen Tür- oder Fensterflügel, hergestellt durch das Einschneiden von korrespondierenden S-förmigen Falzen in die Seiten.

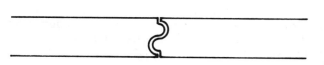

Fugen und Verbindungen

Gehrung

Verbindung zwischen zwei Holzteilen mit gleichem Querschnitt, die in einem Winkel aufeinandertreffen. Jedes Teil wird im gleichen Winkel angeschnitten, die Enden stumpf gestoßen und verleimt.

Versatz

Verbindung zwischen zwei Holzteilen, hergestellt durch das Ausschneiden einer flachen, rechteckigen oder schwalbenschwanzförmigen Nut in einem Teil und das kopfseitige Einpassen des Endes des anderen Teils.

Eckblatt

Verbindung zwischen zwei Holzteilen, die im Winkel zueinander stehen, in Form einer Überblattung.

Schwalbenschwanz

Zapfenverbindung mit einem konischen Zapfen. Der Neigungswinkel beträgt in der Regel 1:8 bei Harthözern und 1:7 bei Nadelholz. Die Verbindung wird verleimt.

Klauenschiftung

Verbindung zwischen zwei Holzteilen, hergestellt durch das Schneiden einer Kerbe in dem Ende eines Teiles und das Aufsetzen dieser Kerbe auf das andere, rechtwinkelig dazu verlaufende Teil; wie das Aufsetzen eines Sparrens auf einem Streifbalken.

Verkämmung

Verbindung zwischen einem Balken und einem Streifbalken, hergestellt durch das Schneiden einer Kerbe in der Unterseite des Balkens und das Schneiden einer beidseitigen Kerbe in dem darunterliegenden Streifbalken, so daß der Balken darüberpaßt.

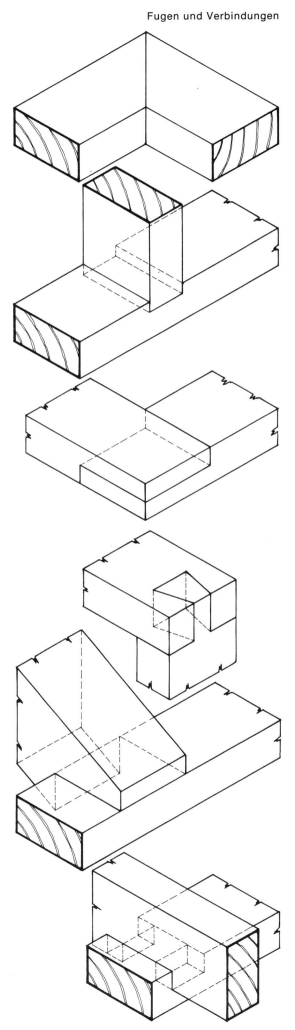

Teil I

Zinkung

Verbindung zwischen zwei Holzteilen, hergestellt durch das Schneiden einer Anzahl von Zapfen an dem einen Teil und das Schneiden einer Anzahl von korrespondierenden Zapfenlöchern in dem anderen.

Zapfenverbindung

Verbindung zwischen zwei Holzteilen, die in der Regel rechtwinkelig zueinander stehen, hergestellt durch das Schneiden eines rechteckigen Loches (Zapfenloch) in einem Teil und das Schneiden eines korrespondierenden Vorsprungs (Zapfen) am anderen.

Klaue mit Zapfen im Nest

Zapfenverbindung, die zur Verbindung von einem Balken mit einem Pfosten benutzt wird, hergestellt durch das Schneiden von einem Zapfenloch oder -löchern im Balken und das Schneiden von einem oder mehreren Zapfen am Pfosten.

Gabelzapfen

Verbindung zwischen zwei Holzteilen, hergestellt durch das Schneiden eines nach oben offenen Zapfenloches am Ende des einen Teils, das zu einem mittig in dem anderen Teil geschnittenen Zapfen paßt.

Brustzapfen

Zapfenverbindung mit einem besonders geformten Zapfen, der durch das Zapfenloch geht und am Austritt verkeilt wird.

Profilverbindung

Verbindung zwischen zwei Holzprofilen, hergestellt durch das Schneiden eines Profilendes, so daß dieses auf das andere – meistens rechtwinklig dazu stehende – Profil paßt.

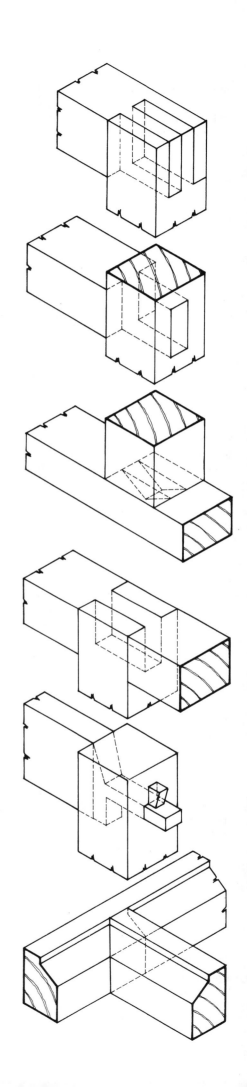

1.4 Mauerwerksverbindungen

Überfalzung
Fuge, in der die Steine einen korrespondierenden Falz aufweisen.

Trockene Stoßfuge
Fuge im Werksteinmauerwerk, ohne Fugenverguß.

Verdübelte Fuge
Fuge, die durch ein Steinplättchen oder einen nichtrostenden Metalldübel verbunden ist. Findet sowohl horizontal (z. B. Mauerabdeckung) als auch vertikal (z. B. zwischen den Steinen einer Stütze) Anwendung.

Vergossene Fuge
Fuge zwischen Steinen, die mit Vergußmaterial gefüllt ist.

Schwalbenschwanzförmig verdübelte Fuge
Fuge mit schwalbenschwanzförmigen Nuten, in denen ein ebenfalls schwalbenschwanzförmiger Dübel aus Schiefer, Blei oder nichtrostendem Metall eingebracht wird.

Eckfuge mit angeformtem Schenkel
Mit einem Eckstein ausgeführte Stoßfuge.

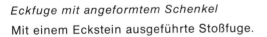

Stoßfuge mit Überhöhung
Fuge zwischen zwei Steinen einer Abdeckung, die so ausgebildet sind, daß kein Wasser in die Fuge laufen kann.

Steinverklammerung
Fuge im Werksteinmauerwerk, ähnlich der Nut- und Spundverbindung im Tischlerhandwerk.

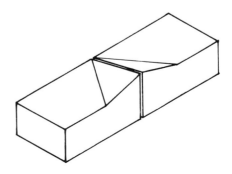

Teil I

Lagerfuge (1)
Horizontal- oder Radialfuge zwischen Gewölbesteinen.

Stoßfuge (2)
Vertikale Mörtelfuge zwischen Steinen oder Ziegelsteinen. Eine Sichtfuge ist jener Teil der Fuge, der von außen im Mauerwerk zu sehen ist.

Versetzte Fuge (3)
Anordnung der Steine so, daß sich keine durchlaufenden Fugen ergeben.

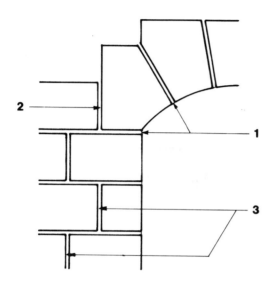

1.5 Fugenausbildung im Ziegelmauerwerk

Bündige Fuge
Fuge, deren Oberfläche mit der Außenfläche des Mauerwerks bündig verläuft. Das Verstreichen der Fuge erfolgt im Verlaufe des Mauerns. Der Mörtel wird mit einer Kelle flachgestrichen und erhält ein glanzartiges Aussehen. Eine sandige Oberflächenstruktur wird erreicht, indem die Oberfläche mit einem Stück Holz oder Polystyrol abgerieben wird.

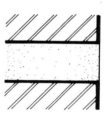

Bündige Fuge mit Kellenschnitt
Bündige Fuge, in deren Mitte mit einer Kelle oder einem Spezialwerkzeug eine schmale Nut geschnitten wird, unter Zuhilfenahme eines Lineals. Der entstehende Schatten verleiht der Wand ein zusätzlich regelmäßiges Aussehen.

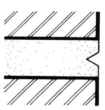

Hohlfuge
Mörtelfuge, deren Oberfläche einer gekrümmten, flachen Vertiefung folgt. Sie kann geformt werden, indem ein Stab von 13 mm Durchmesser in die noch frische Fuge gedrückt wird. Diese Fuge wird im Verlauf des Mauerns verstrichen und ist sehr haltbar.

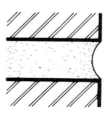

Fugen und Verbindungen

Lippenfuge (1)

Mörtelfuge, die so verstrichen wird, daß der Mörtel im oberen Bereich nach innen geneigt ist. Der Verstrich, die Lippenfuge, wird in der Regel im Verlauf des Mauerns ausgeführt. Weicht die Farbe des Fugenverstriches von der Farbe des übrigen Fugenmörtels ab, so wird der Verstrich notwendigerweise zu einem separaten Arbeitsgang.

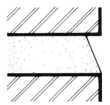

Vorspringende Fuge

Eine Art des Fugenverstrichs einer Mörtelfuge, bestehend aus weißem Kalkbrei, der entlang der Fugenmitte hervorspringt. Die Fuge wird ausgekratzt und bündig mit in der Wandfarbe eingefärbtem Mörtel verstrichen. Eine schmale Nut wird entlang der Fugenmitte geschnitten und der Mörtel dem Abbinden überlassen. Die Nut wird dann mit Kalkbrei verstrichen und der Vorsprung angeformt.

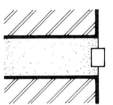

Lippenfuge (2)

Mörtelfuge, die so verstrichen wird, daß der Mörtel im unteren Bereich nach innen geneigt ist. Der auf dem unteren Stein entstehende Vorsprung kann Wasser ansammeln, so daß diese Fuge nur ausgeführt werden sollte, wenn die Wand gut geschützt ist. Es sollte bedacht werden, daß beide Arten der Lippenfuge, trotz ihrer sehr unterschiedlichen Eigenschaften, den gleichen Namen aufweisen.

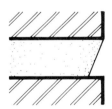

Wetterrechte Fuge

Mörtelfuge, die so verstrichen wird, daß eine V-Form entsteht. Horizontalfugen haben asymmetrische Schenkel. Vertikalfugen bilden eine symmetrische V-Form.

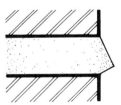

Vertiefte Fuge

Mörtelfuge, die so ausgekratzt wird, daß eine rechteckige Vertiefung entsteht, ca. 6 mm tief und in voller Fugenbreite. Sie betont die Fugen, sollte aber nicht bei weichen Steinen oder bei ungeschützten Wänden verwendet werden, da Wasser und gelöste Chemikalien angesammelt werden können. Mörtelabplatzungen werden jedoch vermindert.

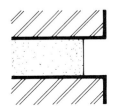

Teil I

1.6 Verbindungen im Heizungs-, Lüftungs- und Sanitärbereich

Geschweißte Verbindungen (Schweißverbindung)

Verbindung für Metalle oder Kunststoffe, in der die Teile durch Erhitzung auf eine kritische Temperatur zusammengefügt werden, mit oder ohne Zugabe von geschmolzenem oder erweichtem Zusatzwerkstoff.

Gasgeschweißte Verbindung

Geschweißte Verbindung zwischen zwei Teilen des gleichen Metalls, mit oder ohne Zusatzmaterial des gleichen Materials.

Gasgeschweißte Blei-Verbindung

Gasgeschweißte Verbindung für Bleirohre oder -platten, hergestellt durch Stoßen oder Überlappen der zu verbindenden Teile und Verwendung einer Lötlampe zum Verschmelzen. Wo notwendig, kann zusätzliches Blei hinzugefügt werden, um die erforderliche Festigkeit zu gewährleisten.

Gasgeschweißte Bronze-Verbindung

Geschweißte Verbindung, hergestellt durch Verwendung von geschmolzener Bronze.

Gelötete Verbindung

Verbindung, hergestellt durch Verwendung von geschmolzenem Lötzinn.

Bleirohrlötung

Gelötete Verbindung für Blei- oder Bleilegierungsrohre, hergestellt durch Zuschärfen der Rohrenden und Aufbringen und Glattstreichen von Weichlot.

Gestützte Bleirohrlötung

Bleirohrlötung mit Bleiflansch, der auf einem Holzbock ruht und das Rohr in einem vertikalen Installationsschlitz stützt.

Bleirohrlötung

Eine weitere Form des Bleirohrlötens ist das Zuschärfen bzw. Aufweiten der Rohrenden; in den entstehenden Trichter wird Weichlot eingebracht.

Hartlöten

Verbindung, die mit geschmolzenem Messing hergestellt wird.

Gegossene Bleirohrlötung

Verbindung für Bleirohre, bei der die Teile vorbereitet, geformt und zusammengefügt werden. Geschmolzenes Weichlot wird aufgebracht und mit Hilfe eines Spezialtuchs verteilt, so daß die für die Festigkeit erforderliche Form und das entsprechende Volumen entstehen.

Kniegelenk

Gegossene Bleirohrlötung, bei der ein Messingformstück auf das Ende eines Bleirohrs aufgesetzt wird, wenn für eine gewöhnliche Abzweigung kein Platz vorhanden ist.

Weitere Bleirohrverbindungen

Liegende Lötung: Verbindung, bei der zwei waagerechte Rohre örtlich verbunden werden.

Aufgehende Lötung: Verbindung, bei der zwei aufgehende Rohre örtlich verbunden werden.

Lösungsmittelverbindung

Stramme Glockenmuffenverbindung bei Kunststoffrohren, z. B. PVC, bei der die Rohrenden vor dem Zusammenfügen mit einem Lösungsmittel bestrichen werden.

Schmelzverbindung

Verbindung, die an bestimmten Kunststoffrohren ausgeführt wird, z. B. Polyäthylen. Die in einer Gockenmuffenverbindung zusammenzufügenden Enden werden erhitzt und im heißen Zustand ineinandergefügt. Bei der Abkühlung verschmelzen die beiden Rohre ineinander.

Kompressionsverbindung

Verbindung, die in der Regel zwischen leichten Kupferrohren hergestellt wird, indem ein Messingformstück aufgeschraubt wird, das beide Rohrenden mit Kompressionsringen faßt.

Dehnungsfuge

Verbindung, die eine durch Temperaturschwankungen bedingte relative Bewegung (Ausdehnung und Kontraktion) zuläßt.

Angeflanschte Verbindung

Verbindung, die durch das Zusammenfügen zweier Flanschen mittels Schrauben oder Bolzen und Muttern hergestellt wird.

Biegsame Verbindung

Verbindung, die eine Bewegung der Teile aus deren ursprünglicher Flucht zuläßt. Sie ermöglicht auch die Verbindung von zwei Teilen, die nicht in einer Flucht liegen.

Geschraubte Verbindung

Verbindung zwischen zwei konzentrischen, zylindrischen Flächen, auf denen ein Gewinde aufgebracht wurde. Die Verbindung wird durch Einschneiden des Gewindes und Drehen eines oder beider Teile hergestellt.

Glockenmuffenverbindung

Verbindung für Rohre und Kanäle, in der das Spitzende in die Glockenmuffe eingeführt wird. Die Fuge wird mit einem Dichtungsmaterial oder mit einem Vollgummiring bzw. einem Ring aus einem anderen Material versiegelt. Bei gußeisernen Rohren wird die Verstemmung mit Bleiwolle oder geschmolzenem Blei ausgeführt. Bei Tonware wird sie mit Zementmörtel ausgeführt, wobei das untere Ende mit einem Seil ausgestopft wird.

Kapillarverbindung

Glockenmuffenverbindung mit einer geringen Toleranz, die durch Kapillarwirkung mit geschmolzenem Blei vollläuft, wenn sie erhitzt wird.

Verstemmte Verbindung

Glockenmuffenverbindung, die abgedichtet wird, indem sie mit Bleiwolle oder ähnlichem Material verstemmt wird.

Vollgummiring-Verbindung

Glockenmuffenverbindung, in der ein Vollgummiring mit kreisförmigen Querschnitt zur Abdichtung verwendet wird.

Einsteck-Verbindung

Verbindung in einem Regenfallrohr, bei der keine aufgeweitete Glockenmuffe zu sehen ist.

Kugelgelenk

bewegliche Verbindung zwischen zwei Teilen, deren Kontaktflächen dem Teil einer Kugeloberfläche ähnlich sind.

Drehgelenk

Verbindung zwischen einem starren und einem beweglichen Teil, die Drehungen um die gemeinsame Achse erlaubt.

Wulst

Verbindung zwischen den Seiten zweier flachliegenden Bleiplatten, hergestellt durch das Aufkanten der Seiten zu einem rechten Winkel, das Aneinanderfügen der Aufkantungen und deren Faltung zu einem gemeinsamen Wulst.

Falzung

Verbindung zwischen den Seiten zweier Bleche, hergestellt durch das Falzen der Kanten, das Ineinanderfügen der Falze und deren Flachhämmerung. Es können sowohl einfache als auch doppelte Falzungen vorgenommen werden, wobei die fertige Verbindung dann Einfachfalzung bzw. Doppelfalzung genannt wird.

Stopfbuchse

Verbindung in einem Kupfer-Heißwasserrohr oder -Abflußrohr, das thermische Bewegungen zuläßt.

1.7 Verbindungen in Ingenieurbauwerken

Arbeitsfuge

Fuge, vor allem im Betonbau, die da hergestellt wird, wo die Bauarbeiten unterbrochen werden müßten. Betonierarbeiten sollten so geplant werden, daß sie an Dehnungs- oder Schwindfugen enden. Wo das nicht möglich ist, wird eine Arbeitsfuge angeordnet. Diese ist nicht dazu gedacht, Bewegungen aufzunehmen. Da sie einen Schwachpunkt darstellt, ist sie rißgefährdet.

Schwindfuge

Fuge, die angeordnet wird, um Kontraktionsbewegungen aufzunehmen, besonders das Schwinden von Beton aufgrund von Feuchtigkeitsverlust und thermisch bedingter Kontraktion, die auf Hydration und Wärmeverlust zurückzuführen sind.

Dehnungsfuge

Fuge, die angeordnet wird, um sowohl Dehnungen als auch Kontraktionen im Bauwerk aufzunehmen, die durch zyklische Veränderungen hervorgerufen werden. Im Betonbau stellt die Dehnungsfuge eine Unterbrechung im Beton und in der Bewehrung dar. Eine Fuge wird zwischen den angrenzenden Teilen eines Bauwerks angeordnet. Die Fugenbreite wird so gewählt, daß die größte zu erwartende Dehnung aufgenommen werden kann.

Leimfuge

Fuge, vor allem zwischen Holzteilen, in der die Verbindung mit einer Leimschicht hergestellt wird.

Scheinfuge

Schwindfuge, die mittels einer oberen, versiegelten Scheinfuge und einer mittleren oder unteren Nut ausgeführt wurde, um einen Riß einzuleiten (Sollbruchfuge).

Stoßfuge

Horizontal verlaufende Arbeitsfuge zwischen einer durchlaufenden mehrstöckigen Ortbetonwand und einer Ortbetondecke.

Gefalzte Fuge (Labyrinthfuge)

Offene Fuge mit überlappenden Ebenen, die dem Regenwasser einen verwundenen Weg entgegensetzen und so ein Durchtreten verhindern.

Bewegungsfuge

Fuge zur Aufnahme von gegenseitigen Verschiebungen der angrenzenden Teile eines Bauwerks.

Offene Fuge

Fuge zwischen zwei Bauteilen, insbesondere Betonplatten, die planmäßig offengelassen wird und durch ein Fugenband überbrückt werden kann.

Scheinfuge

Schwindfuge mit gewollter Unterbrechung des Betons, aber mit durchgehender Bewehrung.

Nietverbindung

Verbindung, vor allem zwischen Metallblechen, die durch Niete hergestellt wird.

Versiegelte Fuge

Fuge, die mittels eines Vergußmaterials verschlossen ist.

Teil I

Setzungsfuge

Bewegungsfuge, die dort Verwendung findet, wo ungleiche Setzungen zu erwarten sind.

Gleitfuge (Gleitlager)

Bewegungsfuge, die besonders dafür ausgelegt ist, Bewegungen in der Fugenebene zuzulassen.

1.8 Begriffe

Erst in den letzten Jahren ist der Sektor der Fugen und Verbindungen im Bauwesen soweit erforscht worden, daß eine klarere Vorstellung über die Hauptgebiete besteht und eine einheitliche Verwendung einiger Begriffe angeregt werden kann.

Verbindung

In der heutigen Bautechnik bezieht sich der Begriff Verbindung auf die Art und auf die Stelle, an der sich Bauteile oder -stoffe treffen. Von den internationalen Normen werden zwei verschiedene Definitionen angeboten:

1. Die Konstruktion, die zwischen Bauteilen oder -stoffen hergestellt wird, wenn diese – mit oder ohne Verwendung von besonderen Verbindungsmitteln – zusammengefügt werden.

2. Die Stelle im Gebäude, an der sich die Verbindung (1) befindet.

Verbindungsmittel

Jedes Produkt, das im Bauwesen verwendet wird, um eine Verbindung herzustellen, wird Verbindungsmittel genannt. Verbindungsmittel beinhalten daher Stoffe, Teile und Komponenten. Wenn diese verwendet werden, um Verbindungen herzustellen, werden sie kollektiv Verbindungsstoffe, Verbindungsteile und Verbindungskomponenten genannt.

Verbindungsstoffe beinhalten Kleber und Dichtungsmassen. Verbindungsteile beinhalten Bänder, Dichtungen und Abdeckungen. Verbindungskomponenten beinhalten Holzverbinder und Halterungen.

Die Position und Anordnung der Bauteile in einem Gebäude bestimmen die Position und Art der Verbindungen. Die Verbindungen wiederum bestimmen Position und Art der Fugen. Trotz der Vielzahl der möglichen Situationen in einem Gebäude führt die Geometrie des Raumes und die Anordnung der Konstruktion zu einer begrenzten Anzahl von Verbindungen, die wiederum die mögliche Anordnung und Ausbildung der Fugen begrenzen.

Einige Begriffe der Fugen und Verbindungen im Bauwesen sollen hier zur Analyse und Definition an Hand der seitlichen Profilierung zweier Bauteile, die ein zwischenliegendes Verbindungsmittel aufweisen, erläutert werden.

Fugen und Verbindungen

Fugenprofil

Der Teil des Bauteilquerschnitts, der der Fuge zugeordnet ist, wird als Fugenprofil bezeichnet.

Fugenflanke

Die äußeren Teile des Fugenprofils, die die Gesamtlänge des Bauteils bestimmen, heißen Fugenflanken.

Grenzfläche

Die Flächen, an denen sich Bauteil und Verbindungsprodukt treffen, heißen Grenzflächen oder Kontaktflächen.

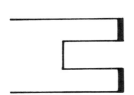

Fugenspalt

Der Raum zwischen den beiden Bauteilen wird als Fugenspalt bezeichnet.

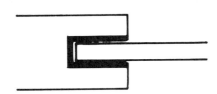

Fugenbreite

Der Raum zwischen den Fugenflanken heißt Fugenbreite.

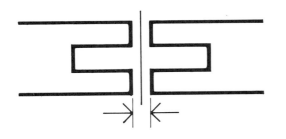

Fugenachse

Die Einmessung und Positionierung der Fugenprofile von aneinandergrenzenden Bauteilen und/oder Verbindungsmitteln können anhand von Achsen in einem System festgelegt werden. In der Regel wird dabei die Achse zwischen den Fugenflanken betrachtet und als Fugenachse definiert.

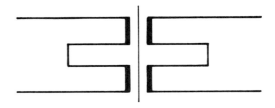

Einzugsmaß

Die Strecke zwischen der Fugenflanke und der Fugenachse wird Einzugsmaß genannt.

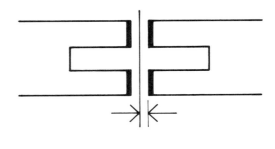

Verfugen

Das Füllen einer Fuge, vor allem das nachträgliche Füllen mit Mörtel oder einem speziellen Fugenmaterial (Dichtungsmasse), heißt Verfugen.

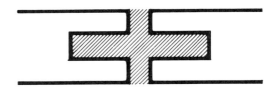

Verbindungen

Das Ausbilden einer Verbindung wird Verbinden genannt. Eine Analyse des technischen Ablaufs bei der Herstellung einer Verbindung zeigt eine Reihe von Schritten auf, die in einem engen Zusammenhang zu den Bauteilen und Verbindungsmitteln stehen und damit zu den Anforderungen an die Konstruktion. Die Geometrie der Konstruktion kann die Reihenfolge der Montage beeinflussen. Einzelheiten werden durch die Funktion festgelegt, die die Verbindung zu erfüllen hat.

1.9 Zum Wesen von Verbindungen im Bauwesen

Montage

Die Grundlage des Bauens ist das Zusammenfügen von einzelnen Teilen zu einer ganzen Konstruktion. Daher sprechen wir von der Montage eines Gebäudes. Aber die Montage allein reicht nicht aus. Die Teile müssen auch miteinander verbunden werden. Das Verbinden ist erforderlich, um Standsicherheit, Wetterfestigkeit und Feuerwiderstand oder andere geforderte Eigenschaften herbeizuführen.

Verbinden

Verbinden schließt Anordnen, Befestigen und Schützen ein. Das Verbinden beginnt, nachdem die Bauteile zur Baustelle geliefert, in das Gebäude gebracht und an ihrer endgültigen Stelle eingebaut wurden.

Anordnen: Dieser erste Schritt des Verbindens setzt das genaue Einbringen der Bauteile voraus, das heißt Einbringen im Rahmen der vorgegebenen Toleranzen.

Befestigen: Dies ist in der Regel der zweite Schritt des Verbindens und besteht aus dem Verbinden eines Bauteils mit einem anderen mit Hilfe eines geeigneten Verbindungsmittels. Art und Methode der Verbindung sind von den Anforderungen an die Verbindung abhängig.

Schutz: Dieser in der Regel der letzte Schritt des Verbindens besteht aus der Fertigstellung der Verbindung mit einem oder mehreren Verbindungsmitteln, um sicherzustellen, daß die fertige Verbindung voll den Anforderungen entspricht. Der Fugenspalt z.B. wird vergossen, verfugt, versiegelt oder anderweitig behandelt, um äußeren Kräften zu widerstehen und vor anderen Angriffen geschützt zu sein.

Lage

Die Lage einer Fuge oder Verbindung kann auf das Gebäude als Ganzes bezogen, auf die Anordnung der Bauteile oder auf eine bestimmte Achse bezogen beschrieben werden. Es ist aber festzustellen, daß die Lage der Verbindung in Abhängigkeit von der erforderlichen Genauigkeit beschrieben werden muß. Dazu gehört vor allem ein sinnvolles Bezugssystem. Für das Bauen und Konstruieren ist eine Bezugsachse von fundamentaler Bedeutung. Joseph Whitworth, der bei der Herstellung von Konstruktionsteilen höchste Genauigkeit anstrebte, sagte einmal: „Ich kann nicht genügend betonen ... die enorme Wichtigkeit eines Bezugssystems. Alles Hervorragende im Handwerklichen hängt davon ab."

Fugenachse

Bezogen auf Fugen und Verbindungen im Bauwesen und deren Lage im Gebäude muß die Fugenachse – sowohl in der Theorie als auch für die Praxis – als unverzichtbare Grundlage betrachtet werden. Die Annahme von Fugen-

achsen ermöglicht es, die Lage der Bauteile zu beschreiben und auf Zeichnungen darzustellen. Es erlaubt auch, die Bauteile im Verlauf der Montage innerhalb der vorgegebenen Toleranzen anzuordnen. Ein Großteil des fachlichen Könnens eines Handwerkers, zum Beispiel eines Maurers, zeigt sich im Erreichen von genau horizontalen Schichten, vertikalen Fugen und regelmäßigen Fugenbreiten zwischen den Steinen.

Bezogen auf das angrenzende Bauteil zeigt die Fugenachse den von jedem Bauteil beanspruchten Raum an.

Angrenzende Bauteile werden an den ihnen zugedachten Stellen eingebracht und auf Fuge gesetzt, um ein regelmäßiges Bild zu erhalten. Damit wird das Schneiden und Einpassen auf der Baustelle umgangen, die Bauteile können unabhängig voneinander montiert werden. Der Raum zwischen aneinandergrenzenden Bauteilen wird als Fugenspalt definiert, und das Maß zwischen den Bauteilen wird Fugenbreite genannt.

Befestigen

Wenn die Bauteile eingebracht worden sind, können sie befestigt werden. Der Grad der Befestigung hängt von den Anforderungen an die Verbindung ab.

Befestigungen werden durch natürliche Kräfte erreicht, zu denen unter anderem die Schwerkraft, magnetische, chemische und mechanische Kräfte gezählt werden müssen. Wenn ein einfaches Bauteil, wie zum Beispiel ein Ziegelstein, auf eine waagerechte Fläche, z.B. eine Decke, versetzt wird, entsteht eine horizontale Fuge. Schwerkraft und Reibungskräfte bewirken, daß ein Kontakt zwischen Ziegelstein und Decke besteht. Wenn keine anderen Kräfte aufgebracht werden, kann gesagt werden, daß der Ziegelstein mit der Decke verbunden ist, aber nicht daran befestigt. Die Fuge zwischen Ziegelstein und Decke ist offen, ein Verbindungsmittel ist nicht vorhanden. Eine solche Methode des Bauens und Verbindens wird bei der Errichtung von Trockenmauerwerk angewandt, das schwer und dick genug ist, um Windlasten aufnehmen zu können und keine Fugenversiegelung zu anderen Zwecken benötigt. In einem normalen Gebäude werden andererseits das Gebäude als Ganzes und auch die einzelnen Bauteile und deren Verbindungen Bewegungen ausgesetzt, die auf einwirkende Kräfte zurückzuführen sind. In einer Fuge kann daher die Fugenbreite zwischen aneinandergrenzenden Bauteilen variieren. Dieses ist auf Veränderungen im Materialzustand zurückzuführen, wie z.B.: Schwinden, Temperaturänderung, Kriechen, Quellen, elastische Verformung, Erschütterungen und andere Auswirkungen von aufgebrachten Kräften. Um solche Bewegungen zu berücksichtigen, minimieren oder zu verhindern, müssen die Bauteile befestigt werden. Die Art der Befestigung hängt von den einwirkenden Kräften und von deren Lage zur Fugenachse ab. Die wichtigsten Kräfte, die berücksichtigt werden müssen, sind Zug- und Biegekräfte. Sie können senkrecht oder parallel zur Fugenachse wirken. Ein bestimmter Befestigungsgrad wird dadurch erreicht, daß Kräfte erzeugt werden, die den aufgebrachten Kräften entgegenwirken. Wenn zwei Bauteile rechtwinklig zur Fugenachse aufeinander treffen, dann entsteht eine einfache Stoßfuge.

Sind die Bauteile nicht befestigt, und wird eine Zugkraft rechtwinklig zur Stoßfuge aufgebracht, gibt es nichts, was ein Auseinanderklaffen und somit ein Versagen verhindern könnte. Treffen sich die Bauteile parallel zur Fugenachse, so ergibt sich eine einfache Überlappung.

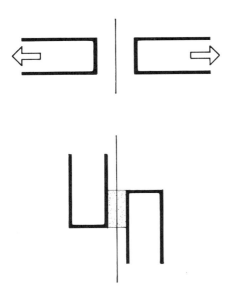

Sind die Bauteile nicht befestigt und werden sie einer senkrecht zur Fuge wirkenden Zugkraft ausgesetzt, dann wird die Verbindung wiederum versagen.

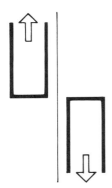

Gleichfalls werden Biegemomente, unabhängig davon, ob sie senkrecht oder parallel zur Fuge aufgebracht werden, zu einem Versagen der Verbindung führen, wenn diese nicht so ausgeführt ist, daß sie den aufgebrachten Kräften widersteht.

Kleben

Das erste wichtige Befestigungsprinzip ist das Kleben (Adhäsion). Die Fuge zwischen den Bauteilen wird mit einem besonderen Verbindungsmaterial ausgefüllt, wie zum Beispiel Mörtel, Leim oder Kleber. Das Verhalten einer Verbindung, die mit einem Klebemittel hergestellt wurde, hängt von der Qualität der Fugenflanken und der des Klebemittels ab. Es hängt auch von der Richtung ab, in der die aufgebrachte Kraft zur Fugenachse wirkt, und von der Größe der Oberfläche, auf der das Adhäsionsmittel aufgetragen wurde. Es ist wahrscheinlich, daß die Klebeschicht sich in den rauhen Flächen der Fugenflanke ‚verkrallt' und daß die Klebeverbindung hauptsächlich mechanisch wirkt. Chemische und mechanische Kräfte erzeugen die Adhäsion; gleichzeitig können sie das Verhalten der Verbindung auch in anderer Hinsicht günstig beeinflussen. Feuchter Mörtel zum Beispiel erlaubt eine genaue Anordnung des Bauteils (z. B. eines Ziegelsteins). Im getrockneten Zustand bildet der Mörtel eine beständige, harte Verbindung, die Bewegungen und Wettereinflüssen widersteht.

Bei einer Stoßfuge mit senkrecht zur Fugenebene wirkender Zugkraft ist die Haftung nur schwach und die Verbindung neigt zum Versagen. Dieses ist besonders der Fall, wenn die aufgebrachten Kräfte nicht gleichmäßig über die Haftfläche verteilt sind, oder die Last nicht zentrisch eingeleitet wird. Die Lastverteilung wird dadurch sehr ungleichmäßig und kann möglicherweise zu einem Versagen führen.

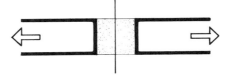

Senkrecht zur Fugenebene aufgebrachte Biegemomente versuchen, die Verbindung von einer Seite her zu öffnen. Dies führt zu einem Klaffen aufgrund der einseitigen Spannung im Klebemittel.

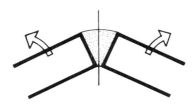

Bei einer Überlappung mit parallel zur Fuge wirkenden Zugkräften entstehen auf der ganzen Fläche Scherspannungen im Klebemittel. Die Lastverteilung ist in der Regel nicht ganz gleichmäßig, an den Kanten entstehen erhöhte Spannungen.

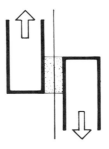

Werden Torsionskräfte in der Fuge wirksam, entsteht eine Torsions-Schubspannung in der Ebene des Klebemittels, das dann eine Verdrehung verhindern muß.

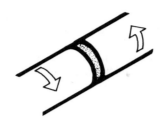

Senkrecht zur Fugenebene wirkende Biegemomente werden dazu neigen, den Dübel zu verbiegen.

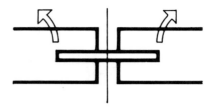

Werden Biegemomente in der Fugenebene aufgebracht, dann ist es möglich, daß sich die Bauteile verdrehen. Der Widerstand des Dübels hängt dann wiederum von den Reibungskräften und der Festigkeit des Materials ab.

Dübeln

Ein zweites wichtiges Befestigungsprinzip ist das Dübeln. Die beiden Bauteile, die miteinander verbunden werden sollen, werden mit Hilfe eines Verbindungsmittels (Holzdübel, Nagel, Bolzen usw.) zusammengefügt. In beide Bauteile werden z. B. Löcher gebohrt, in die Holzdübel eingetrieben werden. Reibungskräfte zwischen den Dübeln und den Löchern, zusammen mit der Festigkeit des Dübelmaterials, erzeugen die Befestigung. Eine Kraftübertragung im unbelasteten Zustand findet nicht statt. In einer Stoßfuge mit senkrecht zur Fugenebene wirkenden Zugkräften werden die Dübeloberfläche und die Lochlaibungen auf Schub beansprucht, der durch Reibung übertragen werden muß. Es ist wichtig, daß der Dübel so stramm wie möglich in dem Loch sitzt. Eine lose Einpassung bedeutet in diesem Fall ein sofortiges Versagen.

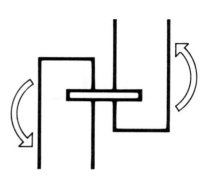

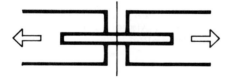

Schrauben

Das dritte Befestigungsprinzip ist das Schrauben. Die beiden zu verbindenden Bauteile werden mit einer Verbindungskomponente, wie Schrauben, Nieten oder andere, aneinander befestigt. Wenn die Schraube anzogen wird, werden die Bauteile zusammengebracht und einem ständigen mechanischen Druck ausgesetzt, der dadurch entsteht, daß der Schraubenkopf auf dem einen Bauteil lastet und das Schraubengewinde sich in dem anderen verankert. Eingeleitete Kräfte müssen die Tragfähigkeit dieser Konstruktion überwinden.

In einer verschraubten Stoßfuge nehmen die Schraubgewinde der Schrauben und der Löcher im Holz die Zugkräfte senkrecht zur Fugenebene über Scherkräfte auf.

Bei einer Überlappung und parallel zur Fugenebene aufgebrachten Zugkräften wird der Dübel auf Abscheren beansprucht. In diesem Fall sind die Querschnittsfläche und die Festigkeit des Materials die ausschlaggebenden Faktoren. Eine Verschiebung des Dübels aufgrund dieser Kräfte ist nicht wahrscheinlich, aber ein strammer Sitz ist trotzdem wünschenswert.

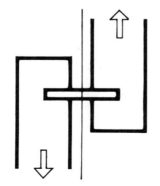

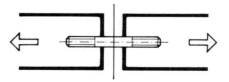

Bei einer Überlappung und parallel zur Fugenebene aufgebrachten Zugkräften wird die Schraube selbst auf Schub beansprucht und das Holz auf Laibungsdruck. Das Verhalten ist das gleiche wie bei einem Holzdübel mit

Fugen und Verbindungen

dem Vorteil, daß der Schraubenkopf auf der einen Seite und das Gewinde auf der anderen ein Ausziehen unwahrscheinlich machen.

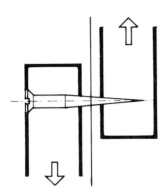

Rechtwinklig zur Fugenebene aufgebrachte Biegemomente neigen dazu, die Schraube zu verbiegen.

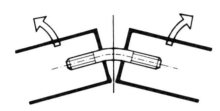

Bei Torsion neigen die Bauteile dazu, sich zu verdrehen, und der einzige Widerstand gegen Verdrehen besteht in der Reibung der Bauteile, die durch die Schraube aufeinandergepreßt werden.

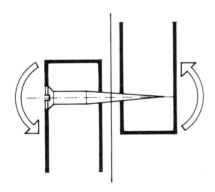

Verklammern

Das vierte Befestigungsprinzip ist die Verklammerung. Die beiden Bauteile werden mittels einer Schwalbenschwanzverbindung oder einer Hakenverbindung verklammert. Die beiden Bauteile werden also ohne Verwendung einer dritten Verbindungskomponente zusammengefügt. Werden Zugkräfte senkrecht zur Fugenebene einer Verklammerung eingeleitet, so werden in einem Teil der Fugenflanken Schubspannungen erzeugt und die

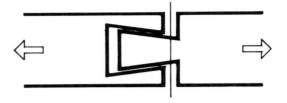

Kräfte damit aufgenommen. Parallel zur Fugenebene eingeleitete Zugkräfte erzeugen ähnlichen Widerstand.

1.10 Zusammenfassung

Es gibt vier Hauptbefestigungsprinzipien: Kleben, Dübeln, Schrauben, Verklammern. Diese sind keineswegs Synonyme für einen gemeinsamen Zweck. Es sind vielmehr eigenständige Befestigungsmethoden, die zu einem ähnlichen Ergebnis führen. Sie beschreiben alle einen hauptsächlichen mechanischen Verbund, der durch den Kontakt der einen Fläche mit der anderen zustande gekommen ist. Kleben, Dübeln, Schrauben und Verklammern sind alternative Methoden zur Erzeugung von Verzahnungen, die die eingeleiteten Kräfte übertragen können. Es sind die großen Unterschiede in den Ausführungen, die die gemeinsamen Charakteristiken oft überdecken und schwer erkennbar machen.

Kleben beinhaltet Leimen, Vermörteln, Schweißen und Löten.

Dübeln beinhaltet Verankern, Dübeln, Nageln, Bolzen, Verstiften und Verzapfen.

Schrauben beinhaltet Verklemmen, Nieten und Schrauben.

Verklammern ist das Ergebnis der Profilierung der zu verbindenden Bauteile und erfordert keine zusätzliche Verwendung von Verbindungsprodukten.

Der letzte Arbeitsgang beim Verbinden – der Schutz – soll die Verbindung gegen die Umweltbedingungen schützen.

Der Schutz der Verbindung gegen äußere Kräfte und Einflüsse wird in der Praxis durch Verwendung von Füllstoffen, Dichtungsstoffen und Verbindungsteilen wie Bändern, Dichtungen und Abdeckungen erreicht.

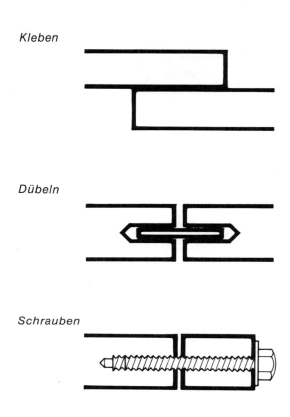

Kleben

Dübeln

Schrauben

Verklammern

Kapitel 2
Die Funktionen von Verbindungen

2.1 Einführung

> ...weil ein Nagel fehlte, ging das Hufeisen verloren;
> weil ein Hufeisen fehlte, ging das Pferd verloren;
> und weil ein Pferd fehlte, ging der Reiter verloren.

Diese Maxime Benjamin Franklins aus dem Jahre 1758 zeigt die grundlegende Wichtigkeit einer Verbindung und deren Zuverlässigkeit auf.

Verbindungen zwischen Bauteilen sind nicht weniger bedeutsam. Ein Bauteil, das eine Verbindung aufweist, könnte ohne deren ordnungsgemäße Funktion versagen, was zu einem Versagen des gesamten Gebäudes führen kann.

Unter dem Verhalten einer Verbindung versteht man im Bauwesen vor allem das Verhalten unter Belastung. Einzelheiten hängen vom Material und der Form der Verbindung, von deren Lage im Bauwerk und von den äußeren Kräften ab, denen die Verbindung ausgesetzt ist. Diese drei Hauptfaktoren hängen alle miteinander zusammen. Material und Form können als grundlegende Eigenschaften der Verbindung bezeichnet werden, sie müssen aber der Lage im Bauwerk und den zu stellenden Anforderungen angepaßt sein. Die Lage der Verbindung im Bauwerk legt zum großen Teil die Kräfte fest, denen sie widerstehen muß, und somit ihre Ausführung. Die Kräfte, die an einer bestimmten Stelle wirken, bestimmen die Funktion der Verbindung an dieser Stelle und sind damit für die Ausführung ausschlaggebend.

2.2 Die Aufgaben von Verbindungen

Verbindungen können durch lebende Organismen und Energie in jeglicher Form beeinflußt werden. Als wichtiger Teil einer jeden Baumaßnahme müssen sie die Montage und Befestigung der Bauteile ermöglichen. Als Teil der architektonischen Gestaltung, müssen sie optisch akzeptabel sein.

Eine Analyse der vielen Funktionen von Fugen und Anforderungen an Verbindungen im Bauwesen wurde in den letzten Jahren aufgestellt und ist in der internationalen Norm ISO 3447 enthalten.

Die Liste wird hier wiedergegeben:

A 1 Beschränken des Durchganges von Insekten und Ungeziefer
A 2 Beschränken des Durchganges von Pflanzen, Blättern, Wurzeln, Samen und Blütenstaub
A 3 Beschränken des Durchganges von Staub und anorganischen Partikeln
A 4 Beschränken des Wärmedurchganges
A 5 Beschränken des Schalldurchganges
A 6 Beschränken des Lichtdurchganges
A 7 Beschränken des Strahlungsdurchganges
A 8 Beschränken des Durchganges von Luft und anderen Gasen
A 9 Beschränken des Durchganges von Gerüchen
A 10 Beschränken des Durchganges von Wasser, Schnee und Eis
A 11 Beschränken des Durchganges von Wasserdampf
A 12 Beschränken der Kondensation
A 13 Beschränken der Geräuschentwicklung
A 14 Beschränken der Geruchsentwicklung

Die Verbindung muß Spannungen in einer oder mehreren Richtungen widerstehen infolge von:

B 1 Druck
B 2 Zug
B 3 Biegung
B 4 Schub
B 5 Torsion
B 6 Schwingungen (oder jede andere Spannungsart, die eine Materialermüdung herbeiführen kann)
B 7 Stoß
B 8 Abrieb (für jeden Einzelfall ist die Art des Abriebs anzugeben)
B 9 Schwinden oder Quellen
B 10 Kriechen
B 11 Ausdehnen oder Zusammenziehen aufgrund von Temperaturschwankungen.

C 1 Beschränkung des Durchganges von Feuer, Rauch, Gasen, Strahlung und radioaktiven Stoffen.
C 2 Beschränkung von plötzlich auftretenden Druckänderungen infolge Explosionen oder atmosphärischen Faktoren.
C 3 Beschränkung der Entwicklung von giftigen Gasen oder Dämpfen bei Brand.
C 4 Beschränkung des Einnistens oder der Vermehrung von gefährlichen Mikroorganismen.

D 1 Berücksichtigung von unterschiedlichen Fugenbreiten bei der Montage, aufgrund von Toleranzen in Größe und Lage der verbundenen Teile (herbeigeführte Abweichung).

D 2 Aufnahme ständiger Bewegungen in den Fugen aufgrund thermischer, baulicher oder Feuchtigkeitsbewegungen, Schwingungen und Kriechen (natürliche Abweichungen)

E 1 Abstützen der verbundenen Teile in einer oder in mehreren Richtungen.

E 2 Aufnahme von Verformungsunterschieden der angrenzenden Bauteile

E 3 Spielraum für bewegliche Teile.

F 1 Akzeptable Erscheinung.
F 2 Vermeiden von Bewuchs.
F 3 Vermeiden von Verfärbung aufgrund von biologischen, physikalischen oder chemischen Einwirkungen.
F 4 Verdecken der Unterkonstruktion oder deren Teile.
F 5 Vermeiden von Staubansammlung.

G 1 Bekannte Investitionskosten.
G 2 Bekannte Wertminderung.
G 3 Bekannte Wartungs- und/oder Ersatzteilkosten.

H 1 Bekannte Mindestlebensdauer auch unter Berücksichtigung zyklischer Faktoren.
H 2 Ausreichender Widerstand gegen Beschädigung oder unzulässige Demontage durch Menschen.
H 3 Ausreichender Widerstand gegen Einwirkungen von Tieren und Insekten.
H 4 Ausreichender Widerstand gegen Einwirkungen von Pflanzen und Mikroorganismen.
H 5 Ausreichender Widerstand gegen Einwirkungen von Wasser, Wasserdampf, wäßrigen Lösungen und Suspensionen.
H 6 Ausreichender Widerstand gegen Einwirkungen von verunreinigter Luft.
H 7 Ausreichender Widerstand gegen Einwirkungen von Licht.
H 8 Ausreichender Widerstand gegen Einwirkungen von Strahlungen (anderen als Lichtstrahlen).
H 9 Ausreichender Widerstand gegen Einwirkungen von gefrierendem Wasser.
H 10 Ausreichender Widerstand gegen Einwirkung von extremen Temperaturen.
H 11 Ausreichender Widerstand gegen Einwirkungen von Luft- oder Körperschwingungen, Stoßbelastungen oder hochintensivem Schall.
H 12 Ausreichender Widerstand gegen Einwirkungen von Säuren, Laugen, Ölen, Fetten und Lösungsmitteln.
H 13 Ausreichender Widerstand gegen schleifende Einwirkungen.

J 1 Ermöglichung von Teil- oder ganzer Demontage durch Wiedermontage.
J 2 Ermöglichung des Auswechselns von verrotteten Verbindungsprodukten.

K 1 Erfüllung der vorgegebenen Funktionen innerhalb eines vorgegebenen Temperaturbereiches.
K 2 Erfüllung der vorgegebenen Funktionen innerhalb eines vorgegebenen Feuchtigkeitsbereiches.
K 3 Erfüllung der vorgegebenen Funktionen innerhalb eines Bereiches von Flüssigkeits- und Luftdruckunterschieden.
K 4 Erfüllung der vorgegebenen Funktionen innerhalb eines vorgegebenen Bereiches von Fugenbreiten.
K 5 Fernhalten, wenn die Verbindung dadurch gefährdet würde, von:
a) Insekten
b) Pflanzen
c) Mikroorganismen
d) Wasser
e) Eis
f) Schnee
g) Verunreinigte Luft
h) Feste Stoffe
K 6 Erfüllung der vorgegebenen Funktionen bis zu einer bestimmten Schlagregenbeanspruchung.

2.3 Lage von Fugen und Verbindungen

Die Anforderungen an bestimmte Verbindungen werden von deren Lage im Bauwerk bestimmt. Es ist offensichtlich, daß jedes Element, das sich aus einzelnen Bauteilen zusammensetzt, Verbindungen aufweist, aber die Anforderungen an diese Verbindungen sind nicht unbedingt die gleichen wie die an die einzelnen Bauteile. Diese Bauteile werden aneinandergereiht, um die Konstruktion zu bilden, und zwischen diesen Bauteilen entstehen Fugen.

Fugen stellen eine Unterbrechung der Kontinuität der Konstruktion dar und beeinflussen deren Verhalten. Das Verhalten der einzelnen Konstruktionen hängt sowohl von den Eigenschaften der einzelnen Bauteile als auch von den Eigenschaften der Verbindung ab. Die Fugen können offen gelassen, wie z. B. bei den Pfannen auf einem geneigten Dach, oder versiegelt werden, wie z. B. bei Bodenplatten. Wird eine bauliche Kontinuität verlangt, dann müssen die Befestigungsteile zwischen den Bauteilen Kräfte übertragen.

Das Verhalten der Fugen und Verbindungen wird in erster Linie von deren Lage im Gebäude abhängen. Eine Verbindung zwischen zwei Bauteilen wird sich anders verhalten müssen, wenn deren Lage verändert wird. Eine Fuge zwischen zwei Pfannen auf einem Dach mit steiler Neigung wird sich anders verhalten als die gleiche Fuge auf einem Dach mit einer weniger steilen Neigung.

Die Lage beeinflußt das Verhalten der Verbindung. Die Lage bestimmt auch die Anforderungen an die Verbindung. Wenn die Lage bekannt ist, können daher die Anforderungen bestimmt werden, unter Berücksichtigung der Eigenschaften der verbundenen Bauteile und den Eigenschaften der Konstruktion als Ganzes. Die Art des Nagels hängt vom Hufeisen ab und vom Verhalten des Reiters.

2.4 Eigenschaften

Die Haupteigenschaften einer Verbindung, die die Aufgaben bestimmen, die ihr zugewiesen werden kann, sind die Fugenbreite, die Fugenprofilierung und die Verbindungsmittel.

Im Falle eines Brandes z. B. regulieren die Abmessungen einer offenen Fuge den Durchgang von Wärme, Rauch und Flammen. Wärme in Form von heißen Gasen wird Fugen in der gleichen Weise durchdringen wie drückendes Wasser. Eine breite, kurze Fuge wird das sofortige Durchdringen des Feuers ermöglichen. Eine schmalere oder längere Fuge wird ein Durchdringen des Feuers verzögern. Eine sehr schmale und sehr lange Fuge wird noch mehr Widerstand bieten, weil Sauerstoff und Wärme in der Fuge fehlen und hier das Feuer keine Nahrung finden kann.

Die Baustoffe im Fugenprofil können entweder brennbar sein oder nicht brennbar. Im ersten Fall wird sich die Fuge bei einem Brand vergrößern und somit auch den Feuerdurchgang vergrößern, im zweiten Fall werden Fugenbreite und Feuerdurchgang konstant bleiben. Die thermisch bedingte Ausdehnung von aneinandergrenzenden Bauteilen aufgrund von Feuer kann möglicherweise die Verbindung schädigen oder zerstören und zum Versagen des Elementes führen.

Auch das Material der Verbindungsmittel kann den Brand begünstigen oder dessen Ausbreitung einschränken. Außerdem ist es möglich, daß das Fugenmaterial verbrennt oder schmilzt, so daß eine offene Fuge entsteht, durch die das Feuer sich ausbreiten kann.

Hinsichtlich des Schallschutzes hat das Vorhandensein einer offenen Fuge eine ungünstige Auswirkung auf das schalltechnische Verhalten des Bauteils. Direkte Luftwege, wie sie z. B. in Rissen vorliegen, lassen einen nicht geringen Schalldurchgang zu. Die traditionellen Verputzmethoden waren in dieser Hinsicht sehr hilfreich, weil sie alle Fugen und Risse schlossen. Bei unverputzten Betonflächen können Setzungen, Schwinden und Schwingungen zu feinen Rissen an den Übergängen zwischen Decke und Wand führen, die eine Schallübertragung ermöglichen und nur schwer zu lokalisieren sind. Risse mit einer Fläche nicht größer als die eines offenen Schlüsselloches ermöglichen Schallübertragungen in einem solchen Ausmaß, daß der Schalldämmwert erheblich vermindert werden kann.

Teil I

Kapitel 3
Entwurfsgrundlagen

3.1 Die Anordnung von Verbindungen

Fugen und Verbindungen sind in jedem Teil eines Bauwerks vorhanden. Sie befinden sich zwischen oder innerhalb der einzelnen Bauwerksteile. Zwischen den Bauwerksteilen werden sie zwischen den einzelnen Bauteilen angeordnet. Innerhalb der Bauwerksteile werden sie zwischen den Bauteilen oder innerhalb einzelner Bauteile angeordnet.

Zwei Arten der Anordnung

Meist ist es angebracht, die Fugen und Verbindungen, die zwischen den Bauwerksteilen vorkommen, von denen zu unterscheiden, die zwischen den Einzelelementen eines Bauteils vorkommen. In der Regel werden Fugen und Verbindungen zwischen den Bauwerksteilen auf der Baustelle hergestellt, die innerhalb der Bauteile jedoch meist in der Fabrik oder Werkstatt.

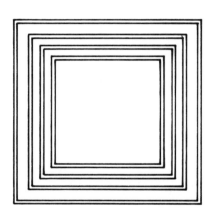

Eine Glasscheibe in einem Schwingflügel, der sich in einem holzumfaßten Stahlrahmen befindet, der wiederum mit dem Mauerwerk verbunden ist, hat vier Verbindungen, von denen nur eine auf der Baustelle hergestellt wird: Die Verbindung zwischen dem äußeren Fensterrahmen und dem Mauerwerk. Die anderen Verbindungen des Fensterelementes sind in der Regel Teil der Fensterkonstruktion, obwohl es häufig üblich ist, das Fenster erst nachträglich zu verglasen.

Verbindungen zwischen Bauwerksteilen

Die Anordnung einer Verbindung zwischen zwei Bauwerksteilen kann bezogen auf die Lage des einen Teils oder bezogen auf die Fugenachse beschrieben werden.

Obwohl eine Verbindung zwischen den Bauteilen hergestellt wird, kommt es notwendigerweise auch vor, daß die Verbindungen innerhalb eines Bauwerksteiles liegen oder zwischen zwei Bauwerksteilen.

Die Achse eines Bauteils wird sich in der Regel mit der Fugenachse decken, so daß die endgültige Anordnung der aneinandergrenzenden Bauteile die endgültige Lage der Verbindung bestimmen wird. Andererseits hängt die endgültige Lage der Verbindung von der Anordnung der angrenzenden Bauteile ab und von der Zuordnung der benachbarten Bauwerksteile.

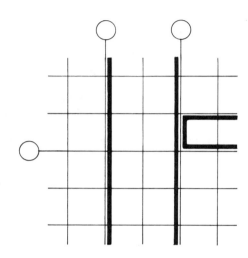

Verbindungen zwischen Einzelbauteilen

Verbindungen zwischen Einzelbauteilen werden notwendigerweise innerhalb eines Bauwerksteiles angeordnet, so daß deren relative Lage bekannt ist, obwohl die absolute Lage im Gebäude von der Lage des Bauwerksteiles abhängt.

Einteilung nach der Lage

Die enge Beziehung zwischen der Lage einer Verbindung, deren Einzelteile und den Bauwerksteilen, in denen sie angeordnet werden, bietet eine brauchbare Methode zur Einteilung. Diese Einteilung findet im zweiten Teil dieses Buches Verwendung.

Eine gegebene Verbindung wird erstens durch dessen Einzelteile, zweitens den verbundenen Bauwerksteilen und drittens durch Eigenschaften wie Material, Form oder Funktion eingeteilt. Wenn eine Verbindung zwischen zwei Bauwerksteilen liegt, wird sie unter dem Bauwerksteil aufgeführt, das zuletzt montiert wird.

Anschlüsse

Ein Anschluß ist nicht unbedingt eine Verbindung. Ein Anschluß ist die Stelle, wo sich Teile treffen. An einem Anschluß können daher eine oder mehrere Verbindungen entstehen. Ein bestimmter Anschluß kann eine eigene Bezeichnung haben, die auf die Verbindung – oder die Verbindungen – übertragen werden kann. So z.B. sind Traufen, Ortgänge oder Widerlager strenggenommen Anschlüsse und somit Stellen, an denen Verbindungen angeordnet werden.

Entwurfsgrundlagen

3.2 Fugen, Fugenbreiten und Toleranzen

Fugen

Die Errichtung von Gebäuden beinhaltet zwei unterschiedliche Arten der Montage. Bei der einen Methode werden die Bauteile so eng aneinander gefügt, daß der dazwischenliegende Fugenspalt praktisch gleich null ist. Die Fuge kann mit einem Klebemittel ausgefüllt werden, wie z. B. in einer Leimfuge, oder sie kann offengelassen werden, wie z. B. in genagelten oder verbolzten Verbindungen. Die Teile können durch Schneiden zusammengepaßt werden, wie bei einer Zapfenverbindung, oder bei der Montage dicht aneinandergefügt werden, wie bei Brettern mit Nut und Feder.

Bei der anderen Montagemethode werden die Bauteile absichtlich so angeordnet, daß dazwischen eine Fuge entsteht. Die Fuge kann mit Mörtel ausgefüllt werden, wie bei einer Mörtelfuge im Mauerwerk, oder offengelassen werden, wie zwischen Türe und Türrahmen. Die Bauteile werden auf Fuge gesetzt, um ein einheitliches Bild zu erhalten, um die Notwendigkeit örtlichen Schneidens und Einpassens zu umgehen, um die Bauteile unabhängig voneinander montieren zu können und nicht nach einer bestimmten Reihenfolge, um thermische Dehnung und Feuchtigkeitsunterschiede zu berücksichtigen und/oder um die Verwendung von verschiedenartigen Materialien an einer Stelle zu ermöglichen.

Fugenbreiten

Bei der erstgenannten Montagemethode ist die Fugenbreite gering und unveränderlich. Die Breite der Fuge geht kaum über 3 mm hinaus.

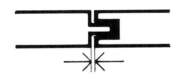

Bei der zweiten Montagemethode ist die Breite der Fuge relativ groß und schwankt innerhalb bestimmter Grenzen.

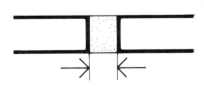

Die Maximal- und Mindestfugenbreiten werden durch die Anforderungen an die Fuge bestimmt, unter Berücksichtigung der Größe und Lage der angrenzenden Bauteile und der Möglichkeiten der Verbindungsmittel. Die Fugenbreite kann sich planmäßig verändern, und die Verbindung muß so ausgelegt werden, daß diese Veränderungen aufgenommen werden können. Übliche Fugenbreiten reichen von null bis hin zu ca. 30 mm.

Toleranzen

Die untere Grenze oder die kleinste zulässige Breite zwischen zwei Fugenflanken wird Mindestbreite genannt. Dies ist die Breite, die mindestens benötigt wird, um die Verbindungsmittel aufzunehmen und die Verbindung herzustellen. Die obere Grenze oder größte zulässige Breite zwischen zwei Fugenflanken ist die maximale Breite. Die Größe der Fuge wird durch Lage der beiden aneinandergrenzenden Bauteile zueinander bestimmt. Die Bauteile müssen so angeordnet werden, daß sich eine Fugenbreite ergibt, die innerhalb der zulässigen Grenzen liegt. Werden mehrere Bauteile auf einer bestimmten Strecke verteilt, hängt die Fugenbreite von den Abmessungen der Bauteile und von deren Verteilung ab. Bei zwei Bauteilen gleicher Größe ist die theoretische Fugenbreite gleich der Differenz zwischen dem Abstand der Fugenachsen und der Größe des Bauteils.

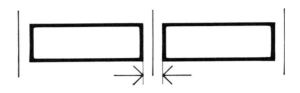

In der Praxis werden die tatsächlichen Größen der Bauteile von den planmäßigen abweichen. Auch werden die Bauteile von ihrer planmäßigen Lage abweichen.

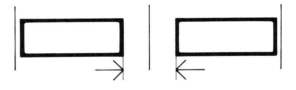

Wenn die beiden kleinsten Bauteile so weit auseinander angeordnet werden wie zulässig, dann entsteht die größte Fugenbreite. Wenn die beiden größten Bauteile so nahe aneinander angeordnet werden wie zulässig, dann entsteht die kleinste Fugenbreite.

So zeigt sich also, daß die Fugenbreiten innerhalb bestimmter Grenzen schwanken werden, die durch die Fugenkonstruktion aufgenommen werden müssen. Bauteile, die nicht innerhalb der vorgegebenen Toleranzen liegen, müssen zurückgewiesen werden, weil sie entweder nicht passen oder die Herstellung einer annehmbaren Verbindung nicht zulassen.

Verbindungsmittel müssen so verformt und angeordnet werden können, daß alle zulässigen Fugenbreiten möglich sind.

3.3 Normen

Britische Normen für Verbindungsmittel

Die Notwendigkeit, Verbindungsmittel zu normen, wurde zuerst im Maschinenbau erkannt. Joseph Whitworth, ein Maschinenbauingenieur, hat im Jahre 1841 vor dem Institut der Bauingenieure ein Papier verlesen, in dem er auf eine Einigung auf einheitliche Schraubengewinde drängte, die die verschiedenen Größen und Arten ersetzen sollten, die bis dahin verwendet wurden. Ein einheitliches System wurde entworfen und in den nachfolgenden zwanzig Jahren eingeführt.

Erst im Jahre 1901 allerdings wurde ein britisches Normenkomitee gebildet, das Normen für bestimmte Produkte, einschließlich Stahlprofile, erarbeiten sollte. Die erste britische Baunorm wurde im Jahre 1903 eingeführt, gefolgt von mehreren Normen, die die Größen von Rohren, Rohr-Formstücken und Rohrgewinden behandelten.

Im Jahre 1906 schuf ein Bericht über Passungen und Grenzgrößen die theoretische Basis für die Herstellung von auswechselbaren Teilen. Daraufhin wurde eine Norm vorbereitet:

BS 164: 1924 Grenzgrößen und Passungen für das Bauwesen.

Erst im Jahre 1972 wurde ein Entwurf vorgelegt, der Toleranzen und Passungen im Bauwesen behandelte, besonders Kenngrößen und Fugenbreiten für Bauteile. Die in diesem Entwurf gemachten Vorschläge waren Gegenstand von praktischen Versuchen und Messungen auf der Baustelle.

Deutsche Normen für Fugen und Verbindungen

Die erste deutsche Norm überhaupt war die Zementnorm (heute DIN 1164). Sie wurde bereits 1877 aufgestellt. Mit gutem Recht kann man diese Norm auch als erste Norm auf dem Gebiete der Fugen und Verbindungen bezeichnen, da das Bindemittel Zement wesentlicher Bestandteil hochwertiger Mauermörtel ist. Zement verbindet auch körnige Zuschläge zum festen Beton. Erst später sind die handwerklichen Techniken des Nagelns, Dübelns, Schraubens usw. in die entsprechenden Normen aufgenommen worden, so z. B. in die:

DIN 1045 Beton- und Stahlbetonbau
DIN 1050 Stahl im Hochbau
DIN 1052 Holzbauwerke
DIN 1053 Mauerwerk

Neben diesen grundlegenden Normen gibt es noch eine ganze Reihe, die sich mit den Verbindungsmitteln selbst oder mit anderen Fragen von Fugen und Verbindungen befassen.

Dazu gehören u. a.:

Dübel:
DIN 1052   Holzbauwerke; Bestimmungen für
T 2   Dübelverbindungen besonderer Bauart

Fugen:
DIN 16 729 Kunststoff-Dichtungsbahnen
DIN 18 190 Dichtungsbahnen für Bauwerksabdichtungen
DIN 18 540 Abdichten von Außenwandfugen zwischen Beton- und Stahlbetonfertigteilen im Hochbau mit Fugendichtungsmassen

Klebstoffe:
DIN 16 920 Klebstoffe, Richtlinien für die Einteilung

DIN 52 138 Klebemassen für Teerdachbahnen
DIN 53 289 Prüfung von Metallklebstoffen und Metallklebungen

Klammern:
DIN 7961   Bauklammern

Anker:
DIN 797   Ankerschrauben

Mörtel, Bindemittel:
DIN 1053   Mauerwerk
DIN 1060   Baukalk
DIN 1164   Portland-, Eisenportland-, Hochofen- und Traßzement
DIN 1168   Baugipse
DIN 4207   Mischbinder
DIN 4208   Anhydritbinder
DIN 4211   Putz- und Mauerbinder

Nägel:
DIN 1164   Leichtbauplatten-Stifte
DIN 1151   Drahtstifte
DIN 1152   Drahtstifte
DIN 1157   Tapezierstifte
DIN 1158   Hakenstifte
DIN 1160   Breitkopfstifte
DIN 1476   Halbrundkernnägel
DIN 1477   Senkkernnägel

Nieten:
DIN 101   Niete, Technische Lieferbedingungen
DIN 124   Halbrundniete, Nenndurchmesser 10 bis 36 mm
DIN 302   Senkniete, Nenndurchmesser 10 bis 36 mm
DIN 660   Halbrundniete, Nenndurchmesser 1 bis 8 mm
DIN 661   Senkniete, Nenndurchmesser 1 bis 8 mm
DIN 662   Linsenniete
DIN 674   Flachrundniete

Schrauben:
siehe Übersicht

Schweißen:
DIN 1910   Schweißen; Begriffe, Einteilung der Schweißverfahren
DIN 4099   Schweißen von Betonstahl

Toleranzen:
DIN 18 203 Maßtoleranzen im Hochbau

Diese Aufzählung ist keineswegs vollständig. Man ist stets gut beraten, vor der Festlegung von Details die neuesten Ausgaben der einschlägigen Normen zu Rate zu ziehen. Zahlreiche Handbücher nennen diese Normen geordnet nach den jeweiligen Fachgebieten (Betonbau, Ausbau oder dergleichen).

Internationale Normen für Fugen und Verbindungen

Die Vorbereitung von Normen, die die Theorie der Verbindungen im Bauwesen behandeln, begann ungefähr 1968 unter der Aufsicht der International Standards Organisation (ISO). Seitdem wurden folgende Normen herausgegeben:

ISO 2444   Fugen und Verbindungen im Bauwesen: Terminologie

ISO 2445   Fugen und Verbindungen im Bauwesen: Entwurfsgrundlagen

ISO 3447: 1975 Fugen und Verbindungen im Bauwesen: Allgemeine Prüfliste für Anforderungen und Funktionen

Übersicht genormter Schrauben *) **)
(die Zahlen entsprechen den DIN-Nummern)

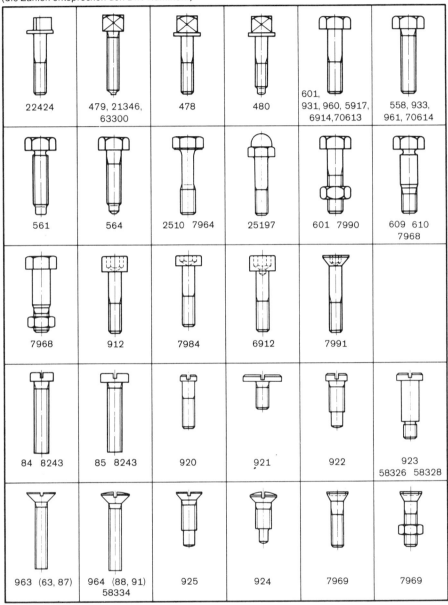

*) In dieser Übersicht sind Rohr- und Schlauchverschraubungsteile nicht enthalten.
Eingeklammerte Normblatt-Nummern sind nicht für Neukonstruktionen.

**) Wiedergegeben mit Erlaubnis des DIN Deutsches Institut für Normung e. V.

Übersicht genormter Schrauben*) (Fortsetzung)
(die Zahlen entsprechen den DIN-Nummern)

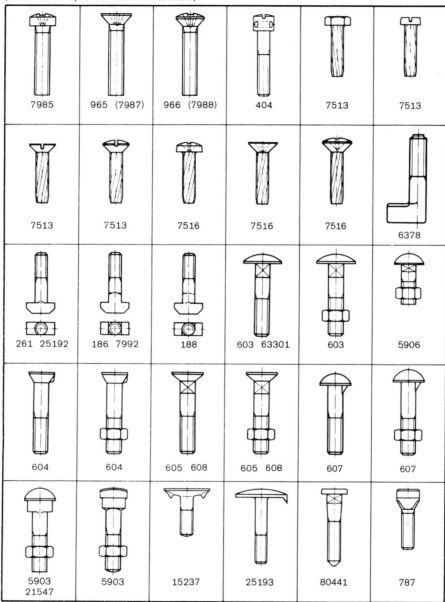

*) In dieser Übersicht sind Rohr- und Schlauchverschraubungsteile nicht enthalten.
Eingeklammerte Normblatt-Nummern sind nicht für Neukonstruktionen.

Übersicht genormter Schrauben*) (Fortsetzung)
(die Zahlen entsprechen den DIN-Nummern)

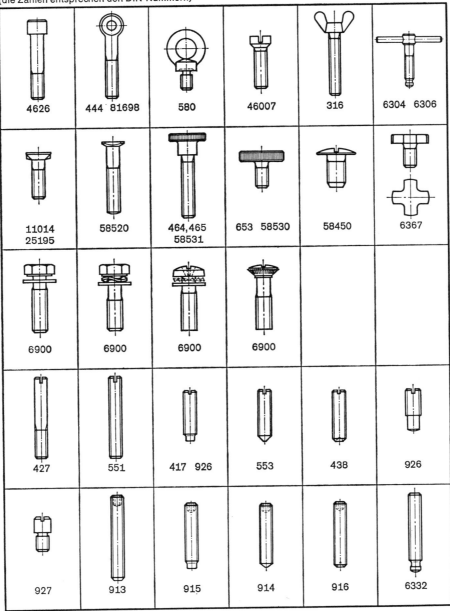

*) In dieser Übersicht sind Rohr- und Schlauchverschraubungsteile nicht enthalten.

Übersicht genormter Schrauben*) (Fortsetzung)
(die Zahlen entsprechen den DIN-Nummern)

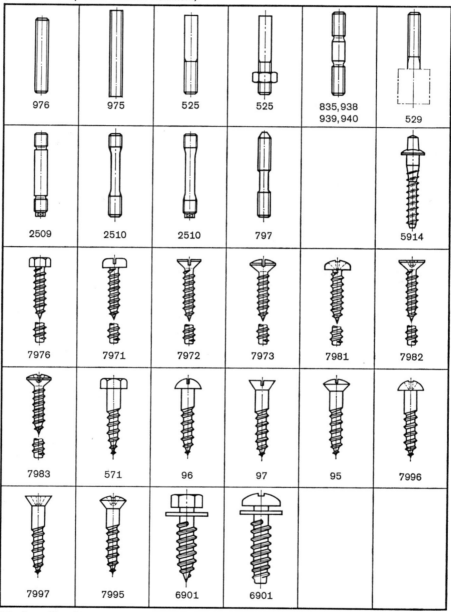

*) In dieser Übersicht sind Rohr- und Schlauchverschraubungsteile nicht enthalten.

Übersicht genormter Zubehörteile für Schraubenverbindungen
(die Zahlen entsprechen den DIN-Nummern)

125, 126, 433, 440, 1440 1441, 6902, 6903 7349, 7989, 9021	125, 6916	440	436 5917
434, 435 6917, 6918	127, 7980, 43699	137	127
6913	137, 6904	6796! 6908	6797, 6906
6797	6797, 6906	6798, 6907	6798
6798, 6907	93	463	432
462	70952	7989	128, 6905
128	94	7967	526

Übersicht genormter Muttern*)
(die Zahlen entsprechen den DIN-Nummern)

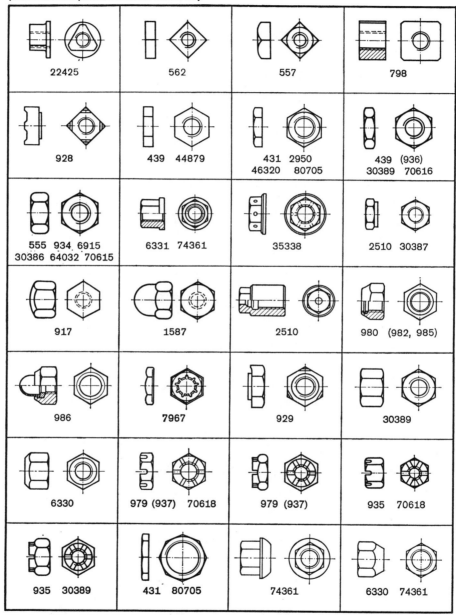

*) In dieser Übersicht sind Rohr- und Schlauchverschraubungsteile nicht enthalten.
Eingeklammerte Normblatt-Nummern sind nicht für Neukonstruktionen.

Unterkomitees sind zur Zeit mit der Vorbereitung von internationalen Normen beschäftigt, die folgende zusätzliche Aspekte von Verbindungen im Bauwesen behandeln:

SC 8 Verbindungsmittel
SC 4 Fugenbreiten
SC 5 Verhalten von Fugen und Verbindungen

Ein technisches Komitee der British Standards Institution, BLCP/65: Verbindungen und Fugen im Bauwesen, ist für die Vorbereitung einer neuen Norm verantwortlich, die Planung und Entwurf von Verbindungen und Fugen im Bauwesen behandelt.

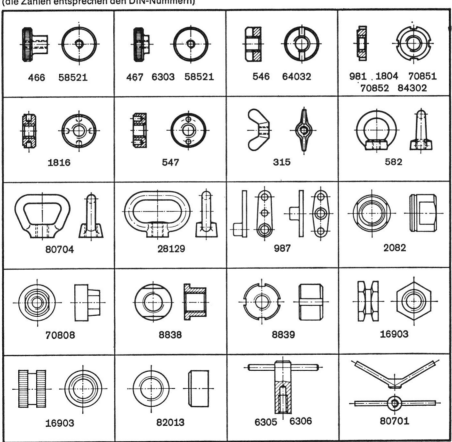

Übersicht genormter Muttern*) (Fortsetzung)
(die Zahlen entsprechen den DIN-Nummern)

*) In dieser Übersicht sind Rohr- und Schlauchverschraubungsteile nicht enthalten.

3.4 Anschlußprofil

Als Anschlußprofil wird der Teil einer Fläche eines Bauteils bezeichnet, der planmäßig für die Herstellung der Verbindung vorgesehen ist. Das Anschlußprofil ist Teil der Verbindung und aus diesem Grund wird das Profil in erster Linie durch die vorgesehenen Verbindungsmittel bestimmt.

Klebemittel wie Mörtel und Leim werden in der Regel ebene, aber nicht unbedingt glatte Flächen erfordern, die parallel zur Fugenebene verlaufen. Das Anschlußprofil ist hier in der Regel einfach und von geraden Linien begrenzt, wie es z. B. bei einem herkömmlichen Ziegelstein der Fall ist.

Dübel und andere Befestigungselemente erfordern in den Fugenflanken der Bauteile Löcher oder Nute, die den Verbindungskomponenten angepaßt sind.

Die direkte Verklammerung von Bauteilen hängt von der richtigen Formgebung der Fugenflanken ab, wie es bei einer Nut- oder Feder-Verbindung der Fall ist.

Vom theoretischen Standpunkt aus betrachtet bilden die genannten Beispiele drei geometrische Grundkonfigurationen: ein ebenes Anschlußprofil, ein negatives, konkaves oder ausgespartes Profil und ein positives, konvexes oder hervorstehendes Profil.

Grenzfläche

Wenn ein Teil des Fugenprofils eines Bauteils in direkter Verbindung mit einem Verbindungsmittel steht, dann wird die Fläche zwischen diesen beiden Baustoffen Grenzfläche genannt. So ist die Fugenflanke zwischen einem Schraubengewinde und der korrespondierenden Fläche im Bauteil eine Grenzfläche, die zur Übertragung der Kräfte zwischen diesen beiden Teilen dient.

Der Abstand zwischen zwei aneinandergrenzenden Fugenprofilen wird Fugenbreite genannt, die Lücke selbst ist die Fuge. Die Größe der Fugenbreite kann an jeder beliebigen Stelle in der Verbindung gemessen werden. Sie kann von Stelle zu Stelle variieren, abhängig von der Form der Fugenprofile.

Fugenflanke

Die Teile des Fugenprofils, die der Fugenachse am nächsten liegen, heißen Fugenflanken. Diese bestimmen die Fugenbreite, die für die Herstellung der Verbindung zur Verfügung steht. Die Fugenbreite zwischen den Fugenflanken muß innerhalb bestimmter Grenzen liegen.

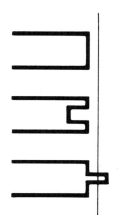

3.5 Zeichnungen von Verbindungen

Es ist im Bauwesen gebräuchlich, Informationen zu einer Verbindung als Konstruktionsdetail aufzufassen. Ist eine ungewöhnliche Verbindung erforderlich, so wird eine besondere Zeichnung angefertigt, die als Baudetail oder als gesonderte Montagezeichnung dient. Verbindungen sind nicht oft Gegenstand spezieller Betrachtungen gewesen.

Die wichtigsten zur Zeit verwendeten Zeichnungsarten sind Verlege-, Montage- und Bauteilzeichnungen. Verlegezeichnungen sollen eine Übersicht der Gesamtkonstruktion geben. Sie sind in der Regel in einem kleinen Maßstab; Verbindungen sind nur selten daraus zu ersehen. Montagezeichnungen sollen in erster Linie die Baustoffe und Anordnung der Bauteile darstellen. Auch die Anordnung der Verbindungen kann dargestellt sein, allerdings nicht die Verbindungen selbst, und nicht im großen Maßstab. Bauteilzeichnungen sind grundsätzlich mit Abmessungen und Fertigungshinweisen versehen, aber selten mit Hinweisen, wie die Bauteile untereinander zu befestigen sind.

Mit der zunehmend häufigen Anwendung neuer Bauweisen und der wachsenden Aufmerksamkeit für das Detail gibt es Anzeichen dafür, daß Zeichnungen mit Informationen über Verbindungen auch mehr Anerkennung finden.

Eine Verbindungszeichnung zeigt – bezogen auf das Fugenraster – die Fugenprofile der Bauteile mit Art, Form und Lage der Verbindungsmittel. Solche Zeichnungen werden meist großmaßstäblich ausgeführt: 1:1, 1:2, 1:5 oder 1:10. Folgende weitere Informationen werden auf der Zeichnung angegeben:

1 Achsen
2 Baustoffe der Bauteile
3 Material und Anordnung der Verbindungsmittel
4 Montagereihenfolge
5 Fugenbreiten

Die Zeichnungen im zweiten Teil dieses Buches sind Beispiele für solche Verbindungszeichnungen.

Teil I

Kapitel 4
Verbindungsmittel

4.1 Einführung

Bei den einfachsten Bauweisen werden keine Verbindungsmittel benötigt. Trockenmauerwerk wird ohne jeglichen Mörtel oder andere Befestigungsmittel erstellt. Ein einfacher Holzrahmen wird ohne Nägel verbunden. Ein Flechtdach wird mit den geflochtenen Blättern einer Dattelpalme gedeckt. Aber im Laufe der Zeit wurden Befestigungsmaterialien – wie Mörtel oder Holzpflöcke – eingeführt, um den Konstruktionen zusätzliche Festigkeit zu verleihen oder sie in einer anderen Weise zu verbessern. Während der industriellen Revolution führten neue Produktionsmethoden sowie verbesserte und künstlich hergestellte Stoffe zu neuen Konstruktionsformen, bei denen Verbindungsmittel zu grundlegenden Bestandteilen fast aller Bauweisen wurden.

Verbindungsmittel sind Baustoffe, die zur Herstellung von Verbindungen verwendet werden. Es existieren Verbindungsmittel vielerlei Arten, sie können aber vereinfacht der Form nach in drei Hauptgruppen eingeteilt werden. Diese drei Gruppen werden in der internationalen Norm, ISO 2444, definiert: Verbindungsmaterialien, Verbindungsstreifen und Verbindungskomponenten.

Verbindungsmaterialien sind Verbindungsmittel ohne eigene Form, wie z.B. Mörtel, Leim, Kleber und Versiegelungsstoffe.

Verbindungsteile sind Verbindungsmittel mit einem bestimmten Querschnitt, aber von unbestimmter Länge. Sie können in der Form einfach oder komplex sein, z.B. Wülste, Dichtungen oder Abdeckungen.

Verbindungskomponenten sind Verbindungsmittel, die aus einem Teil oder aus mehreren Teilen bestehen, die eine Einheit bilden, z.B. Nägel, Anker, Schrauben, Bolzen.

4.2 Verbindungsmaterialien

Verbindungsmaterialien können unterteilt werden in Klebemittel, die tragende Aufgaben übernehmen, und Versiegelungsstoffe, die einen Schutz bilden sollen.

Klebemittel

Klebemittel können unterteilt werden in Mörtel, Leime, thermoplastische Kleber, wärmehärtende Kleber, Kontaktkleber, Zweikomponentenkleber, Schweißstoffe und Lötzinne.

Versiegelungsstoffe können unterteilt werden in Kitte, Mastix, Verlegemassen, Lasuren, Stopfmassen, Versiegelungen und Beschichtungen.

Mörtel

Der Begriff Mörtel beschreibt eine Mischung von Zement und/oder Kalk mit Sand und Wasser. Mörtel dient als Verbindungsmaterial zwischen Ziegel, Steinen, Platten und Blöcken, aber auch als Putz. Mörtel kann auch zum Verfugen verwendet werden. Vor der Erfindung des Portlandzements bestand Mörtel aus einer Mischung von Kalk, Sand und Wasser. Er wurde sowohl für Ziegel- als auch für Natursteinmauerwerk verwendet. Eine solche Mischung wird heute Kalkmörtel genannt. Hinweise zur Zusammensetzung und Verwendung von Mörteln gibt die DIN 1053 „Mauerwerk – Berechnung und Ausführung" (Fassung Nov. 1974) in Abschnitt 4. Hier sollen nur einige Hinweise wiedergegeben werden, die z.T. über den Rahmen dieser Norm hinausgehen.

- Eine Mischung aus Zement, Sand und Wasser wird Zementmörtel genannt, kann aber auch einen Kalkanteil beinhalten (Kalkzementmörtel). Die Verwendung von Zement gibt dem Mörtel eine größere Festigkeit und Frostbeständigkeit. Kalk verbessert die Verarbeitbarkeit und verringert die Rißneigung.

- Eine Mischung aus einem Teil Zement, einem Teil Sand und Wasser wird zum Ausfugen von Bodenfliesen verwendet.

- Eine Mischung aus einem Teil Zement, drei Teilen Sand und Wasser dient zur Verbindung und zum Ausfugen von Beton- und Tonrohren.

- Eine Mischung aus einem Teil Zement, einem Teil Kalk, sechs Teilen Sand und Wasser wird zur Verlegung von Ziegeln, Betonblöcken oder Steinen bei tragenden Wänden verwendet.

- Eine Mischung von Zement, Kalk und Sand im Verhältnis 1:2:8 und Wasser ist für nichttragende Wände geeignet.

- Zementkleber (Dünnbettmörtel) sind Verbindungsmaterialien in Form eines trockenen Pulvers, das vor dem Auftragen mit Wasser vermengt wird. Sie setzen sich aus Zement mit Zusätzen zusammen und werden vielfach zur Verlegung von Fliesen verwendet, deren Rückseiten nur flache Mulden aufweisen. Mastixkleber können ebenfalls für diesen Verwendungszweck eingesetzt werden. Dies sind Verbindungsmaterialien, deren Bindemittel aus einem organischen Material besteht; sie benötigen weder die Zugabe von Wasser noch die von anderen Stoffen.

Leime

Leim ist ein Verbindungsmaterial, das hauptsächlich zwischen Holzflächen Verwendung findet. Es gibt viele Arten von Leimen, die aus verschiedenen Grundstoffen gewonnen werden. „Klassische" Leime sind:

- Tierleim, auch Glutinleim genannt, wird aus den Knochen, Fellen, Hörnern oder Häuten von Tieren hergestellt und in Stücken oder Granulatform geliefert. Er wurde jahrhundertelang verwendet, hat eine große Festigkeit, ist aber nicht wasserfest.

- Fischleim, aus Fischblasen oder -häuten gewonnen, ist dem Tierleim ähnlich. Auch er ist unter trockenen Bedingungen fest und beständig.

- Kaseinleim wird aus gesäuerter Milch hergestellt. Er ist wasserfester als Tier- und Fischleim. Er wird in Pulverform geliefert, mit Wasser vermischt, und kalt aufgetragen. Fugen bis zu 1 mm Breite können damit ausgefüllt werden.

- Pflanzenleime beinhalten Kassawa- und Soyaleim. Kassawaleim ist ein Stärkeleim, der aus der Kassawapflanze hergestellt wird. Soyaleim ist ein Proteinleim und wird aus der Soyapflanze hergestellt. Seine Eigenschaften ähneln dem des Kaseinleimes.

- Natürliche Harzleime werden aus Pflanzengummi, wie zum Beispiel Myrrhe, gewonnen.

Die Verwendung der „klassischen" Leime ist stark rückläufig. Sie werden durch Kunstharzleime ersetzt, die wasserunlöslich und fäulnisbeständig sind.

Thermoplastische Kleber

Thermoplastische Kleber werden aus Natur- oder synthetischen Harzen hergestellt. Naturharze sind zum Beispiel Kanadabalsam oder Lack. Kunstharze sind Stoffe, die dem Naturharz ähnlich sind und auf chemischem Wege aus einem Ausgangsstoff gewonnen werden.

Thermoplastische Kleber haben eine größere Festigkeit als Naturharzkleber und sind fast vollkommen wasser- und fäulnisbeständig. Sie weichen jedoch bei Wärmeeinwirkung auf und neigen zum Kriechen unter Belastung. Polyvinylazetatleim wird bei Holzverbindungen im Innenausbau verwendet. Acrylpolyesterharz findet bei Rohrverbindungen und als Vergußmaterial Verwendung.

Wärmehärtende Kleber

Wärmehärtende Kleber ergeben Verbindungen größerer Festigkeit als die der anderen Leimgruppen und neigen nicht zum Kriechen. Die Verbindungen sind jedoch spröde, wenig elastisch und neigen unter Stoßbelastungen zum Bruch.

Wärmehärtende Kleber basieren auf Amino-, Phenol-, Epoxyd- und Polyesterharzen mit geeigneten Zusätzen. Phenolformaldehyd- und Phenol-Kleber werden zur Verbindung von Holz und Sperrholz eingesetzt. Für die Herstellung von Bewegungsfugen wird Epoxydharz verwendet.

Kontaktkleber

Kontaktkleber basieren auf natürlichen oder künstlichen Gummiarten. Sie sind entweder pastös in einem Lösungsmittel gelöst oder bilden mit dem Lösungsmittel eine viskose Flüssigkeit. Sie haben nur eine geringe Festigkeit. Polychloroprenkleber (Neoprene) wird zur Befestigung von Schaumstoff verwendet. Acrylnitritbutadien wird zur Befestigung von neoprenen Dichtungen auf Metall eingesetzt. Styrolharze werden bei der Befestigung von Boden- und Wandbekleidungen benutzt. Silikonkleber dienen zur Befestigung von Silikon-Kautschuk-Dichtungen.

Zweikomponentenkleber

Zweikomponentenkleber setzen sich aus wärmehärtenden Harzen und Elastomeren oder aus thermoplastischen Stoffen zusammen. Phenol-Nitrit-Kleber werden zur Verbindung von Metallen benutzt. Phenol-Polyvinylazetat-Kleber werden zur Verbindung von Wabenstrukturen mit Verkleidungsplatten und Metallen verwendet. Phenolharze und Epoxydpolyamid dienen in Verbindungen, von denen eine hohe Wärmebeständigkeit erwartet wird. Alle Zweikomponentenkleber sind öl- und lösungsmittelfest.

Fugendichtungsmassen

Der Ausdruck Fugendichtungsmasse bezieht sich auf ein Verbindungsmaterial, das zur Abdichtung der Fuge in einer Verbindung dient. Fugendichtungsmassen beinhalten Kitte, Mastix, Füllmassen, Verglasungsmassen, Stopfmassen und Versiegelungsmassen. Der Begriff wird manchmal nur im Sinne einer Versiegelungsmasse verwendet und manchmal im Sinne eines wasserdichten Verbindungsmaterials. Der Zweck einer Versiegelungsmasse ist es, eine Verbindung gegen Staub, Feuchtigkeit, Wind und anderen äußeren Einflüssen abzudichten. Sie muß eine dichte Verbindung mit den Fugenflanken bewahren und unter bestimmten Bedingungen auch eine genügende Verformungswilligkeit aufweisen, um während der Lebensdauer der Konstruktion Bewegungen aufnehmen zu können.

Kitte

Verglasungskitt ist eine Mischung aus Schlämmkreide und Leinöl, mit einem möglichen Bleiweißzusatz. Er wird zur Sicherung von Fensterscheiben und zum Ausfüllen kleiner Löcher im Holz verwendet. Der Kitt muß mit einem Lackanstrich geschützt werden, sobald die Oberfläche genügend ausgehärtet ist.

Stahlfensterkitt wird zum Einsetzen von Glasscheiben in Metallrahmen verwendet. Es ist eine synthetische Masse mit Eigenschaften, die denen des Verglasungskittes ähnlich sind, wobei auch hier ein Schutzanstrich erforderlich ist. Glimmerkitt ist ein langlebiger Verglasungskitt, der keinen Schutzanstrich erfordert.

Mastix

Mastix ist eine traditionelle Fugendichtungsmasse und wird auch Bitumenmastix genannt. Der Begriff Mastix wurde wahllos auf Versiegelungsmassen, Verlegemassen und Kitte übertragen. Mastix ist eine Mischung von ausgewählten Bitumen, Schutzölen, Lösungsmitteln, Asbestfasern und besonderen Füllstoffen.

Es bietet eine beständige und elastische Abdichtung gegen Wasser, dient als Füllstoff und haftet gut an sauberen Oberflächen. Es ist wasserfest, feuchtigkeits- und säurebeständig und kann mit einer Kelle, einem Kittmesser, einer Spritzpistole oder mit der Hand aufgetragen werden. Es ist auch in Streifenform lieferbar und bei der Verarbeitung in der Regel plastisch. Bitumenmastix kann im erwärmten Zustand auch gegossen werden.

Füllmassen

Eine Füllmasse sind Stoffe, die zwischen Fensterrahmen und deren Öffnungen oder zwischen Innenrahmen und

Kämpfer oder Pfosten verwendet werden. Das Material ist nicht wetter- oder wasserbeständig und erfordert einen Schutz durch Anstrich oder zusätzliche Versiegelung. Die wichtigsten Füllmassen basieren auf Öl oder Butyl und werden in der Regel von Hand aufgetragen.

Verglasungsmassen

Eine Verglasungsmasse ist eine Fugendichtungsmasse, die in den Fugen zwischen Glas und Rahmen verwendet wird. Sie kann auch zwischen Ausfachungstafeln und Rahmen verwendet werden. Das Material soll dem Glas eine Bettung geben und eine wetterfeste Verbindung zwischen Glas und Rahmen bilden. Das Material kann härtend oder nichthärtend sein und kann mit der Hand, dem Messer, der Pistole oder als vorgeformter Streifen aufgetragen werden. Die wichtigsten Verglasungsmassen basieren auf Kunstgummi oder elastomeren Kohlenwasserstoffen, insbesondere Polysulfiden. Die nichthärtenden Verglasungsmassen härten in der Regel nicht aus, bilden aber infolge bestimmter Zusätze eine Oberflächenhaut. Die elastischen Verglasungsmassen härten aus und bilden dann eine zähe, gummiartige Masse. Sie dienen als Alternative zu Leinölkitt und benötigen einen Schutzanstrich kurze Zeit nach der Verarbeitung.

Stopfmassen

Eine Stopfmasse ist eine Fugendichtungsmasse für eine Glockenmuffenverbindung oder dgl. Das Material wird in der Regel durch Einhämmern eingebracht. Sie sollten nicht bei Verbindungen verwendet werden, die Bewegungen ausgesetzt sind. Eine traditionelle Stopfmasse besteht aus gleichen Teilen Bleiweiß und Bleimennige, die mit Hanf vermischt sind, um eine steife Mischung herzustellen. Andere Stopfmassen können auf Öl oder Butyl basieren.

Versiegelungsmassen

Eine Versiegelungsmasse soll einen wirksamen Schutz gegen das Eindringen von Staub, Feuchtigkeit und anderen äußeren Einflüssen bilden. Sie muß nachträgliche Veränderungen der Fugenbreite aufnehmen können. Das Material ist sowohl adhäsiv als auch elastomer, ist aber nicht dazu gedacht, Kräfte aufzunehmen. Es kann mit der Kelle, der Pistole, als vorgeformter Streifen oder als Band aufgetragen werden. Eine Reihe von Materialien werden als Versiegelungsmassen verwendet, sie können in zwei Hauptkategorien unterteilt werden: elastische und nichtelastische (plastische).

Elastische Versiegelungsmassen, wie solche auf Polysulfid-, Polyurethan- oder Silikonkautschukbasis, sollen nach dem Auftragen aushärten und eine feste, gummiartige Masse bilden. Sie sind einigermaßen ergiebig und können höhere Ansprüche erfüllen. Man unterscheidet zwei Arten: Einkomponentenmassen härten durch das Ausscheiden eines Lösungsmittels aus und/oder durch Luftfeuchtigkeitsaufnahme nach dem Auftragen; Zweikomponentenmassen härten durch eine chemische Reaktion zwischen den beiden Komponenten aus.

Die elastischen Versiegelungsmassen werden nach ihrer chemischen Zusammensetzung unterschieden:

    Einkomponentenpolysulfid
    Zweikomponentenpolysulfid
    Acrylharz
    Silikon
    Polybutandien
    Neopren und
    hybrides Polymer.

Plastische oder nichtelastische Versiegelungsmassen basieren auf Öl, Bitumen/Gummi oder Butyl. Sie sollen, unabhängig von einem evtl. Aushärten, keine gummiartige Masse bilden. Sie sind weniger ergiebig als elastische und erfüllen keine höheren Ansprüche. Sie können im warmen oder im kalten Zustand aufgetragen werden. Eine warm aufzutragende Versiegelungsmasse ist eine nichtelastische Masse, die im erweichten oder flüssigen Zustand bei einer Temperatur aufgetragen wird, die höher ist als die empfohlene maximale Betriebstemperatur. Eine kalt aufzutragende Versiegelungsmasse ist eine nichtelastische Masse, die bei normaler Betriebstemperatur aufgetragen werden kann und nach dem Aushärten eine plastische Masse mit einer Oberflächenhaut bildet.

Die plastischen Versiegelungsmassen werden entsprechend ihrer chemischen Zusammensetzung unterschieden:

    auf Bitumen basierend
    auf Öl basierend
    Polybutylen
    Butyl
    Acrylemulsion
    Acrylharz.

4.3 Verbindungsstreifen

Ein Verbindungsstreifen ist ein Verbindungsmittel von einem bestimmten Querschnitt, aber mit unbestimmter Länge. Wie bei vielen Profilen wird es als Meterware hergestellt und geliefert.

In der Praxis wird die Fuge normalerweise durch einen Streifen geschützt, der zwischen den Fugenflanken eingebracht wird und die Fuge abdeckt oder als Füllmaterial dient.

Das Verlegen von Streifen erfordert besondere Aufmerksamkeit und sorgfältige Planung an Ecken und Kreuzungspunkten. An diesen Kreuzungspunkten kann die Kontinuität unterbrochen sein und so zu einem ungenügenden Schutz führen. Die Streifen müssen hier überlappt oder auf Gehrung geschnitten werden: sie können auch durch einen Kleber miteinander verbunden werden.

Die Streifen werden durch Kleber, Befestigungsteile, durch Klemmkräfte zwischen den Fugenflanken oder durch die Fugenprofile in ihrer Lage gehalten.

Die Streifen werden aus vielen Stoffen hergestellt und die Bezeichnung folgt in der Regel der Form oder Funktion des Teiles, das für eine Situation ausgelegt wurde.

Streifen

Wichtige Arten von Verbindungsstreifen werden hier in alphabetischer Reihenfolge kurz vorgestellt.

Abdeckungen

Streifen aus Blei, Zinn, Kupfer, Aluminium, Dachpappe oder ähnlichem undurchlässigen Material, die Verbindungen zwischen der Dacheindeckung und anderen Flächen schützen.

Ankerschienen

Stahlschienen mit U- oder schwalbenschwanzförmigem Querschnitt, zum Teil mit besonders geformten Flanschen, die in eine Betonplatte einbetoniert werden und durchgehende Befestigungsmöglichkeiten schaffen.

Dampfsperre

Bitumen- oder Metallstreifen – oder Streifen aus einem anderen undurchlässigen Material – die in einer Wandfuge verlegt werden, um den Durchtritt von Feuchtigkeit durch die Fuge zu verhindern.

Dehnungsstreifen

Streifen aus Kork, Gummi, Kunststoff oder ähnlichem plastischen Material, die zur Ausfüllung einer Wandfuge oder einer Fuge zwischen einer Wand und einem anderen Bauteil verwendet werden und Bewegungen zulassen.

Dichtungen

Streifen aus Schaumgummi, extrudiertem Polychloropren, geschäumtem Butyl, Polyäthylen, Polyurethan oder ähnlichem Material, die entweder als Vollmaterial oder als Hohlstreifen, konisch, mit Zellenstruktur oder in anderen Formen geliefert werden können. Die angebotenen Querschnitte sind nicht minder umfangreich.

Fugenbänder

Bänder aus Gummi oder Kunststoff, die in der Fuge zwischen zwei Betonplatten angeordnet werden, um das Eindringen von Wasser zu verhindern.

Glasfalzleisten

Holz- oder Metallstreifen, die zur Sicherung einer Scheibe in einem Falz dienen.

Glasrahmenprofile

U-förmige Profile zur Sicherung von Glasscheiben in Rahmen. Sie werden durch den Druck der Glasfalzleisten gehalten.

Klebebänder

Papierstreifen, selbstklebendes Papier oder ähnliches Material, das zur Abdeckung der Fugen zwischen Wand- und Gipskartonplatten verwendet wird. Streifen aus Filz oder ähnlichem Material werden zur Abdichtung von Fugen bei Alu-Schiebefenstern verwendet.

Latten

Holzleisten, in der Regel mit einem Querschnitt von rd. 50 mm x 20 mm, die zur Aufnahme der Befestigungsteile für Dachpfannen, Dachplatten, Deckensteinen, Fußbodenbrettern und Innenauskleidungen dienen.

Mörtelkehlen

Zementmörtelstreifen zur Herstellung einer Verbindung zwischen Schornstein und Dachpfannen. Sie sind billige Alternativen zu einer Metallabdeckung.

Profilleiste

Streifen aus Holz, Metall oder Kunststoff, die in vielen verschiedenen Querschnitten hergestellt werden. Im Tischlergewerbe beinhaltet dieser Begriff Architrave, Sockelleisten, Sockelschienen, Bilderrahmen usw., die als Abdeckleisten verwendet werden.

Rahmendichtung

Streifen aus Metall, Holz, Gummi oder anderen Materialien, die zur Abdichtung der Fuge zwischen einem Tür- oder Fensterrahmen und der umgebenden Zarge dienen. Federstahlstreifen, besonders solche aus rostfreiem Stahl, werden zur Sicherung der Scheiben bei kittloser Verglasung verwendet.

Sperren

Streifen aus Gummi, Kunstgummi oder Kunststoff mit besonderem Querschnitt, die in Nuten der vertikalen Fugenflanken von Wandplatten eingebracht werden, um die Menge des eindringenden Regens zu reduzieren.

Spund

Hartholz- oder Hartplattenstreifen – oder Streifen aus ähnlichem Material –, die in eine Nut der Fugenflanke eingesetzt werden.

Stoffbänder

Jute-, Baumwoll- oder Maschendrahtstreifen zur Abdeckung der Fugen von Gipskartonplatten vor dem Verputzen. Jute- oder Baumwollstreifen werden auch zur Bewehrung von Fasergips verwendet.

Trennstreifen

Schaumstoffstreifen als Widerlager für eine Verfugungsmasse. Sie verhindern, daß die Verfugungsmassen mit dahinterliegenden Teilen in Berührung kommt. Trennstreifen sollten nicht mit dem Stopfmaterial verwechselt werden, das hauptsächlich die Fugentiefe be-

Teil I

stimmt und somit gleichzeitig Art und Menge der Verfugungsmasse.

Wetterschenkel

Verzinkter Flachstahl, rd. 25 mm breit und 6 mm dick, der in einer Nut in der Oberseite einer Fensterbank gebettet ist, um das Eindringen von Wasser zu verhindern.

Wulsteinlage

Holzleisten als Einlagen in den Wülsten von Blechverbindungen.

4.4 Verbindungskomponenten

Verankerungen

Anker

Befestigungsteil zur Herstellung einer sicheren Befestigung an Mauerwerk oder Beton. Es gibt eine große Anzahl von verschiedenen Arten und Funktionsweisen.

Gewindehülse

Anker oder Spreizdübel mit einem Innengewinde, in das eine Schraube oder ein Bolzen eingeschraubt werden kann.

Schraubendübel

Kleine Hülse aus Metall oder Kunststoff, die in ein Bohrloch im Mauerwerk oder im Beton eingeführt wird und als Befestigung für eine Schraube dient.

Spreizdübel

Anker, der in ein Bohrloch im Mauerwerk oder im Beton eingeführt und durch die Spreizwirkung von Konen, Ringen, Hülsen oder Keilen verankert wird.

Blöcke

Abdeckscheibe

Kleine flache Scheibe aus Holz oder Kunststoff zur Abdeckung eines Loches oder einer Senkkopfschraube.

Abstandshalter

Kleines Holzstück in Dicke der Fugenbreite, das zwischen Ziegelsteinen angeordnet wird, so daß eine Verbindung hergestellt werden kann.

Abstandshalter

Kleiner Klotz z. B. aus plastischem Material, der zwischen der Glasscheibenfläche und dem Rahmenfalz, oder zwischen der Scheibenfläche und der Glasfalzleiste angeordnet wird, um eine Querverschiebung zu verhindern.

Doppelkeile

Keilpaar in der Fuge zweier Bauteile zur Veränderung der Fugenbreite.

Dübel

Kleiner Stift aus Holz, Faser, Metall oder Kunststoff, der in einem Bohrloch eingeführt wird und als Befestigungsmittel dient.

Dübelstein

Ziegelförmiger Klotz aus Holz, Leichtbeton oder einem ähnlichen Material, an dem eine Befestigung vorgenommen werden kann.

Führungsstück

Kleiner Klotz aus plastischem Material, wird zwischen den Kanten einer Glasscheibe und dem umgebenden Rahmen angeordnet, um einen Mindestabstand zu gewährleisten.

Keil

Konisches Holzstück, auch Blei- oder Kupferstreifen, die konisch gefaltet sind.

Rohrführung

Kleine auf einer Achse montierte zylindrische Trommel, die frei drehbar ist und ein Rohr stützt. Sie ermöglicht eine Längsbewegung des Rohres.

Tragklotz

Kleiner Klotz aus Polychloropren, Blei oder ähnlichem Material, der zwischen der Unterkante einer Glasscheibe und dem umgebenden Rahmen angeordnet wird.

Unterlagplatte

In einer Fuge verwendeter kleiner Klotz, wie z.B. zwischen einer Fundamentplatte und einer Betonstütze, der eine vorgegebene Fugenbreite gewährleistet.

Unterlegscheibe

Flacher Ring aus Metall, Gummi, Kunststoff oder anderem geeigneten Material zur Lastverteilung und Abdichtung.

Aufgesetzte Unterlegscheibe

Besonders geformte Unterlegscheibe für Senkkopfschrauben mit Platz für die Senkung. Sie wird verwendet, um optische Gefälligkeit zu erzielen, wenn die Schrauben sichtbar sind oder betont werden.

Bolzen

Bedachungsbolzen

Stahlbolzen mit Mutter und Kunststoffunterlegscheibe, um Wellplatten untereinander zu verbinden.

Bedachungsschraube

Schraube zur Kantenverbindung von Wellplatten und zur Befestigung von Dachaufbauten und Verkleidungsplatten.

Bolzen

Zylindrischer Stab mit einem Kopf an einem Ende und einem Gewinde am anderen.

Fundamentschraube (Ankerschraube)

Bolzen mit einer großen Unterlegscheibe, der im Beton oder Mauerwerk einbetoniert bzw. befestigt ist und eine Befestigungsmöglichkeit durch sein herausragendes Gewindeteil bietet.

Handlaufbolzen

Bolzen mit beidseitigem Gewinde für das Anziehen und Befestigen von zwei Handlaufstücken.

Hakenbolzen

Verzinkter Eisenstab mit einem U-förmigen Haken an einem Ende und einem Schraubengewinde am anderen. Das Gewinde ist mit einer Unterlegscheibe und einer Mutter ausgestattet. Der Bolzen wird zur Befestigung von Wellplattenverkleidungen an Pfetten verwendet.

HV-Schraube

Hochfeste, vorgespannte Schraube, die mit gehärteten, kreisförmigen Unterlegscheiben verwendet wird und Stahlbauteile so fest aufeinanderpreßt, daß die Kräfte durch Reibung zwischen den Stahlflächen übertragen werden.

Rinnenbolzen

Bolzen, der bei einem Regenfallrohr zur Befestigung des Einsteckendes mit der Glockenmuffe verwendet wird.

Schraubenbolzen

Stab mit einem oder zwei Gewindeenden. Das gewindelose Ende wird in der Regel mit dem tragenden Untergrund verschweißt, so daß an das Gewinde angeschlossen werden kann.

Wagenbauschraube

Bolzen mit einem gewölbten Kopf und einem darunterliegenden Quadratquerschnitt, der in die korrespondierende Öffnung im Bauteil hineinpaßt und beim Aufschrauben der Mutter ein Mitdrehen des Bolzens verhindert.

Verbinder

Bleidübel

Blei wird in eine Nut zwischen zwei benachbarten Steinen gegossen; ebenso: Ein kleiner zylindrischer Bleistab, der in ein vorgebohrtes Loch der Wand eingetrieben wird und eine Schraube aufnimmt.

Dübel

Kurzer, runder Hartholzstab, der in die korrespondierenden Löcher zweier Holzteile eingeführt wird und sie so verbindet; ebenso: kurzer, runder Metallstab, der in die korrespondierenden Löcher zweier zu verbindenden Betonplatten eingeführt wird; ebenso: Stift aus Schiefer, Stein oder nichtrostendem Metall, der in die korrespondierenden Löcher zweier zu verbindenden Steine eingeführt wird.

Hakenklammer

Hakenförmig gebogener kleiner Stab mit einem Gewindeloch. Er wird auf eine Schraube geschraubt, um Verkleidungsplatten an einem anderen Bauteil zu befestigen.

Holzbaudübel

Ring-, Scher- und Zahndübel aus Stahl oder Gußeisen. Sie werden mit Bolzen für die Verbindung von Holzteilen verwendet.

Knotenblech

Metallplatte, die zur Verbindung von Bauteilen mittels Bolzen, Schrauben oder Nieten verwendet wird.

Luftschichtanker

Besonders geformte Teile aus Rund- oder Flachstahl (nicht rostendes Material) zur Verbindung der inneren und äußeren Schale einer zweischaligen Wand.

Nagelplatte

Verzinkte Stahlplatte mit einer großen Anzahl rechtwinklig herausgestanzter Nägel. Die Nagelplatte dient zur Verbindung von Holzteilen, wobei die Nägel hydraulisch in das Holz eingepreßt werden. Die Platten sind in verschiedenen Abmessungen und mit verschiedenen Nägelgrößen lieferbar.

Teil I

Ringverbinder

Schräg geschlitzter Stahlring mit gerundeten Kanten. Der Verbinder wird in Nute der beiden Holzteile eingesetzt und die Holzteile durch Bolzen, Mutter und Unterlegscheibe miteinander verbunden.

Scherdübel

Holzverbinder aus Stahl oder Temperguß, der aus einer runden Stahlplatte mit einem Loch in der Mitte und mit einem umlaufenden Flansch besteht. Der Flansch wird in die korrespondierende Nute im Holz eingeführt, um die Scherkräfte in der verbolzten Verbindung zu verteilen.

Spannschloß

Kupplung mit beidseitigem Schraubengewinde zur Verbindung und Spannungsregulierung von zwei Zugstäben.

Starre Rohrverbindung

Kurzes Rohrstück aus Stahl mit einem gleichläufigen Außengewinde an beiden Enden, wobei ein Gewinde lang genug ist, um eine Kontermutter aufzunehmen. Wird bei Rohrverbindungen verwendet, die nicht verdreht werden können.

Zahndübel (Krallendübel)

Kreisförmige oder quadratische Platte mit einem zentrischen Loch und einem Kranz dreiecksförmiger Zähne, die abwechselnd nach oben und unten hervorragen. Die Platte wird zwischen die zu verbindenden Holzteile gelegt. Die Zähne drücken sich in das Holz ein, wenn die Bolzen oder Schrauben angezogen werden.

Zugstab

Stahlstab zur Aufnahme von Zugspannungen zwischen zwei Bauteilen.

Befestigungsteile

Balkenschuh

Besonders geformter Schuh zur Aufhängung eines Balkenendes. Er wird mit Nägeln oder Schrauben an Balken befestigt und in der tragenden Wand eingelassen oder an einem anderen Balken befestigt.

Blindbefestigung

Besondere Befestigung zur Herstellung von Verbindungen bei dünnen Wandplatten. Siehe auch ‚Kippdübel‘ und ‚Spreizflügel-Dübel‘.

Bügel

Geformte Stahlstreifen, die an einem Rohr angebracht sind und an der tragenden Unterkonstruktion mittels Schrauben oder Bolzen befestigt werden.

Drehknopf

Kleines Holz- oder Metallteil, das an einen Türrahmen geschraubt wird und mit dem man die Tür verriegeln kann.

Dreiwegverbinder

Dreiarmige Stahlplatte zur Befestigung von drei in der gleichen Ebene liegenden Holzteilen, die sich an einem gemeinsamen Punkt treffen. Der Verbinder wird in der Regel durch Schrauben oder -bolzen befestigt.

Einlagen

Besonders geformte rostgeschützte Stahlstreifen, die im Beton oder Estrich eingelassen und auf die die Bodenplatten befestigt werden. Die Einlage kann eine Schicht aus Gummi oder ähnlichem Material zur Schallübertragung erhalten.

Festhalter

Gußeisen- oder Stahldorn mit einem gelochten, flachen Ende. Der Dorn wird in eine Wandfuge eingetrieben. Durch das Loch wird eine Schraube geführt, um ein Holz- oder anderes Bauteil zu befestigen.

Kippdübel

Schraube mit einem exzentrisch angebrachten Hebel. Das Hebelende kann durch ein Loch gesteckt werden. Der Hebel stellt sich auf der Rückseite quer. Danach wird die Schraube angezogen.

Klemmkonsole

Gußeisen- oder Stahlstab mit einem halbkreisförmigen Haken an einem Ende und einem korrespondierenden halbkreisförmigen Stab, der wie bei einer Rohrbefestigung angeschraubt wird. Das gerade Ende des Stabes wird in die tragende Unterkonstruktion eingelassen. Eine andere Art wird mittels Nägeln oder Schrauben an die Unterkonstruktion befestigt.

Laschen

Stahlstreifen, die zwei Holzteile oder ein Holzteil und eine Mauer verbinden.

Niet

Schaft mit einem Kopf. Durch das Einsetzen des Schaftes in zwei korrespondierende Löcher und das Formen eines Kopfes am geraden Teil wird die Verbindung hergestellt.

Riegel

Metallstab zur Türverriegelung. Der Stab wird so an der Türe befestigt, daß er in eine Halteklinke am Türrahmen rastet. Ein Riegel ist auch jenes abgeschrägte Metallstück in einem Schloß, das durch eine Feder kontrolliert und mit der Türklinke bewegt wird.

Spreizflügel-Dübel

Dübel mit zwei Flügeln und einer Feder, die derart an einer Befestigungsschraube angebracht, daß die Schraube durch das zu befestigende Bauteil und der Wandplatte hindurchgeführt werden kann. Die Flügel spreizen sich und lehnen an der Rückseite der Wandplatte an. Die Befestigung wird durch Anziehen der Schraube hergestellt.

Stift

Metallstab, der an einem Fenster- oder Türrahmen befestigt und in der Laibung verankert wird.

Formstücke

Abzweig

Rohrformstück aus Stahl in Form einer Krümmung oder einer T- oder anderen Abzweigung.

Bundflansch

Rohrformstück, an einem Ende mit Stahlrohrgewinde und am anderen Ende mit einer Messingmuffe zum Anlöten eines Bleirohres.

Dichtungsring

Messing- oder weicher Kupferring, der in einem Druckformstück verwendet wird, um die Fuge zwischen Rohr und Formstück zu schließen.

Druckformstück

Messingformstück zur Verbindung der Enden zweier Kupferrohre. Durch das Anziehen der Muttern werden die Dichtungsringe auf die Rohre gepreßt.

Einsteckende

Das Ende eines Rohres, das in die Glockenmuffe eines anderen Rohres gesteckt wird.

Glockenmuffe

Aufgeweitetes Ende eines Rohres, in das das Ende eines anderen Rohres gleichen Durchmessers eingesteckt wird.

Halsring

Metallrohr, das in ein Rohrende eingeschoben oder in ein Rohrende eingesetzt wird.

Kapillarformstück

Kurzes Kupferrohr zur Verbindung der Enden zweier Kupferrohre. Der Innendurchmesser des Formstücks ist etwas größer als der Außendurchmesser der Rohre. Das Formstück enthält zwei Lötzinnringe, die geschmolzen werden, um die Fuge zwischen Rohr und Formstück zu schließen.

Kupplung

Kurzer Halsring zur Verbindung der Gewindeenden zweier Rohre. Sie wird an beiden Enden innen eingeschraubt.

Muffe

Kurzes Messing- oder Kupferrohr zur Verbindung zweier Rohre verschiedenen Materials.

Nippel

Kurzes Rohrstück mit einem beidseitigen, konischen Außengewinde, zur Verbindung von zwei Gewinderohren.

Verbindungsring

Ring aus Gummi oder ähnlichem Material zur Dichtung der Fuge zwischen zwei Regenfallrohren.

Beschläge

Bolzengelenk

Scharnier mit einem herausnehmbaren Stift. Es ermöglicht das Abnehmen einer Türe ohne die Bänder abzuschrauben.

Langband

Scharnier mit einem Band in Form eines geschmiedeten Streifens, der an die Querleiste einer Türe oder eines Tores geschraubt wird.

Normales Band

Scharnier, bestehend aus einem mittleren Stift und zwei Bändern, die in den Fugenflanken – eines am Türrahmen und eines an der Türe – befestigt werden.

Nußband

Scharnier, das zum Beispiel bei Thekendurchgängen verwendet wird und einen Öffnungswinkel von 180° besitzt, wodurch die Platte flach auf die Theke gelegt werden kann.

Scharnierband

Dem normalen Band ähnlich, aber mit breiteren Bändern, die auf die Tür- und Rahmenfläche geschraubt werden.

Steigendes Band

Scharnier mit schräg abgeschnittenen Hülsenenden. Es bewirkt, daß die Türe beim Öffnen um rund 12 mm angehoben wird und etwa einen Teppich nicht mehr berührt.

Haken

Bauklammer

U-förmiger Stahlstab mit beidseitig zugespitzten Enden, die zur Verklammerung von zwei schweren Holzteilen dienen.

Hakenriegel

Stab mit einem Endhaken, der in eine Öse paßt und eine Verriegelung für eine Türe oder einen Fensterrahmen ermöglicht.

Haltewinkel

Nichtrostender Stahlwinkel, der in ein Loch eines Metallfensterrahmens geschoben wird, um die Glasscheibe zu halten.

Kloben

Stab mit einem rechtwinklig dazu verlaufenden Stift und einem zugespitzten Ende, das in einen Holzpfosten eingeschlagen oder in einen Pfeiler eingebaut wird, um ein Scharnierband aufzunehmen.

Mauerhaken

U-förmiger Stab aus nichtrostendem Material, der zur Verklammerung von Steinen im Natursteinmauerwerk dient.

Rohrhaken

Stab, bei dem das eine Ende hakenförmig gebogen und das andere zugespitzt ist. Das zugespitzte Ende wird in Holz oder in eine Mauerfuge eingetrieben, um ein Rohr zu stützen und zu halten.

Rohrschelle

U-förmiger Stahlstreifen, der über ein Rohr gelegt wird, um dieses in Position zu halten.

S-Haken

Beidseitig zugespitzter Stahlstab, dessen beide Enden rechtwinklig zueinander und zum Stab stehen.

Schraubenhaken

Kleiner Stab mit einem gebogenen oder rechtwinkligen Haken an einem Ende und einer Holzschraube am anderen.

Tellerhaken

Schraubenhaken mit einem Teller zwischen Schraube und Haken.

Teil I

Wandhaken

Stab mit einem rechtwinkligen Haken an einem Ende und einer Spitze am anderen. Das zugespitzte Ende wird in eine Mauerfuge eingetrieben. Der Haken dient als Auflager für ein Rohr oder einen Holzbalken.

Nägel

Breitkopfstift

Kleiner Stift mit relativ großem Kopf.

Dachplattennagel

Flachköpfiger Stahl- oder Aluminiumnagel mit wahlweise einer stumpfen oder scharfen Spitze zur Befestigung von Dachplatten.

Drahtstift

Kurzer, spitzer Nagel zur Befestigung von Textilien auf Holz oder von Teppichen auf Fußböden.

Dübeldrahtstift

Kurzer, runder Drahtnagel, an beiden Enden spitz.

Duplexnagel, Doppelkopfnagel

Ein Nagel mit zwei Köpfen zur Herstellung von provisorischen Befestigungen, kann leicht herausgezogen werden.

Extragroßer Pappnagel

Normalerweise aus verzinktem Stahl oder Aluminium hergestellt; wird zur Befestigung von Dachpappe verwendet.

Fensterstift

Kleiner Nagel ohne Kopf zur Arretierung einer Glasscheibe während des Einkittens.

Flachkopfnagel

Zimmermannsnagel aus Stahl. Messingdraht wird für Schlüsselschildstifte und Aluminiumdraht für Schiefernägel verwendet.

Flachspitziger Drahtnagel

Großer Drahtnagel mit einem flachen oder runden Kopf und einer flachen Spitze.

Gestauchter Nagel

Drahtnagel mit einem Schaft von rundem oder ovalem Querschnitt. Bei der Befestigung von Fußbodenbrettern kann der Kopf unter die Oberfläche getrieben und das Loch geschlossen werden.

Gestauchter Stift

Kleiner, runder Drahtnagel zur Befestigung von Sperrholz und Verwendung bei Tischlerarbeiten. Er kann leicht eingetrieben und versenkt werden.

Gipsplattennagel

Verzinkter Drahtnagel mit Senkkopf und kantigem Schaft zur Befestigung von Gipsplatten auf Nadelholz.

Halbrundbedachungsnagel

Meist aus verzinktem Stahl oder Aluminium hergestellter Nagel zur Befestigung von Wellplatten an Holzpfetten.

Hartplattenstift, Senkkopfnagel

Nagel mit rundem oder rechteckigem Schaft und einem rautenförmigen Kopf, der unter der Oberfläche der Hartplatte verschwindet, wenn der Stift eingeschlagen wird.

Heftkrampe

U-förmiger, verzinkter Stahldraht mit zwei gleichlangen Schenkeln.

Holzschindelnagel

Nagel aus Kupfer oder Aluminium zur Befestigung von Holzschindeln.

Hülsennagel

Nagel mit einer äußeren Hülse, die sich beim Einschlagen erweitert.

Lattennagel

Drahtnagel mit einem kleinen Kopf zur Befestigung von Putz und Latten auf Nadelholz.

Mauernagel

Gehärteter Stahlstift, der mit einem Hammer in einfache Ziegelsteine eingetrieben werden kann oder – bei härteren Steinen oder Beton – in vorgebohrte Löcher geschlagen wird.

Ovaler Drahtnagel

Aus ovalem Stahldraht hergestellter Drahtnagel. Er darf nicht mit einem Stift verwechselt werden.

Pappnagel oder Schiefernagel

Verzinkter Nagel mit einem großen flachen Kopf, der zur Befestigung von Dachpappe, Klaftern oder Zaunlatten dient.

Plattennagel

Langer Nagel von geringem Durchmesser, hergestellt aus Stahl, Kupfer oder Aluminiumlegierung, zur Befestigung von Platten auf Nadelholz.

Ringnutennagel

Nagel mit ringförmigen Nuten, die den Ausziehwiderstand vergrößern. Bei Außenarbeiten wird nichtrostendes Material verwendet.

Rohrnagel

Großer, runder Drahtnagel zur Befestigung einiger Arten von Regenwasserrohren an Mauerwerk.

Schnittnagel

Wird aus Stahlblech herausgeschnitten und zur Befestigung von schweren Zimmermannsarbeiten verwendet, besonders an Mauerwerk.

Schraubennagel

Verzinkter Nagel mit einem Spiralgewinde zur Befestigung von Well- oder ähnlichen Platten an Nadelholz.

Spitzer Schnittnagel

Schwerer geschnittener Nagel mit rechteckigem Querschnitt, läuft von rechteckigem Kopf bis zur rechteckigen Spitze konisch zu.

Stift

Wird aus Stahlblech herausgeschnitten und zur Befestigung von Fußbodenbrettern an Holzbalken verwendet.

Ungleichschenkelige Heftkrampe

Heftkrampe mit Schenkeln von ungleicher Länge.

Wellennagel

Kleines, gewelltes Stahlstück für die Verbindung zweier Brettkanten.

Schrauben

Bedachungsschraube

Kurze Schraube mit einer selbstbohrenden Spitze zur Befestigung von Dachplatten an einem tragenden Bauteil, in der Regel in Verbindung mit einer Kunststoff-Unterlegscheibe.

Blechschraube

Schraube mit scharfem, weit vorstehendem, spiralförmigem Gewinde für Befestigungen an Blechen. Sie läßt sich in Blechlöcher einschrauben (ggf. mit Löcher-Schlitz) und hält ohne Muttern.

Feststellschraube

Kleine, kurze Schraube mit einem geschlitzten Kopf zur Befestigung von einem Ring auf einer Welle, von einer Türklinke auf den Vierkantstift oder ähnlichen Aufgaben.

Gewindeschneidende Schraube

Schraube mit einem gehärteten Gewinde, das ein Gewinde beim Einschrauben in das umgebende Material schneidet. Sie wird in ein vorgebohrtes Loch eines bestimmten Durchmessers geschraubt. Es sind verschiedene Spitzen-, Gewinde- und Kopfformen erhältlich.

Handlaufschraube

Kleiner Stab von geringem Durchmesser mit Gewinde an beiden Enden, der in Verbindung mit zwei Muttern verwendet wird, um aneinanderstoßende Handläufe zu verbinden. Nicht zu verwechseln mit einem Handlaufbolzen.

Holzschraube

Schraube mit einem spiralförmigen Gewinde und einem spitzen Ende für Befestigungen an Holz. Alternative Kopfformen sind Senkkopf, Linsensenkkopf und Halbrundkopf.

Inbusschraube

Schraube mit Sechskantloch im Kopf.

Kreuzschlitzschraube

Schraube mit einem kreuzförmigen Schlitz im Kopf.

Maschinenschraube

Schraube mit einem spiralförmigen Gewinde und einem stumpfen Ende. Sie wird in Metallgewinde eingeschraubt oder in Verbindung mit einer Mutter verwendet.

Schraube

Befestigungsteil aus Stahl, Messing, rostfreiem Stahl, Aluminium, Bronze oder einer Nickel-Kupfer-Legierung, mit einem Spiralgewinde und einem geschlitzten Kopf, der verschiedene Formen aufweisen kann.

Sechskantschraube

Schraube mit sechskantigem Kopf.

Selbstbohrschraube

Schraube, deren untere Hälfte als Bohrer ausgebildet ist. Sie bohrt sich das Loch und das Gewinde selbst. Für Verbindungen von Blech auf Blech oder Blech auf Stahl.

Vierkantschraube

Schraube mit quadratischem Kopf.

Wagenbauschraube

Große Holzschraube mit einer selbstbohrenden Spitze und einem quadratischen Kopf für Befestigungen an oder zwischen Holzteilen. Es wird ein Loch vorgebohrt und der quadratische Kopf mit einem Schraubenschlüssel gedreht.

Teil I

Kapitel 5
Verbindungstechniken

5.1 Vorgang

Die Errichtung eines Gebäudes besteht darin, die einzelnen Bestandteile zu einem Bauwerk zusammenzufügen. Die Teile werden aufeinandergeschichtet oder nacheinander montiert. Jedes Teil wird einem vorangegangenen hinzugefügt oder in dessen Nähe angeordnet. Jedes Teil grenzt an ein anderes. Die Addition von Teilen ergibt Fugen und Verbindungen. Aufgrund dieser Tatsache gehören Fugen und Verbindungen zum Bauen. Oder: Bauen heißt Zusammenfügen von Bauteilen.

Die Entwicklung neuer Baustoffe und -weisen hat die grundsätzliche Art des Bauens, die Addition, nicht verändert. Die Veränderungen beziehen sich auf die Art des Materials, der Form der Bauteile und in den neuen Verbindungsmethoden.

5.2 Schritte

Verbinden, oder die Herstellung einer Verbindung, ist ein schrittweiser Prozeß. Oft ist für eine bestimmte Verbindung nur eine bestimmte Schrittfolge möglich, wobei die Verbindung das Resultat des Prozesses darstellt.

Alle zur Herstellung einer Verbindung erforderlichen Schritte können direkt auf eines der Bauteile oder der Verbindungsmittel bezogen werden. Die drei Hauptschritte des Verbindens sind das Anordnen der Bauteile, deren Befestigung mittels Verbindungsmitteln und deren Schutz durch andere Verbindungsmittel. Diese Schritte können sehr unterschiedlich aussehen je nach der gewählten Montagemethode.

Montagemethoden

Im Prinzip gibt es zwei Montagemethoden für die Errichtung eines Gebäudes. Sie können kombiniert oder unabhängig voneinander angewendet werden. Die beiden Methoden wurden bereits in Kapitel 3.2 angesprochen bei der Behandlung der Fugenbreiten zwischen aneinandergrenzenden Bauteilen.

Die beiden Methoden können hinsichtlich der Fugenbreite, den bei der Versetzung erreichten Genauigkeitsgrad oder der Art der Verlegung der Bauteile unterschieden werden.

Die erste Montagemethode werden wir ‚Strammer Sitz' und die zweite ‚Loser Sitz' nennen.

5.3 Strammer und Loser Sitz

Strammer Sitz

Diese Montagemethode wird durch Bauteile charakterisiert, die auf der Baustelle einfach und genau zusammengefügt werden können. Die Paßgenauigkeit wird dadurch erreicht, daß die Bauteile mit relativ kleinen Toleranzen hergestellt werden, wobei Formen und Verbinder Anwendung finden, die selbstjustierend wirken. Diese Methode wurde in den vergangenen zweihundert Jahren entwickelt, besonders im Maschinenbau. Die Theorie der Toleranzen beinhaltet Standardtoleranzen, Grenzwerte und Toleranzen für allgemein verwendete Bolzen und Löcher im Ingenieurwesen sowie Empfehlungen für bestimmte Passungen.

Diese Montagemethode wird bei der Errichtung der meisten Stahlbauten angewendet. Die Montage verläuft wie im Maschinenbau grundsätzlich der Reihe nach. Jedes Bauteil wird an einem anderen befestigt, das vorher versetzt worden war. Das endgültige Bauwerk verhält sich wie ein einzelnes Bauteil.

Loser Sitz

Die zweite Montagemethode wird durch Bauteile charakterisiert, die unabhängig voneinander auf der Baustelle zusammengefügt werden können. Die Toleranzen sind relativ groß. Die Fugenbreite können herstellungs- und produktionsbedingte Abweichungen aufnehmen. Herstellungsbedingte Abweichungen sind Maßabweichungen aufgrund von Verlegung und Anordnung. Produktbedingte Abweichungen sind Abweichungen infolge der Eigenart des verwendeten Materials und dessen Verhalten unter Spannung, z.B. Verformungen unter Belastung, bei Temperaturwechsel oder bei Schwankungen im Feuchtigkeitsgehalt. Bei dieser Montagemethode müssen die Verbindungsmittel den relativ großen Fugenbreiten zwischen den Bauteilen und den wahrscheinlichen Schwankungen angepaßt werden.

Diese Montagemethode findet vor allem im Mauerwerksbau Verwendung. Das Mauern basiert darauf, daß jeder Stein einen bestimmten Raum beansprucht und eine Standardfugenbreite von 10 mm vorhanden ist. Die Steine werden unabhängig voneinander verlegt und, obwohl grundsätzlich von unten nach oben gearbeitet wird, muß nicht unbedingt eine bestimmte Reihenfolge eingehalten werden. Die Arbeit kann z.B. an den beiden Enden einer Wand beginnen. Die Zwischensteine lassen sich so anordnen, daß jeder Stein den für ihn vorgesehenen Platz beansprucht und die Standardfugenbreite gewahrt bleibt. Die Steine sind nicht selbstjustierend. Erfahrung und Können werden benötigt, um sie zu verlegen und um das Verbindungsmaterial aufzutragen.

Loser oder Strammer Sitz

Obwohl beide Montagemethoden unabhängig voneinander angewendet werden und in der Theorie als deutlich zu unterscheidende Wege der Befestigung und Anordnung anerkannt sind, gibt es in einem Gebäude bestimmte Situationen, bei denen beide Methoden Anwendung finden können. Soll nach der ersten Montagemethode ein Holzfenster in eine Maueröffnung eingesetzt werden, dann wird das Fenster auf die Brüstungsoberkante gesetzt und die Steine dann dicht an den Fensterrahmen herangeschoben, so daß die Fugenbreite praktisch gleich Null ist. Bei Anwendung der zweiten Montagemethode wird das Mauerwerk zuerst erstellt und eine Öffnung gelassen, die den Fensterrahmen aufnimmt. Der Fensterrahmen wird dann zu einem späteren Zeitpunkt montiert. In diesem Fall muß die Fensteröffnung groß genug sein, um später das Fenster aufnehmen zu können. Auch müssen die Fugen groß genug sein, um sie vernünftig schließen und abdichten zu können.

Es zeigt sich, daß diese beiden Montagemethoden zwei verschiedene Verbindungsarten mit unterschiedlichen Verbindungsmitteln benötigen.

Teil I

5.4 Anbringen der Verbindungsmittel

Der erste Schritt zur Herstellung einer Verbindung besteht meist in der Aufgabe, die Fugenflanken zu säubern. Die Flanken können durch Korrosionsprodukte auf Metall, Öl und Harz auf Holz, Pulver und losem Material auf Beton oder Mauerwerk und Staub oder Verschmutzung infolge fehlenden Schutzes verunreinigt sein. Auch die Verbindungsmittel selbst können, wenn ein Schutz fehlt, noch vor der Verarbeitung verunreinigt sein.

Verbindungsmittel, die eine Befestigung durch Adhäsion bewirken, benötigen insbesondere direkt vor dem Auftragen eine saubere Oberfläche. Klebemittel, Versiegelungsmassen, Dichtungen oder Abdeckungen mit Klebestreifen können das Auftragen eines Voranstriches auf die Oberflächen erforderlich machen, um ein Kleben zu gewährleisten. Der Voranstrich soll die Porosität der Oberflächen so verändern, daß sie den Anforderungen des verwendeten Klebemittels entspricht und ein befriedigender Verbund zustande kommt.

Verbindungsmittel, die durch Druck und Kontakt wirken – wie Sperren, Abdeckstreifen und -bleche und Dichtungen – setzen ebenfalls saubere Oberflächen voraus. Zusätzlich jedoch müssen die Oberflächen frei sein von Beschädigungen wie Nagellöcher oder Luftblasen, die die Kontinuität der Oberfläche unterbrechen könnten und zu unebenen Grenzflächen zwischen Bauteil und Verbindungsmittel führen. Das Anbringen und Befestigen von Verbindungsmitteln steht in engem Zusammenhang mit der besonderen Verbindung in einer bestimmten Situation.

Aus diesem Grund wurden den in Teil II dieses Buches dargestellten Verbindungen – zusätzlich zur Auflistung der Verbindungsmittel – eine Beschreibung der Montagereihenfolge beigefügt, die die notwendigen Schritte und die zu beachtenden Punkte enthält.

5.5 Fabrikmäßige Verbindung

Verbindungen im Bauwesen werden hauptsächlich auf der Baustelle hergestellt. Die Verwendung von größeren und komplizierteren Bauteilen gestattet es jedoch, einige Verbindungen bereits in der Fabrik auszuführen. Die Qualitätskontrolle kann hier besser sein als auf der Baustelle. Außerdem lassen sich auch Arbeiten ausführen, die auf der Baustelle nicht möglich sind.

Die Arbeitsschritte in der Fabrik lassen sich in Herstellung und Montage unterteilen. In der Fabrik kann der Umfang der bei der Herstellung erforderlichen Arbeiten vergrößert werden, um dadurch den Montageablauf zu vereinfachen. Dies gilt sowohl für die Montage in der Fabrik, als auch danach auf der Baustelle.

Fabrikarbeit ermöglicht auch die Anwendung von Formen, Werkzeug und Meßverfahren, die zu engen Toleranzen und einer höheren Maßgenauigkeit der Produkte führen.

Die Herstellung einer Tür ist ein Beispiel für die Verlagerung von bestimmten Verbindungsarbeiten von der Baustelle in die Fabrik. Das Türblatt wird hergestellt und bereits in der Fabrik in den Rahmen eingesetzt. Die Bauteile werden mit so hoher Maßgenauigkeit hergestellt, daß sie leicht montiert werden können, ohne daß sie erst eingepaßt oder verstellt werden müssen, wie es in der Regel auf einer Baustelle erforderlich ist, wenn eine Tür in einen Türrahmen eingehängt wird. Das Bauteil, das zur Baustelle versandt wird, ist größer, ersetzt aber eine größere Anzahl von Einzelteilen und verringert den sonst auf der Baustelle anfallenden Arbeitsumfang.

Neue Baustoffe, neue Produktionsmethoden und neue planerische Aspekte verändern die Bauteile und deren Bestandteile. Dadurch werden die Anzahl der Verbindungen und die Verbindungsmethoden beeinflußt. Die sich in der Fabrik ergebenden Veränderungen werden zu einer Veränderung der Verbindungsmethoden auf der Baustelle führen.

Es besteht eine langfristige Tendenz zur weitgehenden Fertigstellung in der Fabrik und zur Montage auf der Baustelle. Unter solchen Bedingungen werden die Schritte des Verbindens erheblich von denen abweichen, die auf der Baustelle ausgeführt werden.

Teil II
Beispiele aus der Praxis

Einführung

Soweit bekannt ist, stellt dieses Buch den ersten Versuch einer Zusammenstellung aller Fugen und Verbindungen dar, die in der heutigen Baukonstruktion angewendet werden. Die in diesem Teil dargestellten und beschriebenen Fugen und Verbindungen stammen aus der Praxis, sie wurden aufgrund von Empfehlungen von Fachfirmen der Industrie und aus zuverlässigen technischen Quellen ausgewählt. Eine Haftung für die technische Richtigkeit kann allerdings – trotz der zugrunde liegenden Sorgfalt – nicht abgeleitet werden.

Die in diesem Teil enthaltenen Zeichnungen der Verbindungen sind spezielle Fälle. Es wurden keine Mühen gescheut, sie so genau wie möglich darzustellen. Die aufgenommenen Fugen und Verbindungen sind aber weder repräsentativ oder typisch noch standardisiert. Sie bilden eine Sammlung von anerkannten, guten praktischen Beispielen des jeweiligen Gewerkes. Von ihnen kann angenommen werden, daß sie brauchbar und zuverlässig sind, wenn sie an geeigneter Stelle und innerhalb der gebotenen Grenzen angewendet werden.

Jede der dargestellten Verbindungen wurde so ausgelegt, daß sie den Bedingungen an Ort und Stelle im Gebäude entsprechen. Es liegt in der Natur der Dinge, daß ständig Verbesserungen gemacht werden können und auch gemacht werden.

Extreme Bedingungen erfordern besondere und ungewöhnliche Konstruktionen. Solche Konstruktionen sind nicht Thema dieses Buches und werden daher nicht behandelt. Die dargestellten Fugen und Verbindungen aber sollten an die grundlegenden Anforderungen einer bestimmten Situation erinnern und die Grundlage für Verbesserungen bilden, so daß auch anderen, möglicherweise noch schwierigeren, Bedingungen entsprochen werden kann.

Die Beispiele können auch als Grundlage für andere, verbesserte Konstruktionen dienen, mit neuen Baustoffen, Formen oder Arbeitsweisen.

Es gibt möglicherweise keine typischen oder Typenverbindungen. Jede Fuge oder Verbindung in einem Gebäude ist eine einzigartige Stelle mit eigenem Mikroklima. Im übertragenen Sinne gleicht keine Verbindung exakt einer anderen, weil jede ihren eigenen, spezifischen Kräften ausgesetzt ist.

Jede Fuge oder Verbindung muß notwendigerweise entsprechend den Annahmen über die Einflüsse aus der engeren und weiteren Umgebung ausgelegt werden. Verändern sich die Bedingungen, was sehr wohl während der Nutzungsdauer eines Gebäudes geschehen kann, wird das Verhalten der Fuge oder Verbindung von den Voraussagen und Annahmen abweichen.

Trotzdem ist es natürlich möglich, Verbindungen entsprechend einer bestimmten Situation in einem Gebäude auszuwählen, da solche Situationen bestimmte Anforderungen stellen. Aus diesem Grund wurden die in diesem Kapitel ausgewählten Fugen und Verbindungen entsprechend ihrer Lage im Gebäude geordnet. Die Lage einer Verbindung bestimmt einen großen Teil der Anforderungen, die auch auf andere, benachbarte Verbindungen zutreffen, trotz Unterschiede in Material, Form und Montagemethode.

Die Hinweise zur Montage wurden in Einzelschritte zerlegt, die sich auf das Bauteil und auf das Verbindungsmittel beziehen. Die Montagereihenfolge wird auf den Zeichnungen durch die Numerierung angegeben. Auch wenn andere Reihenfolgen möglich sind, wurde stets nur eine ausgewählt und dargestellt.

Fundamente: Stahlstützen

M = 1 : 10

A Normalerweise befestigt man eine Stahlstütze im Fundament an einbetonierten Bolzen. Der Fuß der Stütze besitzt eine aufgeschweißte Grundplatte, die manchmal durch Stege ausgesteift ist. Die Grundplatte wird mit Unterlegplatten in die Waagerechte gebracht und an den Bolzen festgeschraubt. Anschließend wird Mörtel unter die Grundplatte gestopft. (Die Hülsen der gezeichneten Ankerbolzen sind in der Zeichnung nicht dargestellt.) Es gibt auch spezielle Betonanker, die sich durch gebogene Haken oder Schwalbenschwanzenden im Beton verankern.

1 Ankerbolzen
2 Betonfundament
3 Stahlstütze
4 Mutter mit Unterlegscheibe
5 Stopfmörtel

B Eine andere Methode zur Befestigung einer Stahlstütze bedient sich eines Köcherfundamentes. Dabei wird eine Aussparung im Betonfundament gelassen, die etwas weiter als die Stahlstütze ist und deren Boden in einer vorgegebenen Höhe liegt. Die Stütze besitzt eine aufgeschweißte Grundplatte, die die Lasten direkt in das Fundament einleitet. Die Stütze wird in die Aussparung herabgelassen, ausgerichtet und so lange gehalten, bis der Vergußmörtel erhärtet ist.

1 Betonfundament
2 Betonsockel
3 Stahlstütze
4 Vergußmörtel

C Bei einer weiteren Methode zur Befestigung einer Stahlstütze auf einem Betonfundament wird der Köcher auf dem Fundament betoniert. Der Stützenfuß steht dann in Höhe der Fundamentoberkante und wird nach dem Aufstellen und Ausrichten mit Mörtel vergossen.

1 Betonfundament
2 Betonköcher
3 Stahlstütze
4 Vergußmörtel

D Wenn die Stahlstütze keine Biegemomente übertragen muß, genügen in der Regel zwei Ankerbolzen, an die die Grundplatte geschraubt wird. Die Grundplatte wird auf Unterlegplatten gestellt, die Stütze ausgerichtet und die Fuge mit Mörtel ausgestopft. (Die Hülsen der gezeichneten Ankerbolzen sind in der Zeichnung nicht dargestellt.)

1 Ankerbolzen
2 Betonfundament
3 Stahlstütze
4 Mutter mit Unterlegscheibe
5 Stopfmörtel

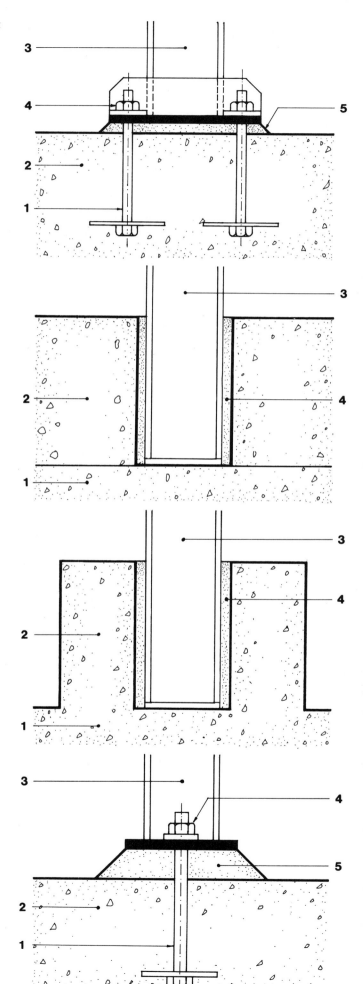

Fundamente: Betonstützen

M = 1 : 10

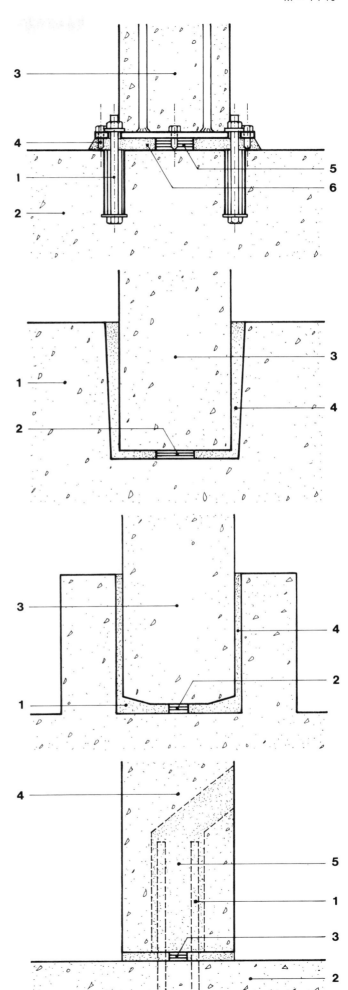

A Die Bewehrung der Betonstütze wird am unteren Ende mit einer Stahlplatte verschweißt. Die Befestigung der Fußplatte am Fundament erfolgt wie bei der Stahlstütze. Die Höhenjustierung erfolgt durch Stellschrauben. Die Stütze wird ausgerichtet und dann provisorisch abgespannt. Die Fuge zwischen Fußplatte und Fundament kann ohne Schwierigkeit mit Mörtel ausgestopft werden, wobei das Vorhandensein des Mörtels überprüft werden kann.

1 Ankerbolzen
2 Betonfundament
3 Betonstütze
4 Justierschrauben
5 Unterlegplatten
6 Stopfmörtel

B Der Boden des Köchers liegt tiefer als die Unterkante der Stütze, so daß genügend Raum für Unterlegplatten oder ein Mörtelbett entsteht. Die Seitenwände am Stützenfuß werden manchmal auch aufgerauht, um einen Teil der Lasten durch Verbundwirkung seitlich abzuleiten. Die Stütze wird in der Regel mit Hilfe von Keilen ausgerichtet.

1 Betonfundament
2 Unterlegplatten oder Mörtelbett
3 Betonstütze
4 Vergußmörtel

C Der Köcher wird auf dem Fundament angeordnet und entsprechend den auftretenden Kräften bewehrt. Unterlegplatten auf dem Boden gewährleisten die genaue Höhe der Stütze. Das Fußende der Stütze ist so geformt, daß es das Einbringen des Vergußmörtels oder -betons, der die Fuge zwischen Stütze und Hülse schließt, erleichtert.

1 Betonköcher
2 Unterlegplatten
3 Betonstütze
4 Vergußmörtel

D Die Anschlußbewehrung ragt aus dem Fundament heraus. Unterlegplatten werden wie üblich verlegt, um die genaue Höhe der Stützenunterkante zu gewährleisten. Die Stütze wird über die Anschlußbewehrung geschoben und die Aussparung mit Mörtel vergossen. Es ist möglich, daß die Festigkeit des Mörtels geringer ist als die des Betons der Stütze, was zu einer geringeren Gesamtfestigkeit und -steifigkeit als bei den anderen dargestellten Verbindungen führen kann.

1 Anschlußbewehrung
2 Betonfundament
3 Unterlegplatten
4 Stütze mit Aussparung
5 Vergußmörtel in der Aussparung

Fundamente: Ortbetongründung

M = 1 : 5

A Eine horizontale Arbeitsfuge zwischen einer Ortbetonwand und einer Aufkantung auf der Fundamentplatte wird gegen Wasser mit einem Fugenband aus hochwertigem extrudiertem Naturkautschuk mit zwei seitlichen Wülsten abgedichtet. Die Breite des Bandes ist abhängig von der Dicke des Betons, der Korngröße des Zuschlags und der Anordnung der Bewehrung. Diese Konstruktion sollte bei möglichen Scherbewegungen aber nicht verwendet werden.

1 Betonaufkantung auf der Fundamentplatte
2 Fugenband
3 Ortbetonwand

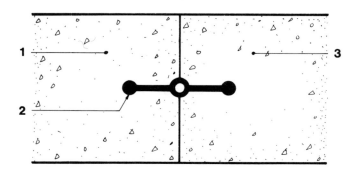

B Eine horizontale Dehnungsfuge in einer Betonplatte, die Bewegungen von bis zu 40 mm aufnehmen und einen Wasserdurchgang verhindern soll, wird durch die mittige Anordnung eines Fugenbandes mit zentrischer Hohlwulst hergestellt. Das Fugenband wird aus hochwertigem Naturkautschuk extrudiert. Die Breite des Fugenbandes ist abhängig von der Dicke des Betons, der Korngröße des Zuschlags und der Anordnung der Bewehrung.

1 Betonplatte
2 Fugenband mit zentrischer Hohlwulst
3 Betonplatte

C Eine andere Lösung für eine horizontale Dehnungsfuge in einer Betonfundamentplatte benutzt ein spezielles Fundamentplatten-Fugenband. Das Fugenband wird auf den Unterbeton gelegt und unterbricht die Schalung nicht. Die Endwülste des Fugenbandes schaffen eine feste Verankerung mit dem Beton. Die Schalung wird mittig auf dem Fugenband angeordnet. Die Betonplatte wird dann in zwei Abschnitten gegossen.

1 Extrudiertes PVC Fundamentplatten-Fugenband
2 Fundamentplatte
3 Stoßfuge
4 Fundamentplatte

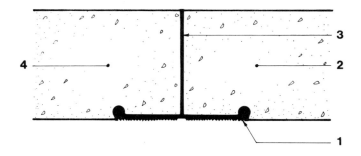

D Wenn eine Dehnungsfuge in einer Fundamentplatte aus Beton sowohl horizontale als auch vertikale Bewegungen aufnehmen soll, wird ein Fugenband mit zentrischem Hohlwulst verwendet. Das Fugenband wird an einer geteilten Schalung befestigt und auf einer Seite einbetoniert. Nach dem Erhärten des Betons wird die Schalung entfernt und ein komprimierbares Füllmaterial ober- und unterhalb der Hohlwulst angeordnet. Eine Holzleiste hält eine Nut frei, in die später die Fugenverdichtungsmasse eingebracht werden soll. Danach wird die zweite Seite einbetoniert.

1 Fugenband mit zentrischem Hohlwulst
2 Fundamentplatte
3 Komprimierbares Füllmaterial
4 Fundamentplatte
5 Zweikomponenten-Polysulfid-Dichtungsmasse

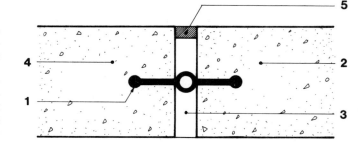

Fundamente: Betonplatten

M = 1 : 5

A Eine dichte Dehnungsfuge gehört z.B. in eine Betonplatte, die als Boden in einer Garage oder in einer Fabrik dient. Die Fugenflanken müssen trocken, sauber und frei von losen Steinen und Staub sein. Eine Fugeneinlage aus dehnbarem Material nimmt Dehnungen auf und dient als Widerlager für die Dichtungsmasse, die in diesem Fall aus einer heißverarbeiteten, gummihaltigen Vergußmasse besteht. Die Masse enthält kein Bitumen und wird daher nicht von Schmiermitteln oder bestimmten Fetten angegriffen.

1 Betonplatte
2 Fugeneinlage
3 Vergußmasse (3 bis 9 mm unterhalb der Betonoberkante beginnend)

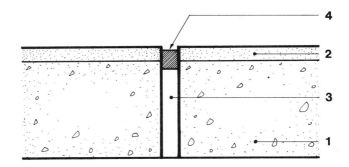

B Bei Betonplatten mit Hartbetonschicht wird die Dehnungsfuge ebenfalls mit einer Dichtungsmaase und einer dehnbaren Fugeneinlage hergestellt. Die Dichtungsmasse muß die Betonplatten auch unterhalb der Hartbetonschicht verbinden. Sie beginnt 3 bis 9 mm unterhalb der Plattenoberfläche, um Ausweichbewegungen der Dichtungsmasse aufnehmen zu können, wenn die Platten sich dehnen und das Fugenmaterial komprimiert wird.

1 Betonplatte
2 Hartbetonschicht
3 Fugeneinlage
4 Dichtungsmasse

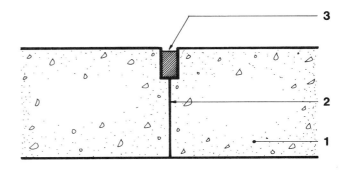

C Bei großflächigen Betonplatten werden Risse infolge Schwinden durch die Anordnung von Schwindfugen vermieden,. Die einzelnen Betonplatten werden unabhängig voneinander gegossen. Eine Nut wird im oberen Bereich der Arbeitsfugen angeordnet, die die Versiegelung aufnehmen kann. Am Anfang ist kein Abstand zwischen den Betonplatten vorhanden, die durch einen Polyäthylenstreifen getrennt werden.

1 Betonplatte
2 Polyäthylen-Trennstreifen
3 Dichtungsmasse

D Eine andere Methode zur Aufnahme der Schwindverformungen ist die Anordnung einer Scheinfuge. Dies ist eine Sollbruchfuge, die aus einer oberen und unteren Nut besteht. Die Nut sollen einen Riß an einer gegebenen Stelle einleiten. Die obere Nut erhält eine Dichtungsmasse.

1 Einlage
2 Betonplatte
3 Dichtungsmasse.

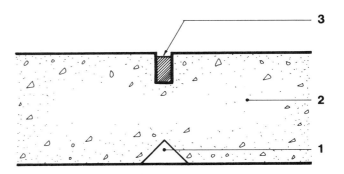

Fundamente: Außenwände

M = 1 : 10

A Holzfachwerk-Außenwand auf massiver Bodenplatte
Als Fundament für eine leichte Holzfachwerk-Außenwand dient in der Regel ein Balken aus Beton, der mit der Bodenplatte zusammen betoniert wird. Die Außenfläche der Betonkonstruktion muß mit den Außenflächen der Holzpfosten bündig sein. Auf der Bodenplatte wird eine Feuchtigkeitssperre verlegt, die bis unter die Schwelle der Fachwerkkonstruktion reicht. Danach wird die Schwelle auf dem Beton verbolzt und darauf die Fachwerkkonstruktion gesetzt.

1 Betonkonstruktion
2 Feuchtigkeitssperre
3 Schwelle, 100 mm x 50 mm
4 Ankerbolzen M 12, Achsabstand 2,4 m
5 Sperrholzverschalung, 8 mm dick
6 Atmungsfähige Schicht
7 Holzverkleidung

B Zweischalige Außenwand auf Ziegelsockel
Der Sockel für zweischaliges Außenmauerwerk wird auf einem Betonfundament erstellt und reicht mindestens 150 mm über das Gelände. Die Bodenplatte wird in gleicher Höhe betoniert und mit einer Feuchtigkeitssperre abgedeckt, die mit der Sperre in der Innenschale des Mauerwerks verbunden ist. (In Deutschland mindestens 300 mm über Gelände üblich.)

1 Ziegelsockel
2 Bodenplatte, d = 100 mm
3 Sperrschicht (außen)
4 Feuchtigkeitssperre (innen)
5 Außenschale
6 Innenschale

C Verblendete Holzfachwerk-Außenwand auf massiver Bodenplatte
Bei der Verblendung einer leichten Holzfachwerk-Außenwand wird der Betonrandbalken in einer Höhe von mindestens 150 mm über dem Gelände und 75 mm unter der Oberkante der Bodenplatte ausgespart, um ein separates Auflager für die Verblendschale zu bilden. Die Feuchtigkeitssperre auf der Bodenplatte wird mit Sperrschicht unter der Schwelle verbunden. Die Schwelle wird mit Ankerbolzen auf dem Beton befestigt.

1 Beton (Randbalken und Bodenplatte)
2 Sperrschicht
3 Feuchtigkeitssperre
4 Schwelle, 100 mm x 50 mm
5 Ankerbolzen M 12, Achsabstand 2,4 m
6 Sperrholzverschalung, 8 mm dick
7 Atmungsfähige Schicht
8 Verblendschale

D Verblendete Holzfachwerk-Außenwand auf Ziegelsockel
Die Außenschale des Ziegelsockels wird bis zu einer Höhe von mindestens 150 mm über dem Gelände und 75 mm unter der Oberkante der Bodenplatte geführt. Die Feuchtigkeitssperre unter der Bodenplatte wird mit der Sperrschicht unter dem Holzbalken verbunden. Die Schwelle wird mit Ankerbolzen auf dem Ziegelsockel befestigt.

1 Ziegelsockel
2 Sperrschicht
3 Feuchtigkeitssperre
4 Betonboden
5 Schwelle, 100 mm x 50 mm
6 Ankerbolzen M 12, Achsabstand 2400 mm
7 Sperrholzverschalung, 8 mm dick
8 Atmungsfähige Schicht
9 Außenschale

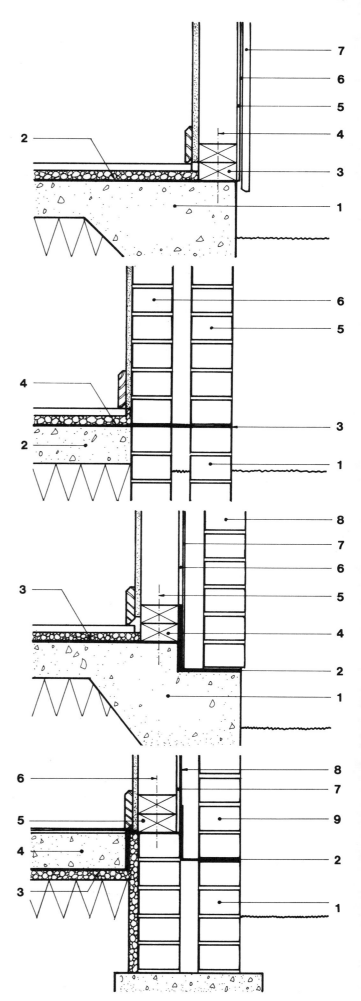

Fundamente: Normalbetonwände und Bruchsteinmauerwerk

M = 1 : 10

A Der Sockel einer zweischaligen Normalbetonwand ruht auf einem Gründungskörper aus Beton und wird in der Regel bis in die Höhe der Sperrschicht geführt, mindestens jedoch 150 mm über das Gelände. Die Luftschicht kann jedoch nach unten in die Fundamentmauer hinein verlängert und mit knapp über dem Gelände liegenden Dränagelöchern verbunden werden.

1 Betonfundament
2 Betonsockel
3 Dränageloch
4 50 mm Luftschicht
5 Sperrschicht
6 Normalbetonwand
7 Holzschwelle
8 Fußbodenbalken

B Der Bruchsteinsockel einer Bruchsteinwand kann auf einem Gründungskörper aus Beton oder auf undurchlässigen Steinen ruhen. Der Sockel sollte bis mindestens 150 mm über Gelände geführt werden. Der Fußboden bleibt unabhängig von der Wand und wird von Mauerpfeilern getragen, die an der Innenseite der Grundmauer auf der Betonplatte stehen.

1 Betonfundament
2 Bruchsteinsockel
3 Sperrschicht
4 Massive Bruchsteinwand
5 Mauerpfeiler
6 Holzschwelle
7 Fußbodenbalken

C Liegt die Oberkante des fertigen Fußbodens unter Geländehöhe, wird eine aufgehende Feuchtigkeitssperre an der Außenfläche der Grundmauer angebracht, die in einer Höhe von mindestens 150 mm über Gelände mit der horizontalen Sperrschicht verbunden wird. Die aufgehende Feuchtigkeitssperre wird gegen Beschädigung und Verrottung durch eine separate Außenwand geschützt.

1 Fundamentplatte
2 Asphaltsperrschicht
3 Bodenplatte
4 Grundmauer
5 Aufgehende Asphaltsperrschicht
6 Betonaußenwand
7 Normalbetonwand

D Liegt die Oberkante des fertigen Fußbodens unter Geländeniveau und stößt sie an eine Bruchsteinwand, dann verbindet eine aufgehende Feuchtigkeitssperre die Sperrschicht der Ortbetonplatte mit der horizontalen Sperrschicht der Bruchsteinwand in einer Höhe von mindestens 150 mm über dem Gelände. Die äußere Grundmauer wird zuerst errichtet, gefolgt von der aufgehenden Feuchtigkeitssperre und der inneren Grundmauer.

1 Gründungskörper
2 Äußere Bruchsteingrundmauer
3 Ortbetonplatte
4 Asphaltsperrschicht
5 Innere Bruchsteingrundmauer
6 Asphaltsperrschicht
7 Bruchsteinwand
8 Ortbetonplatte

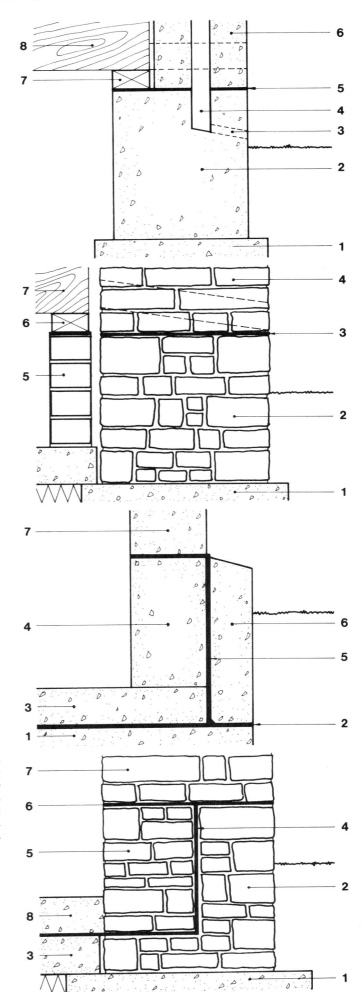

Fundamente: Erdgeschoßfußböden

M = 1 : 10

A Holzfachwerk-Außenwand
Bei einer Holzbalkendecke in Verbindung mit einer leichten Holzfachwerkkonstruktion werden die Balken auf einer durchgehenden Holzschwelle gelagert, die an der Ziegelgrundmauer verankert ist. Der Wechselbalken wird auf die Holzschwelle gelegt, um der Außenwand eine zusätzliche Stütze zu geben.

1 Ziegelgrundmauer
2 Ankerbolzen, M 12
3 Sperrschicht
4 Holzschwelle
5 Holzdeckenbalken
6 Holzwechselbalken

B Verblendete Holzfachwerk-Außenwand
Bei einer Holzbalkendecke in Verbindung mit einer verblendeten, leichten Holzfachwerkkonstruktion werden die Balken auf innenliegenden Mauerpfeilern gelagert. Die Schwelle liegt auf einer Sperrschicht und ist mit den Mauerpfeilern verankert.

1 Ziegelmauerpfeiler
2 Ankerbolzen, M 12
3 Sperrschicht
4 Holzschwelle
5 Holzdeckenbalken
6 Holzwechselbalken

C Ziegeltrennwand
Stoßen Holzbalkendecken an eine tragende Trennwand, dann wird die Trennwand auf einem eigenen Fundament gegründet. Die Holzbalken liegen auf einer Schwelle, die von separaten Mauerpfeilern getragen wird. Zwischen Mauerpfeiler und Schwelle wird eine Sperrschicht angeordnet. (Bei Neubauten sind Trennwände in Deutschland zweischalig auszuführen.)

1 Ziegelmauerpfeiler
2 Sperrschicht
3 Holzschwelle
4 Holzdeckenbalken

D Zweischalige Ziegelaußenwand
Grenzt eine Holzbalkendecke an eine zweischalige Ziegel-Außenwand, dann werden die Deckenbalken auf einer Schwelle befestigt, die auf Mauerpfeilern ruht, die sich wiederum auf der Bodenplatte gründen.

1 Ziegelmauerpfeiler
2 Sperrschicht
3 Holzschwelle
4 Holzdeckenbalken

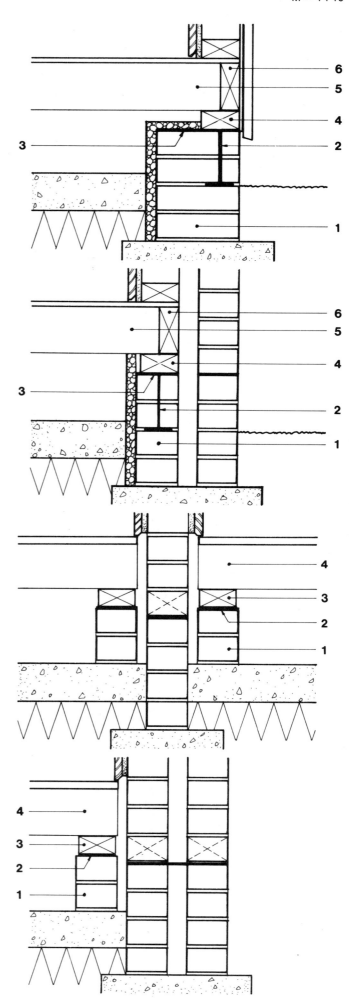

Fundamente: Geländerpfosten

M = 1 : 10

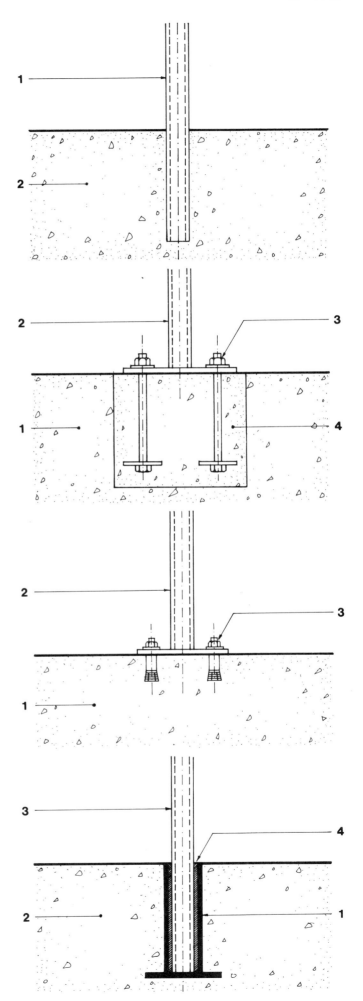

A Es gibt mehrere Möglichkeiten, um Geländerpfosten in einem Betonfundament zu befestigen. Eine einfache und kostengünstige Methode ist es, den ausgerichteten und provisorisch abgestützten Pfosten einzubetonieren. Die Einspannlänge des Pfostens sollte nicht weniger als 300 mm betragen.

1 Stahlrohrpfosten (Rechteckprofil)
2 Betonfundament

B Man kann auch an den erforderlichen Stellen größere Aussparungen im Fundament vorsehen. Der Pfosten erhält eine Fußplatte und Fundamentschrauben, die in die Aussparung herabgelassen und vergossen werden, nachdem der Pfosten ausgerichtet wurde.

1 Betonfundament
2 Stahlrohrpfosten mit Fußplatte
3 Fundamentschraube
4 Vergußmörtel

C Nach einer anderen Variante werden das Fundament betoniert und einbetonierte oder nachträglich eingebrachte Anker verwendet, die einen Höhenausgleich zulassen. Der Pfosten wird mit der Fußplatte auf die Anker gesetzt und ausgerichtet. Abschließend werden die Fußplatte mit Mörtel unterstopft und die Ankermuttern angezogen.

1 Betonfundament
2 Stahlrohrpfosten mit Fußplatte
3 Ankerbolzen

D Bei der vierten Methode wird eine Stahlhülse einbetoniert, die etwas weiter ist als der Pfosten und die auf der erforderlichen Höhe liegt. Der Pfosten wird dann in die Hülse herabgelassen und die Fuge von oben mit einer Vergußmasse gefüllt. Im Falle einer Beschädigung kann der Pfosten herausgezogen und durch einen neuen Pfosten ersetzt werden.

1 Stahlhülse mit Fußplatte
2 Betonfundament
3 Rechteck-Stahlrohrpfosten
4 Vergußmasse

Fundamente: Wannenisolierung bei Wänden

M = 1 : 10

A Innenliegende Asphalt-Wannenisolierung
Sollen Fundamente als von innen gedichtete Wanne ausgebildet werden, dann erstellt man Fundament und Außenwände bis zu einer Höhe von mindestens 150 mm über dem Gelände. Eine Sperrschicht aus Asphalt wird dann in drei Lagen auf die Innenseiten der Außenwände und der Bodenplatte aufgetragen. Die Stöße zwischen horizontaler und vertikaler Sperrschicht werden keilförmig ausgebildet. Ein Zementestrich dient als Schutzschicht für die horizontale Sperrschicht. Eine innere Wanne verhindert ein Wegdrücken der Sperrschicht infolge Wasserdrucks.

1 Bodenplatte
2 Außenwand
3 Asphalt-Sperrschicht, d = 28 mm horizontal, d = 18 mm vertikal
4 Asphaltkeil
5 Zementestrich, d = 50 mm
6 Innere Betonwanne

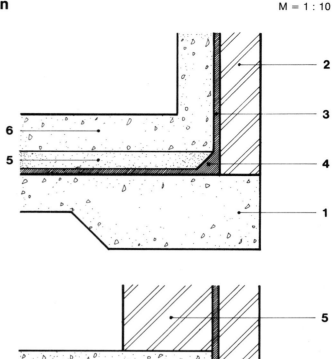

B Außenliegende Asphalt-Wannenisolierung
Sollen Fundamente als von außen gedichtete Wanne ausgebildet werden, wird zuerst die horizontale Sperrschicht auf die Betonbodenplatte aufgetragen und mit einem Schutzestrich und einer Betonplatte abgedeckt. Danach werden die Außenwände erstellt. Die Sperrschicht wird in drei Lagen auf die Außenflächen aufgetragen, wobei der Anschluß an die horizontale Membrane keilförmig ausgebildet wird und sauber gehalten werden muß. Es wird dann eine Außenwand aus Ziegelsteinen o. dgl. erstellt, um eine nachträgliche Beschädigung des Asphaltes zu verhindern.

1 Bodenplatte
2 Asphalt-Sperrschicht, d = 28 mm
3 Zementestrich, d = 50 mm
4 Stahlbetonplatte
5 Außenwand
6 Asphalt-Sperrschicht, d = 18 mm
7 Asphaltkeil
8 Schutzwand

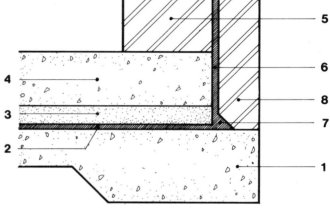

C Innenliegende Wannenisolierung aus Bitumenbahnen
Sollen Fundamente als Wanne mit innenliegenden Bitumenbahnen ausgebildet werden, wird zuerst ein Bitumenstreifen am Schnittpunkt von Bodenplatte und Außenwand aufgebracht. Anschließend werden zwei Lagen Bitumenbahnen aufgebracht und die horizontalen Lagen durch einen Estrich geschützt. Eine Innenwanne wird dann gegen den Estrich und die vertikalen Bitumenlagen betoniert.

1 Bodenplatte
2 Außenwand
3 Winkelstreifen
4 Bitumenbahn
5 Zementestrich, d = 50 mm
6 Stahlbeton

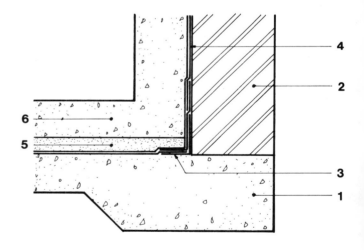

D Außenliegende Wannenisolierung aus Bitumenbahnen
Sollen Fundamente als Wanne mit außenliegenden Bitumenbahnen ausgebildet werden, wird die Bodenplatte mit einer Aufkantung betoniert, die einen winkelförmigen Bitumenstreifen aufnehmen soll. Die beiden horizontalen Bitumenbahnen werden so verlegt, daß sie an und auf der Aufkantung liegen. Dann wird ein Schutzestrich verlegt und die tragende Stahlbetonwanne hergestellt. Die Bitumenbahnen werden von der Oberseite der Aufkantung weg- und an die Außenseite der Betonwand aufgebogen, die vertikale Bitumenbahn wird in zwei Lagen aufgebracht und dann eine außenseitige Schutzwand aus Ziegelsteinen o. dgl. errichtet.

1 Bodenplatte
2 Winkelstreifen
3 Bitumenbahn
4 Zementestrich, d = 50 mm
5 Stahlbetonkonstruktion
6 Bitumenbahn
7 Schutzwand

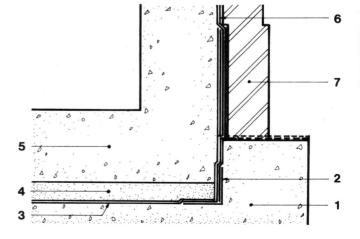

Fundamente: Wannenisolierung an Stützenfüßen

M = 1 : 10

A Asphalt-Wannenisolierung an einem Stützenfuß
Wenn sich auf dem Wannenboden die Fundamente einer Betonstütze befinden und eine Asphalt-Wannenisolierung vorgesehen ist, und wenn es erforderlich ist, die Bodenplatte im Bereich der Stütze zu verdicken, wird der Asphalt auch im Bereich der Verdickung durchgehend aufgetragen. Am Schnittpunkt von Horizontale und Steigung werden Asphaltkeile gebildet. Der Asphalt wird in drei Schichten aufgetragen und mit einem Schutzestrich bedeckt. Es werden dann die Ortbetonplatte und der Stützenfuß betoniert.

1 Bodenplatte
2 Asphalt-Sperrschicht, d = 28 mm
3 Asphaltkeil
4 Zementestrich, d = 50 mm
5 Bodenplatte und Stütze aus Beton

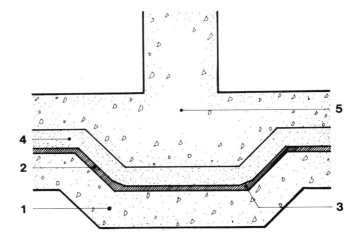

B Wannenisolierung aus Bitumenbahnen an einem Stützenfuß
Wenn sich auf dem Wannenboden die Fundamente einer Betonstütze befinden und eine Wannenisolierung aus Bitumenbahnen vorgesehen ist, wird zuerst die Bodenplatte mit einer Bitumenlösung oder -emulsion vorgestrichen und darauf die erste Bitumenbahn mittels heißem Bitumen verklebt. Die folgenden Lagen werden in ähnlicher Weise zusammengefügt, wobei die Mindestüberlappung der Stöße 100 mm betragen soll. Die Bahnen werden mit einem Schutzestrich bedeckt. Danach werden die Ortbetonplatte und die Stütze betoniert.

1 Bodenplatte
2 Bitumenbahnen in drei Lagen
3 Zementestrich, d = 50 mm
4 Ortbetonplatte und -stütze

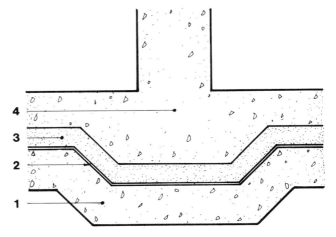

(In neuerer Zeit versucht man, die arbeitsintensive Ausbildung von Sperrschichten zu umgehen und den Beton selbst als Sperrschicht einzusetzen. Bei der Ausbildung einer Wanne ohne zusätzliche Sperrschicht ist auf eine geeignete Betonzusammensetzung [wasserundurchlässiger Beton nach DIN 1045; „Sperrbeton"] und eine einwandfreie Verarbeitung [dichtes Gefüge, keine Schwindrisse, dichte Arbeitsfugen] zu achten. Ggf. sind Injektionskanäle und andere Maßnahmen für eine nachträgliche Abdichtung vorzusehen. Mit der Ausführung von „weißen Wannen" sollten nur erfahrene Baufirmen betraut werden.)

Rahmen: Traditionelle Holzrahmenkonstruktionen

M = 1 : 10

A Die Zapfenverbindung wurde früher in der Regel angewandt, um rechtwinklig zueinander stehende Bauteile zu verbinden. Ein rechtwinkliger Schlitz – das Zapfenloch – wird in das eine Bauteil eingeschnitten, und an dem anderen wird ein Vorsprung – der Zapfen – geformt. Abschließend wird ein Loch durch beide Bauteile hindurch gebohrt, in das dann ein zylinderförmiger Eichendübel kommt.

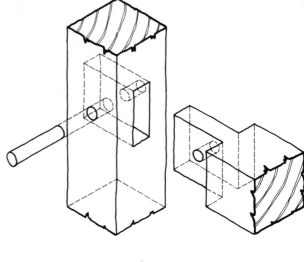

B Die Überblattung dient in der Regel als Winkelverbindung, kann aber auch als Verlängerungsverbindung verwendet werden. In der Regel wird sie zwischen Bauteilen gleicher Dicke hergestellt. Die Hälfte des Querschnitts des einen Bauteils sowie die korrespondierende Hälfte des anderen werden weggeschnitten. Die geschnittenen Flächen werden zusammengefügt und mit einem Dübel verbunden, oder, wie es heute häufiger der Fall ist, verleimt und verschraubt. Diese Verbindung wird von Zimmerleuten häufig verwendet.

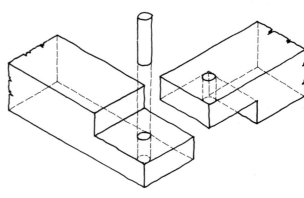

C Die Verkämmung ist eine Verbindung zwischen einem Balken und einem Streifbalken. In den Streifbalken wird eine rechteckige Kerbe geschnitten und eine korrespondierende in die Unterseite des Balkens. Werden Kerben in beiden Seiten des Streifbalkens geschnitten, dann handelt es sich um eine doppelte Verkämmung. Der am Streifbalken verbleibende Querschnitt heißt Kamm.

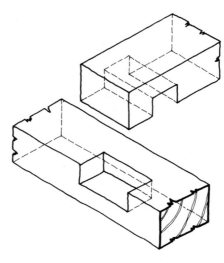

D Der Versatz wird verwendet, um Holzbauteile unter einem beliebigen Winkel zueinander zu verbinden, wie z. B. einen Dachbalken mit einem Streifbalken, einer Schwelle oder einer Pfette. In die Schwelle wird im erforderlichen Winkel eine Kerbe geschnitten, und das Ende des Balkens wird so geformt, daß es in die Kerbe hineinpaßt. Ein Loch wird durch beide Bauteile gebohrt, die dann mit einem Eichendübel verbunden werden.

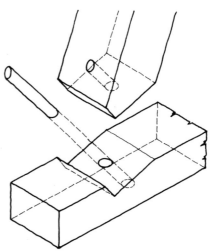

Rahmen: Ständerbau

M = 1 : 10

A Die älteste Form der Ständerkonstruktion weist sowohl bei Pfosten als auch bei Balken massive Holzteile auf. Um eine starre Verbindung zwischen Balken und Pfosten herzustellen – die früher durch die Zapfenverbindung erreicht wurde – werden jetzt Stahllaschen verwendet, die mit einem Bolzen befestigt werden.

1. Holzpfosten 100 mm x 100 mm
2. Holzbalken 250 mm x 100 mm
3. Stahllasche
4. Winkel
5. Bolzen M 12

B Nach einer anderen Methode wird der Pfosten dreiteilig hergestellt, wobei der Balken auf dem mittleren Teil gelagert und von den äußeren Teilen, die als Holzlaschen dienen, gehalten wird. Die Laschen werden mit Nägeln befestigt.

1. Holzpfosten 100 mm x 100 mm
2. Holzlasche 100 mm x 50 mm
3. Holzlasche 100 mm x 50 mm
4. Holzbalken 300 mm x 100 mm
5. Nagel

C Bei einer dritten Konstruktionsform werden an beiden Seiten eines Pfostens Holzbalken angeordnet, die mit einem Bolzen M 12 und zwei Krallendübeln gehalten werden.

1. Holzpfosten 200 mm x 50 mm
2. Holzbalken 300 mm x 50 mm
3. Holzbalken 300 mm x 50 mm
4. Bolzen M 12 mit zwei Krallendübeln, 65 mm Durchmesser

D Bei einer weiteren Konstruktionsform werden sowohl Pfosten als auch Balken dreiteilig hergestellt. Der mittlere Teil des Pfostens reicht zwischen die Seitenbalken, die Seitenpfosten dienen als Auflager für die Seitenbalken. Die Verbindung erfolgt durch Nägel.

1. Holzpfosten 100 mm x 50 mm
2. Holzpfosten 150 mm x 75 mm
3. Nagel
4. Holzbalken 200 mm x 50 mm
5. Holzbalken 250 mm x 75 mm

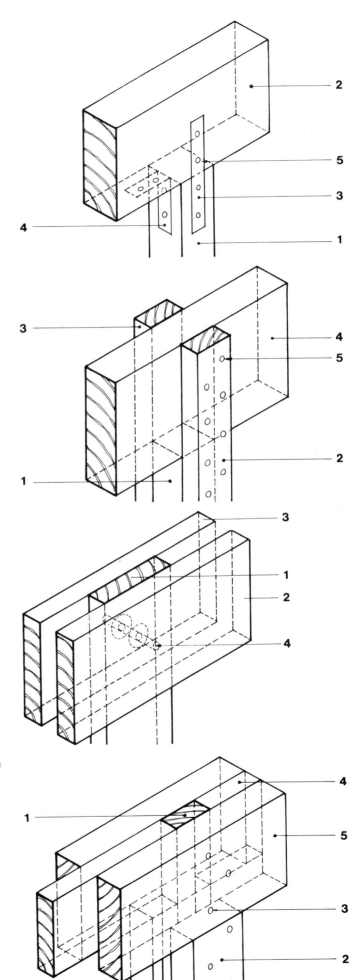

Rahmen: Balkenschuhe

M = 1 : 5

A Schwerer Balkenschuh auf Mauerwerk
Die Verbindung eines schweren Holzbalkens mit Mauerwerk kann durch die Verwendung eines schweren Balkenschuhes hergestellt werden. Die Balkenschuhe werden für alle gängigen Balkenabmessungen hergestellt. Das Ende des Balkens wird gegen die Wandfläche gesetzt und beidseitig mit Schraubennägeln von 32 mm Länge durch die vorgebohrten Löcher des Balkenschuhes befestigt.

1 Mauerwerk
2 Verzinkter Stahl-Balkenschuh, t = 2,7 mm
3 Holzbalken
4 Verzinkter Schraubennagel, l = 32 mm

B Mittlerer Balkenschuh auf Mauerwerk
Für eine Verbindung mit einer Giebelwand wird ein Balkenschuh verwendet, dessen Ankerseite hakenförmig ausgebildet ist und das Mauerwerk überspannt. Das Balkenauflager ist 90 mm lang. Die Unterseite des Balkens wird mit dem Balkenschuh durch die vorgebohrten Löcher vernagelt.

1 Mauerwerk
2 Verzinkter Stahl-Balkenschuh, t = 2,7 mm
3 Holzbalken
4 Verzinkter Schraubennagel, l = 32 mm

C Leichter Balkenschuh auf Holzbalken
Bei Verbindungen zwischen rechtwinklig aufeinanderstoßenden Holzbalken, z. B. bei einer Auswechselung, werden leichte Balkenschuhe verwendet. Sie werden aus dünnem, verzinktem Stahlblech gestanzt und haben vorgebohrte Nagellöcher. Eine Verzahnung der Balken ist nicht notwendig, und Gipskartonplatten lassen sich direkt auf die Unterseiten der Balken nageln. Der Balkenschuh wird mittels Schraubennägeln mit beiden Balken fest verbunden.

1 Holzbalken
2 Verzinkter Stahl-Balkenschuh, t = 1 mm
3 Holzbalken
4 Verzinkter Schraubennagel, l = 32 mm

D Mittlerer Balkenschuh auf Holzbalken
Ist eine höhere Tragfähigkeit erforderlich, so wird ein zweischenkliger Balkenschuh verwendet. Die Schenkel werden an der Oberseite des Tragbalkens abgebogen und abgenagelt. Die Balkenschuhe werden für alle gängigen Balkenabmessungen hergestellt.

1 Holzbalken
2 Verzinkter Stahl-Balkenschuh, t = 1 mm
3 Holzbalken
4 Verzinkter Schraubennagel, l = 32 mm

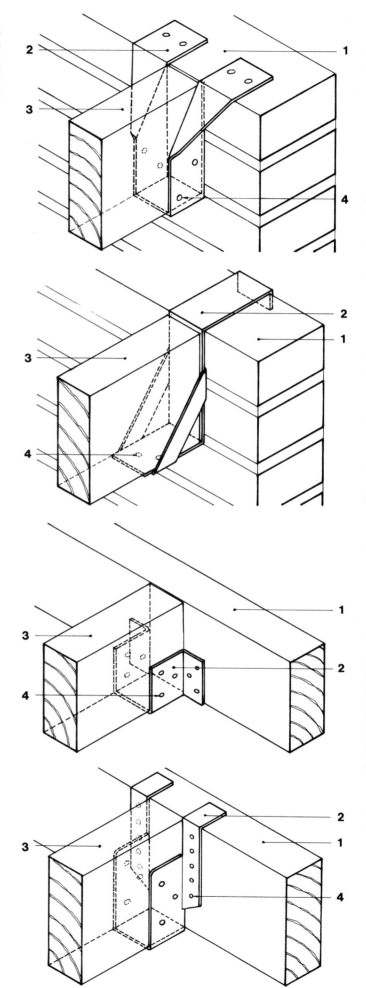

Rahmen: Dübelverbindungen von Holzteilen

M = 1 : 2

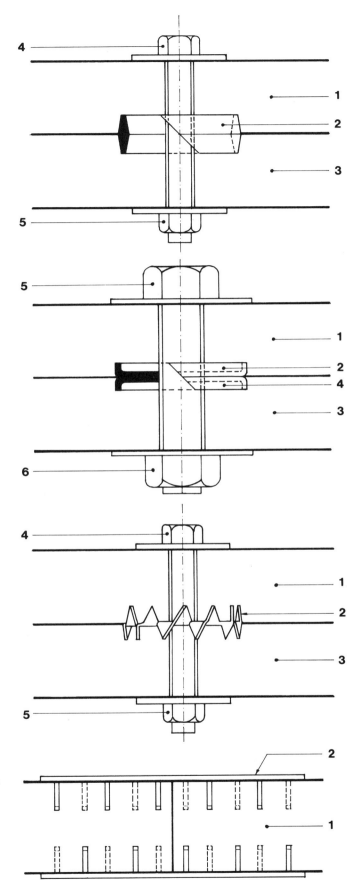

A Ein Bolzenloch wird durch beide Holzteile gebohrt, 1,5 mm größer als der Bolzendurchmesser. Ringförmige Nuten werden in die Holzteile mittels eines Spezialwerkzeuges geschnitten, das sich in dem vorgebohrten Loch zentriert. Der Ringdübel wird in die Kerbe eingesetzt und das andere Holzteil darüber gelegt. Die Teile werden durch den Bolzen, der in dieser Position verbleibt, zusammengepreßt.

1 Holzteil
2 Ringdübel, 64 mm Innendurchmesser
3 Holzteil
4 Bolzen M 12 und Unterlegscheibe
5 Mutter und Unterlegscheibe (große Ausführung)

B Ein Bolzenloch wird durch beide Holzteile gebohrt. Ringförmige Nuten werden mittels eines Spezialwerkzeuges in die zu verbindenden Flächen geschnitten. Ein Scheibendübel wird so in jede der Nuten eingesetzt, daß deren Rücken mit der Balkenoberfläche bündig ist. Die beiden Holzteile werden dann verbolzt.

1 Holzteil
2 Scheibendübel
3 Holzteil
4 Scheibendübel
5 Bolzen M 20 und Unterlegscheibe
6 Mutter und Unterlegscheibe (große Ausführung)

C Ein Loch wird durch beide Holzteile gebohrt, 1,5 mm größer als der Bolzendurchmesser. Ein Zahnringdübel (Einpreßdübel) wird über die Löcher zentriert und der Bolzen eingeführt und angezogen, wobei die Zähne des Dübels in das Holz gedrückt werden. Es kann eine Fuge zwischen Holzteilen entstehen, deren Breite der Materialstärke des Dübels entspricht.

1 Holzteil
2 Zahnringdübel (Krallendübel)
3 Holzteil
4 Bolzen M 12 und Unterlegscheibe
5 Mutter und Unterlegscheibe (große Ausführung)

D Eine Nagelplatte ist eine Stahlplatte mit gestanzten Zähnen, die im rechten Winkel zur Plattenebene stehen. Die Platte überlappt aneinanderliegende Holzteile. Die Zähne werden mittels einer besonderen hydraulischen Presse in das Holz gedrückt.

1 Holzteil
2 Nagelplatte

Rahmen: Stahlträger-Verbindungen

M = 1 : 10

A Eine verbreitete Methode zur Verbindung eines Stahlträgers mit einer Stahlstütze besteht darin, eine am Träger aufgeschweißte Kopfplatte auf der Baustelle mit der Stütze zu verschrauben.

1 Stahlstütze
2 Stahlträger
3 Kopfplatte des Trägers

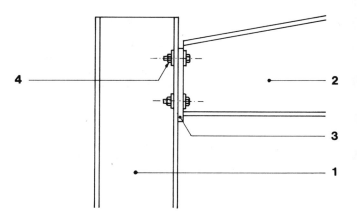

B Zur Befestigung eines Stahlträgers auf einer Betonstütze wird eine Stahl-Auflagerplatte an die Unterseite des Stahlträgers geschweißt. In der Platte befinden sich zwei Langlöcher, eines auf jeder Seite des Trägersteges. Zwei Ankerbolzen werden in den Stützenkopf eingelassen, und die Platte wird mit den Ankern verbolzt.

1 Betonstütze
2 Stahlträger
3 Stahlplatte
4 Ankerbolzen

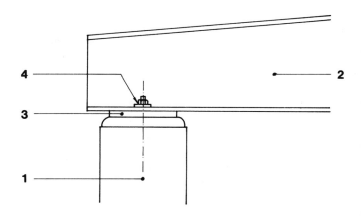

C Eine Methode zur Befestigung eines Stahlträgers auf Mauerwerk verwendet eine Auflagerplatte in Verbindung mit Zugstäben. Die Auflagerplatte wird mit dem Stahlträger verschweißt und auf dem Betonauflager mit zwei Ankerbolzen befestigt. Eine weitere Platte wird mit dem Obergurt des Trägers verschweißt und mittels zweier Zugstäbe mit dem oberen Bereich des Mauerwerkes verbunden.

1 Mauerwerk
2 Betonauflager
3 Auflagerplatte
4 Stahlträger
5 Ankerbolzen
6 Stahlplatte
7 Zugstab

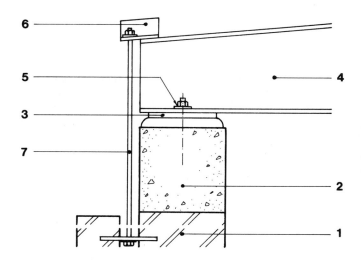

D Eine verbreitete Methode zur Verbindung von Stahlpfetten mit einem Hauptträger verwendet auf der Oberseite des Trägers aufgeschweißte Stahlplatten. Die Pfetten werden unabhängig voneinander mit diesen Platten verschraubt, wobei eine Fuge zwischen Pfettenenden die Montage erleichtert.

1 Stahlträger
2 Stahlplatte
3 Stahlpfette
4 Bolzen

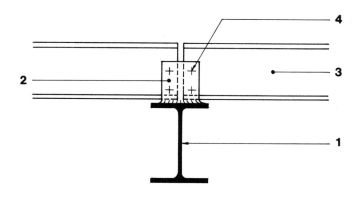

Rahmen: Brandschutz im Stahlbau

M = 1 : 5

A Stahlbauteile erfordern eine feuersichere Ummantelung, um eine bestimmte Feuerwiderstandsklasse zu erreichen. Eine Feuerwiderstandsdauer von rd. 30 Minuten[1]) wird z. B. durch eine Ummantelung aus 9 mm dicken Verbund-Asbestplatten auf 25 mm x 25 mm starken Bindelatten und innenliegenden, 6 mm dicken Platten, erreicht.

1 Stahlstütze ≥ 45 kg/m
2 6 mm Abdeckplatte
3 9 mm Ummantelung
4 Bindelatten 25 mm x 25 mm
5 Gewindeschneidende Schraube, l = 32 mm, a = 230 mm

[1]) Die hier angegebenen Werte wurden nicht nach den Deutschen Vorschriften geprüft. Den Plattenherstellern liegen zahlreiche Detailausbildungen nach DIN 4102 vor.

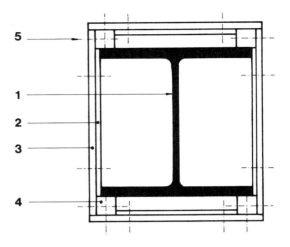

B Eine Feuerwiderstandsdauer von mindestens zwei Stunden wird durch eine feuersichere Ummantelung erreicht, wobei die Teile untereinander verschraubt und die horizontalen Fugen durch innenliegende Platten abgedeckt werden.

1 Stahlstütze ≥ 45 kg/m
2 6 mm Abdeckplatte
3 25 mm Ummantelung
4 Holzschraube, l = 64 mm, a = 230 mm

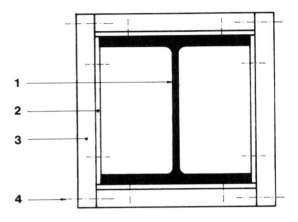

C Eine Feuerwiderstandsdauer von mindestens vier Stunden wird durch die Anordnung zweier feuersicherer Ummantelungen erreicht, die mit Schrauben befestigt werden. Die innere Ummantelung wird zuerst zusammengeschraubt, danach folgt die äußere, wobei die Fugen versetzt angeordnet werden.

1 Stahlstütze ≥ 45 kg/m
2 Innere Ummantelung 25 mm
3 Holzschraube, l = 50 mm, a = 600 mm
4 Äußere Ummantelung 25 mm
5 Holzschraube, l = 50 mm, a = 230 mm

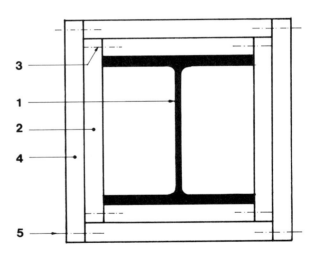

D Eine andere Methode der Stützenummantelung verwendet eine vorgefertigte Stahlummantelung, die mit Verbund-Asbestplatten ausgekleidet ist. Die Dicke der Auskleidung richtet sich nach der erforderlichen Feuerwiderstandsdauer.

1 Stahlstütze = 45 kg/m
2 Verzinkte, U-förmige Stahlummantelung, t = 0,71 mm
3 Deckel mit Schnappverschluß und Schließvorrichtung

(Stahlkonstruktionen lassen sich auch durch Umhüllung mit Spritzbeton oder ähnlichen Maßnahmen brandschutztechnisch verbessern. Eine Sonderkonstruktion ist die Innenkühlung von Stahlhohlprofilen durch eine Wasserfüllung.)

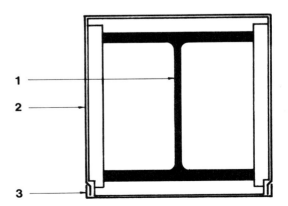

Rahmen: Stahlbau

M = 1 : 10

A Deckenträger – Ansicht
Die Verbindung zwischen einem Stahl-Deckenträger und einer Stahlstütze erfolgt unter Verwendung von HV-Schrauben, die durch die vorgebohrten Löcher im Stützenflansch und in der Kopfplatte des Trägers geführt werden. Die Stütze besteht aus einem genormten Stahlprofil. Der Deckenträger wurde aus einem Wabenträger hergestellt, mit aufgeschweißten, 12 mm dicken Kopfplatten an beiden Enden. Ein Winkelstück an der Stütze dient als Montageauflager und erleichtert das Übereinanderlegen der Löcher in Stütze und Träger.

1 Stahlstütze
2 Stahl-Deckenträger
3 HV-Schraube
4 Auflagerwinkel

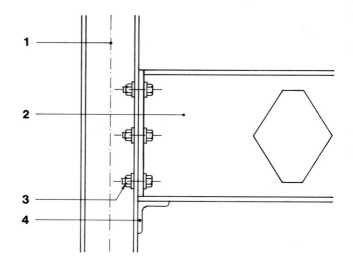

B Deckenträger-Draufsicht
Der Träger wird auf dem Auflagerwinkel abgesetzt. Die Schrauben werden eingeführt und angezogen. Der Auflagerwinkel kann nach der Montage entfernt werden.

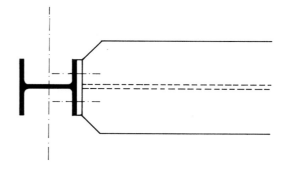

C Dachträger – Ansicht
Die Verbindung zwischen dem Dachträger und der Stütze eines Stahlskelettes erfolgt mittels Bolzen. Die Stütze besteht aus einem genormten Stahlprofil mit vorgebohrten Löchern. Der Träger ist eine geschweißte Fachwerkkonstruktion, deren Ober- und Untergurt aus U-Profilen bestehen, die durch L-Profile verbunden sind. Das Trägerende besteht aus einem T-Profil mit vorgebohrten Löchern, die mit denen in der Stütze korrespondieren. Zur Erleichterung der Montage wird an die Stütze ein Auflagerwinkel geschweißt.

1 Stahlstütze
2 Geschweißter Dachträger
3 Auflagerwinkel
4 HV-Schraube, M 18

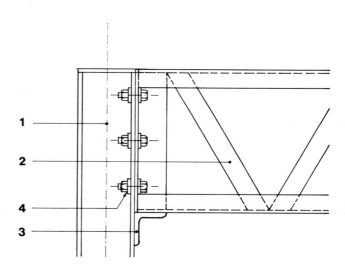

D Dachträger – Draufsicht
Der Träger wird auf dem Auflagerwinkel abgesetzt und mit der Stütze mittels sechs HV-Schrauben M 18 verbunden. Der Auflagerwinkel kann nach der Montage entfernt werden.

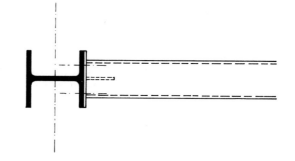

Rahmen: Stahlbau

M = 1 : 10

A Die Verbindung zwischen dem Randträger und der Randstütze eines Stahlskelettes erfolgt mittels Bolzen. Die Stütze besteht aus einem gewalzten Stahlprofil; der Steg kann parallel oder senkrecht zur Spannrichtung des Trägers verlaufen. Im erstgenannten Fall erfolgt die Verbindung mit einem L-Profil, im letzteren mit einer flachen Stahlplatte. Sowohl L-Profil als auch Stahlplatte werden auf der Baustelle montiert, so daß die Länge des Trägers für beide Fälle gleich ist. Der Randträger besteht aus einem durchgehenden, U-förmigen Wabenträger. Die Toleranzen der Trägerlänge werden in der Fuge zwischen Stützenflansch und Trägerende aufgenommen. In der Fugenbreite können auch eventuell verschiedene Flanschdicken der Stützen aufgenommen werden.

1 Stahlstütze
2 U-förmiger Wabenträger
3 L-Profil
4 HV-Schraube M 18

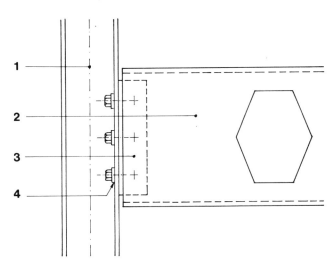

B Ein Schenkel des L-Profiles wird mittels drei HV-Schrauben M 18 mit dem Steg des Randträgers verbunden. Der Träger wird dann in Position gehoben und der zweite Schenkel mit dem Stützenflansch verschraubt.

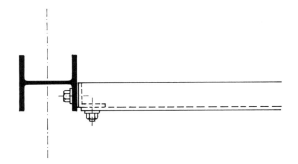

C Liegt der Steg der Stütze senkrecht zur Spannrichtung des Randträgers, dann erfolgt die Verbindung durch eine flache Stahlplatte mit vorgebohrten Löchern, die mit denen im Steg des Trägers korrespondieren. Es werden die gleichen Schrauben verwendet wie im Beispiel A (oben).

1 Stahlstütze
2 U-förmiger Wabenträger
3 Flache Stahlplatte
4 HV-Schrauben M 18

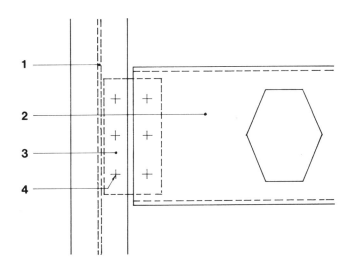

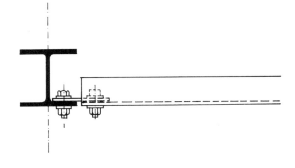

Rahmen: Verbindungen von Betonstützen und -balken: Stahlauflager

M = 1 : 10

A Es existieren verschiedene Wege zur Herstellung einer Verbindung zwischen Betonstützen und Betonbalken aus Stahlteilen. Ein mit Beton gefülltes Rechteckrohr wird in die Stütze einbetoniert und steht seitlich so über, daß eine U-förmige Konsole gebildet wird. Ein ähnliches Teil wird im Balkenende einbetoniert. Der Balken wird montiert und die Konsolen werden durch eine HV-Schraube miteinander verbunden. Ein Bolzen verbindet die Oberseite des Balkens mit der Stütze. Die Fuge wird dann mit Ortbeton vergossen.

1 Betonstütze
2 Betonbalken
3 HV-Schraube
4 Bolzen
5 Ortbeton

B Eine zweite Methode zur Herstellung der Verbindung besteht in dem Einbetonieren eines T-Profiles und eines L-Profiles in die Stütze. Das T-Profil steht so über, daß es als Auflager dienen, das L-Profil so, daß ein Anschlußstab angeschweißt werden kann. Zwei Stahlplatten werden in den Balken einbetoniert und bilden eine Konsole, die auf dem T-Profil lagert. Konsole und T-Profil werden nach der Montage verschweißt. An dem oberen L-Profil wird ein Anschlußstab angeschweißt. Die Fuge wird dann mit Ortbeton vergossen.

1 Betonstütze mit einbetoniertem T- und L-Profil
2 Betonbalken
3 Stahlplatte
4 Anschlußstab, an Winkel geschweißt
5 Ortbeton

C Eine dritte Methode zur Herstellung der Verbindung besteht in dem Einbetonieren eines Rechteckrohres in die Stütze, das seitlich übersteht und eine Konsole bildet, sowie eines T-Profiles in den Balken über einer Aussparung am Balkenende. Der Balken wird auf der Konsole aufgelagert und die Stahlteile werden verschweißt. An den Balkenoberseiten wird eine durchlaufende Bewehrung durch die Stütze verlegt. Die Aussparungen werden abschließend mit Mörtel verstopft.

1 Betonstütze
2 Rechteckprofil
3 Betonbalken
4 T-Profil
5 Durchlaufende Bewehrung
6 Aussparung, damit die Stahlteile verschweißt werden können.

D Eine vierte Methode zur Herstellung der Verbindung besteht in dem Einbetonieren eines I-Profiles so in die Stütze, daß es eine Konsole bildet. Aus dem Balkenende ragen zwei Stahlplatten, die an den Unterseiten mit einer dritten Stahlplatte als Steg verschweißt sind. Nach der Montage werden Steg und I-Profil verschweißt. Der Raum zwischen Stütze und Balken wird mit Ortbeton vergossen.

1 Betonstütze
2 I-Profil
3 Betonbalken
4 Stahlplatte
5 Schweißverbindung
6 Ortbeton

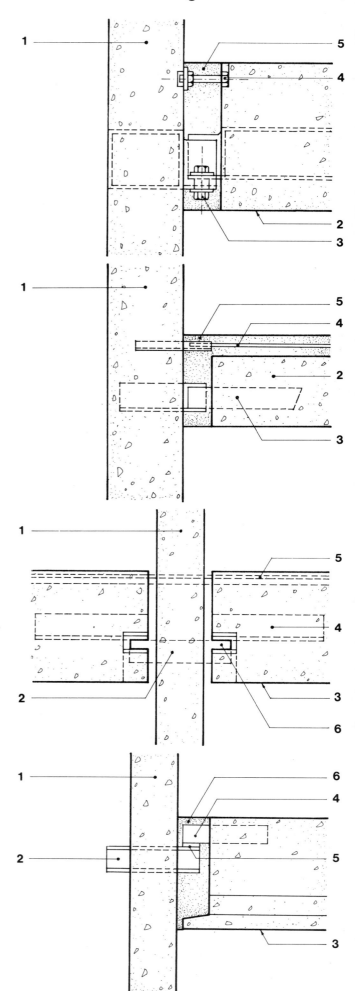

Rahmen: Verbindungen von Betonstützen und -balken: Betonauflager

M = 1 : 10

A Es gibt verschiedene Möglichkeiten, einen Betonbalken mit einer Stütze zu verbinden, bei denen der Balken direkt auf der Stütze oder auf einer anbetonierten Konsole aufgelagert wird. Eine Methode besteht in der Befestigung eines L-Profiles an einer einbetonierten Gewindehülse am Kopfende des Balkens. Der untere Schenkel des Winkels ruht auf der Stütze und wird mit einem einbetonierten Bolzen verschraubt. An der Oberseite des Balkens wird eine durchlaufende Bewehrung angeordnet. Die Öffnungen werden mit Ortbeton vergossen.

1 Betonstütze
2 Gewindebolzen, in der Stütze einbetoniert
3 Betonbalken
4 Gewindehülse
5 L-Profil
6 Durchlaufende Bewehrung

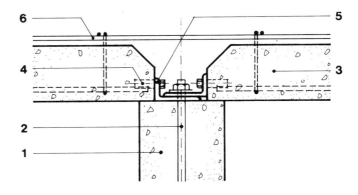

B Eine zweite Methode besteht darin, die Stütze mit einer Konsole zu versehen, auf der das Balkenende aufliegt. Eine Unterlegplatte dient zur Spannungsverteilung und ein Stahldorn zur Ausrichtung des Balkens. Nach der Montage des Balkens wird eine Anschlußbewehrung durch die Stütze hindurch an der Oberseite des Balkens verlegt. Die Öffnungen werden mit Mörtel vergossen.

1 Betonstütze
2 Unterlegplatte
3 Betonbalken
4 Stahldorn
5 Anschlußbewehrung
6 Örtlich eingebrachter Mörtel
7 Estrich

C Eine dritte Methode sieht Aussparungen für Dorne an der Stützenoberkante und der Balkenunterseite vor. Der Balken wird auf der Stütze in ein Mörtelbett gelegt und durch Dorne gehalten. Die aus den Balkenenden herausragenden Schlaufen werden mit Steckbügeln verbunden. Die Fuge zwischen Balken und Stütze wird mit Mörtel vergossen.

1 Betonstütze
2 Stahldorn
3 Betonbalken
4 Schlaufen
5 Steckbügel

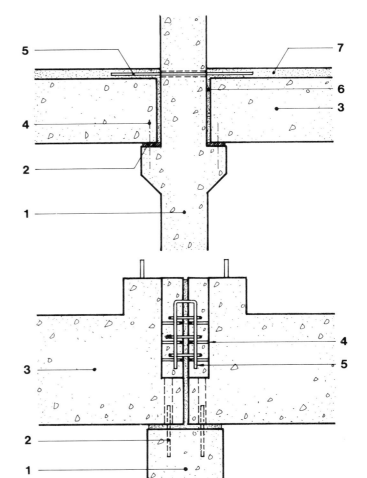

D Bei einer vierten Methode wird eine Konsole im oberen Stützenbereich anbetoniert. Konsole und Balkenende sind passend profiliert. Das Balkenende wird auf der Konsole aufgelagert und mittels zweier Bolzen verbunden. Die Fuge zwischen Konsole und Balkenende wird mit Mörtel vergossen.

1 Betonstütze
2 Betonbalken
3 Bolzen
4 Vergußkanal
5 Vergußmörtel

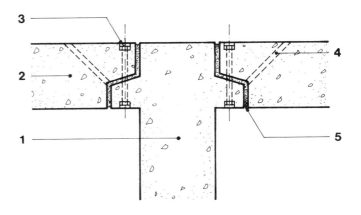

Rahmen: Verbindungen von Stahlbetonstützen

M = 1 : 10

A Es werden verschiedene Verfahren zur Herstellung einer Verbindung zwischen Stahlbetonstützen eingesetzt. Spannschlösser verbinden die Anschlußbewehrungen der beiden Stützen und ermöglichen das Ausrichten und die Höhenverstellung ohne eine zusätzliche Abstützung, die sonst bis zum Verguß vorgesehen werden müßte. Es muß sichergestellt sein, daß die Fuge vollständig ausgefüllt wird. Der Ortbetonverguß ist in der Zeichnung nicht dargestellt.

1 Unterer Anschlußstab mit Rechtsgewinde
2 Oberer Anschlußstab mit Linksgewinde
3 Spannschloß

B Eine zweite Methode zur Verbindung zweier Betonstützen besteht in dem Anschweißen einer Stahlplatte an den vier Bewehrungsstäben der oberen Stütze. Die Stahlplatte enthält vier Bohrungen an den Ecken, um die vier Anschlußstäbe der unteren Stütze aufzunehmen. Diese werden mit der Stahlplatte verschraubt. Diese Methode ermöglicht – wie die vorangegangene – ein Ausrichten und eine Höhenverstellung der noch nicht vergossenen Verbindung.

1 Unterer Anschlußstab
2 Oberer Anschlußstab
3 Stahlplatte
4 Mutter

(Weitere Details: Stupré: Kraftschlüssige Verbindungen im Fertigteilbau, Konstruktionsatlas. Beton-Verlag, Düsseldorf, 1978)

C Eine dritte Methode verwendet Stahlplatten. In jede Stütze werden zwei Stahlplatten einbetoniert, wobei jedes der korrespondierenden Paare eine Überlappungsverbindung bildet. Zur Verbindung der Stahlplatten werden HV-Schrauben verwendet. Diese Verbindung ist nicht verstellbar und die Bohrungen müssen mit großer Genauigkeit angeordnet werden.

1 Untere Stahlplatte
2 Obere Stahlplatte
3 HV-Schraube

D Bei einer vierten Methode sind zwei Anschlußstäbe mit einem Endgewinde in der unteren Stütze einbetoniert und fassen in eine in der oberen Stütze eingelassene Tasche. Auf die Anschlußstäbe werden Muttern geschraubt. Die obere Stütze wird abgestützt, während die Fuge zwischen den Stützen und die Tasche der oberen Stütze vergossen werden.

1 Untere Anschlußstäbe
2 Tasche in der oberen Stütze
3 Mutter

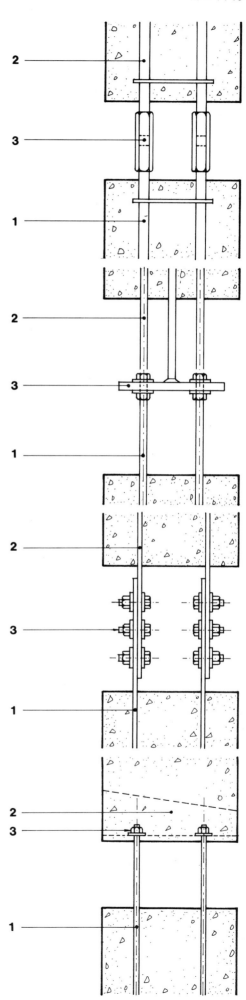

Rahmen: Aluminiumkonstruktionen

M = 1 : 10

A Stiel und Riegel eines aus Rechteck-Hohlprofilen bestehenden Aluminium-Portalrahmens werden mit zwei Knotenblechen verbunden. Die Bohrungen am Ende des Riegels und im Stielkopf werden vor der Montage ausgeführt. Die beiden Knotenbleche werden an den Seiten des Stieles angeordnet und mit durchgehenden Schrauben befestigt. Der Riegel wird zwischen die Knotenbleche geschoben und mit durchgehenden Schrauben festgeschraubt.

1 Aluminiumstiel aus zwei U-Profilen
2 Aluminiumknotenblech, t = 10 mm
3 Schrauben ⌀ 16 mm
4 Aluminiumriegel
5 Schrauben ⌀ 16 mm, kadmiumbeschichtet

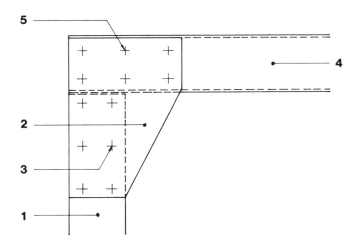

B Die rechteckigen Hohlprofile werden in der Werkstatt aus zwei U-Profilen mit innenliegenden festgenieteten Bindeblechen hergestellt. Die Löcher für die Knotenbleche werden vorgebohrt und auf der Baustelle nachgebohrt, um einen guten Sitz zu gewährleisten.

1 Aluminiumstiel aus zwei U-Profilen
2 Aluminiumknotenblech, t = 10 mm
3 Schrauben ⌀ 16 mm
4 Aluminiumträger aus zwei U-Profilen
5 Bolzen ⌀ 16 mm, kadmiumbeschichet

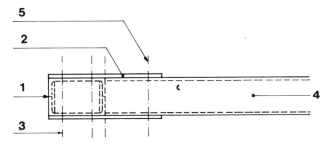

C Eine Zwischenstütze unterstützt den Riegel des Portalrahmens. Die Stütze wird mittels zweier Knotenbleche mit dem Riegel verbunden. Die Knotenbleche werden entsprechend den statischen Erfordernissen ausgebildet.

1 Aluminiumstütze aus zwei U-Profilen
2 Aluminiumknotenblech, t = 10 mm
3 Schraube ⌀ 16 mm
4 Aluminiumriegel
5 Schraube ⌀ 16 mm, kadmiumbeschichtet

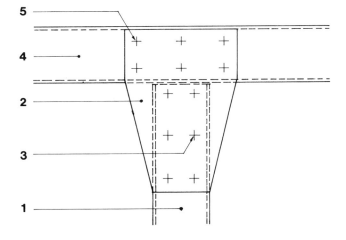

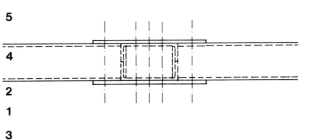

Rahmen: Stahlbeton-Deckenplatten

M = 1 : 10

A Auflager auf Mauerwerk
Die vorgefertigten Stahlbetondeckenplatten haben Nasen, die auf dem Mauerwerk aufliegen und eine Fuge von 200 mm Breite bilden, in die die aus den Platten herausragenden Bewehrungsschlaufen hineinreichen. Ein Bewehrungsstab wird durch die Schlaufen geführt und die Fuge mit Beton vergossen. Die so verlegten Deckenplatten werden mit einem Estrich von mindestens 35 mm Dicke überzogen. (Die DIN 1045 verlangt mind. 50 mm Dicke für eine statisch mitwirkende Ortbetonschicht.)

1 Tragendes Mauerwerk
2 Vorgefertigte Stahlbetonplatte, b = 200 mm, d = 150 mm
3 Bewehrungsstab
4 Ortbeton
5 Estrich, d ≥ 35 mm (≥ 50 mm)

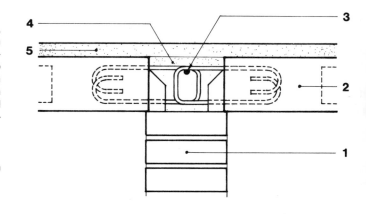

B Fuge zwischen Deckenplatten
Die vorgefertigten Stahlbetonplatten sind 1 200 mm breit und haben einen Kern aus Harnstoff-Formaldehyd-Kunstharz, um das Gewicht klein zu halten. Die Platten werden stumpf gestoßen und die Fugen mit Beton vergossen. (Die DIN 1045 verlangt mind. 50 mm Dicke für eine statisch mitwirkende Ortbetonschicht.)

1 Vorgefertigte Stahlbetonplatte, d = 150 mm
2 Ortbeton
3 Estrich, d = 35 mm (≥ 50 mm)

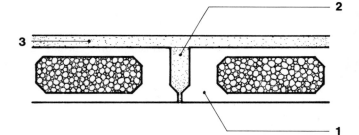

C Auflager auf Stahlträger
Wenn die Stahlbetondeckenplatten mit einem Stahlträger im Verbund wirken sollen, muß der Stahlträger die Zugkräfte aufnehmen. Auf dem oberen Flansch des Trägers aufgeschweißte Kopfbolzendübel leiten die Schubkräfte in die Stahlbetonplatten. Die Platten liegen mit ihren angeformten Betonnasen auf dem Stahlträger und bilden eine Fuge zur Aufnahme der Bewehrungsschlaufen, eines Bewehrungsstabes und des Ortbetonvergusses. Der Abstand der Kopfbolzendübel wird dem Abstand der Bewehrungsschlaufen angepaßt.

1 Stahlträger
2 Vorgefertigte Stahlbetonplatte, d = 150 mm
3 Bewehrungsstab
4 Ortbeton

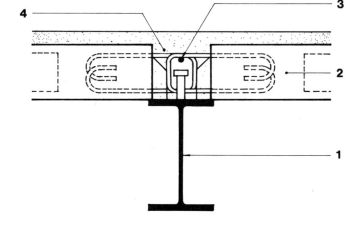

D Fugenkreuz
Der Kreuzungspunkt der Längs- und Querfugen wird mit Ortbeton gefüllt.

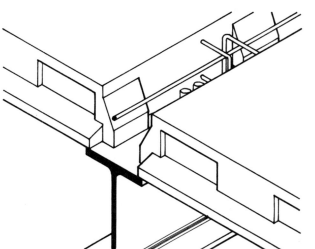

Rahmen: Leichtbeton-Deckenplatten

M = 1 : 5

A Deckenplatte – Stahlträger
Die Deckenplatten werden so auf den Stahlträger gelegt, daß eine Fuge von 13 mm Breite entsteht. Am oberen Flansch des Trägers werden Spezialklammern aus Edelstahl eingehängt und in die Seiten der Leichtbetonplatte eingetrieben. In den oben offenen Fugen wird eine Durchlaufbewehrung eingelegt und mit Ortbeton vergossen.

1 Stahlträger
2 Leichtbeton-Deckenplatte
3 Spezialklammer
4 Durchlaufbewehrung

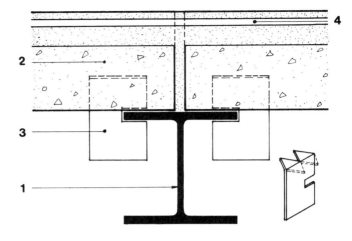

B Deckenplatte – Stahlträger
Eine andere Methode verwendet ein mit einem Langloch versehenes Stahlblech, das mittig auf dem oberen Flansch des Trägers aufgeschweißt wird. Die Deckenplatte wird stumpf gegen das Stahlblech gestoßen, wobei eine Fuge von 13 mm Breite offenbleibt. Die Durchlaufbewehrung wird durch das Langloch geführt.

1 Stahlträger
2 Stahlblech mit Langloch
3 Leichtbeton-Deckenplatte
4 Durchlaufbewehrung

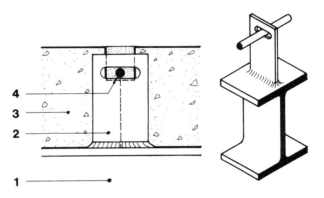

C Deckenplatte – Betonbalken
Ist die Oberseite eines Betonbalkens nicht genau eben, so wird ein Mörtelbett vorgesehen, um ein waagerechtes Auflager für die Deckenplatten zu schaffen. In Balkenmitte werden querstehende Bewehrungsschlaufen – unter Berücksichtigung der erforderlichen Betondeckung – einbetoniert. Die Platten werden auf dem Balken verlegt, in den Fugen zwischen den Platten wird eine Durchlaufbewehrung angeordnet und Bewehrungsstäbe werden durch die einbetonierten Schlaufen – oberhalb der Durchlaufbewehrung – geführt.

1 Stahlbetonbalken
2 Mörtelbett
3 Bewehrungsschlaufen, d = 6 mm
4 Bewehrungsstab
5 Leichtbeton-Deckenplatte
6 Durchlaufbewehrung

D Deckenplatte – Betonbalken
Nach einer anderen Befestigungsmethode werden die Bewehrungsschlaufen parallel zur Balkenachse einbetoniert und enden etwa 12 mm unter der Plattenoberkante. Die Plattenenden werden stumpf gegen die Schlaufen gestoßen, wobei eine Fugenbreite von 13 mm offenbleibt. Eine Durchlaufbewehrung wird in den Fugen verlegt und durch die Schlaufen geführt.

1 Stahlbetonbalken
2 Mörtelbett
3 Bewehrungsschlaufe, d = 6 mm, a = 600 mm
4 Leichtbeton-Deckenplatte
5 Durchlaufbewehrung

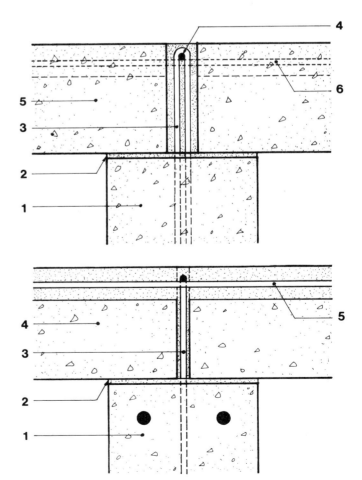

Rahmen: HV-Verbindungen

M = 1 : 2

A Sechskantschraube mit lastanzeigender Unterlegscheibe

HV-Schrauben bieten eine einfache Methode zur Lastabtragung im Stahlbau durch Reibung in den Kontaktflächen, die durch die hohen Klemmkräfte der ordnungsgemäß angezogenen Schrauben entstehen. Die Schraubenlöcher enthalten etwas Spiel, so daß die Schraube keine Scherkräfte aufnehmen muß. Die lastanzeigende Unterlegscheibe wird unter dem Schraubenkopf angeordnet.

1 Stahlplatten
2 Lastanzeigende Unterlegscheibe vor dem Anziehen
3 HV-Schraube
4 Gehärtete Unterlegscheibe
5 Mutter
6 Lastanzeigende Unterlegscheibe nach dem Anziehen

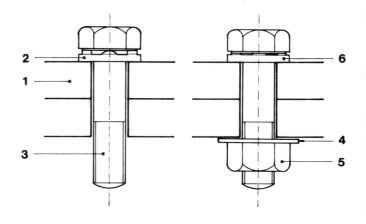

B Sechskantschraube mit lastanzeigender und konischer Unterlegscheibe

Konische Unterlegscheiben werden entweder unter der Mutter oder unter der lastanzeigenden Unterlegscheibe angeordnet, wenn die zu verbindenden Stahlteile geneigte Flanschen aufweisen.

1 Stahlplatten
2 Lastanzeigende Unterlegscheibe
3 Konische Unterlegscheibe
4 HV-Schraube
5 Unterlegscheibe
6 Mutter

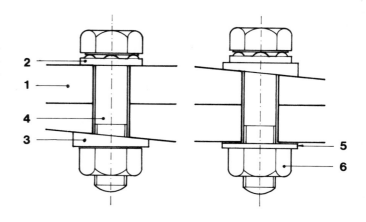

C Senkschrauben mit lastanzeigender Unterlegscheibe unter der Mutter

Bei einer HV-Schraube mit Senkkopf wird die lastanzeigende Unterlegscheibe unter der Mutter angeordnet, wobei eine zusätzliche Spezial-Unterlegscheibe zur Anwendung kommt. Die Bohrungen sollten so übereinander passen, daß die Schrauben ohne Behinderung eingesetzt werden können. Das Anziehen erfolgt mit Spezialwerkzeugen.

1 Stahlplatten
2 HV-Senkschraube
3 Lastanzeigende Unterlegscheibe vor dem Anziehen
4 Spezial-Unterlegscheibe
5 Mutter
6 Lastanzeigende Unterlegscheibe nach dem Anziehen

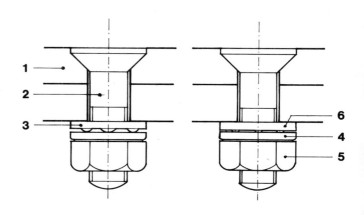

D Lastanzeigende Unterlegscheibe

Die lastanzeigende Unterlegscheibe ist eine spezialgehärtete Scheibe mit einseitigen Erhöhungen (wie nebenstehendes Bild). Die Erhöhungen liegen an der Unterseite des Schraubenkopfes oder an der Unterlegscheibe an, wobei ein Spalt verbleibt. Wenn die Mutter angezogen wird, werden die Erhöhungen zusammengepreßt und der Spalt verkleinert sich. Die durchschnittliche Spaltbreite kann mit Lehren gemessen werden und entspricht der Zugspannung im Schraubenschaft. Wenn die Schraube einmal angezogen ist, wird sie die aufgebrachte Spannung innerhalb der zulässigen Toleranzen beibehalten.

In Deutschland werden üblicherweise Drehmomentenschlüssel eingesetzt, um die richtige Zugspannung in der HV-Schraube zu erzeugen.

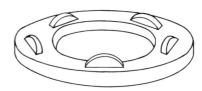

Dächer: Betondachsteine

M = 1 : 5

A First
Eine Lage reißfester Dachpappe wird auf den Sparren verlegt und mit Plattnägeln befestigt. Darüber werden Dachlatten auf die Sparren genagelt. Die Dachsteine werden auf den Dachlatten verlegt und die Mulden der Dachsteine zu beiden Seiten des Firstes mit Mörtel ausgeglichen. Die Firststeine werden in einem durchgehenden Mörtelbett verlegt und ihre Stoßfugen vermörtelt.

1 Dachpappe, mit Plattnägeln befestigt
2 Holzlatte 38 mm x 19 mm, mit Flachkopfnägeln 1 = 50 mm befestigt
3 Betondachstein
4 Durchgehendes Mörtelbett (Sand : Zement = 3 : 1)
5 Dachsteinspließ
6 Betonfirststein

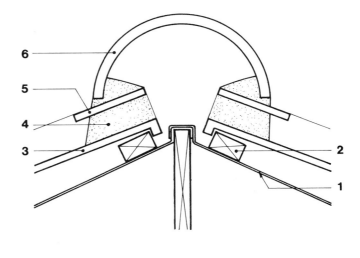

B Traufe
Das Stirnbrett wird an den Sparrenenden befestigt. Auf die Sparren wird eine Lage reißfester Dachpappe genagelt, die über den Aufschiebling bis in die Dachrinne hineinragt. Nadelholzlatten werden mit Flachkopfnägeln auf die Sparren genagelt. Die Dachsteine werden dann auf den Latten verlegt, beginnend an der Traufe, wo der Dachstein bis über die Dachrinne reicht.

1 Stirnbrett
2 Dachpappe
3 Holzlatten 38 mm x 19 mm
4 Betondachstein
5 Rinnenhalterung aus Kunststoff

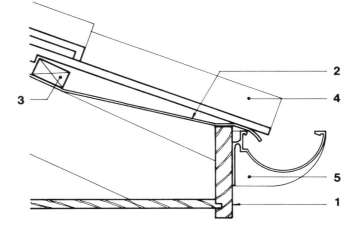

C Ortgang
Flachziegel werden so auf der Außenschale des Mauerwerks gebettet, daß sie 38 bis 50 mm überstehen. Sie dürfen nicht nach innen geneigt sein. Auf dieser Lage werden die Dachsteine gebettet. Das farblich passende Mörtelbett wird mit einem Reibebrett geglättet.

1 Mauerwerk
2 Flachziegel, Oberseite nach unten
3 Dachpappe
4 Holzlatte 38 mm x 19 mm
5 Mörtelbett (Sand : Zement = 3 : 1)
6 Randdachstein mit 38 bis 50 mm Überstand

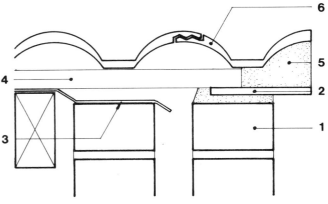

D Dachanschluß
Die Dachpappe wird verlegt und an der Außenwand hochgekantet. Dachlatten werden mit Drahtnägeln an den Sparren befestigt. Die Dachsteine werden bis nah an das Mauerwerk heran verlegt. Eine den Dachsteinen angepaßte Bleiabdeckung wird über den höchsten Punkt des Dachsteins geführt und weiter oben im Mauerwerk eingebunden.

1 Mauerwerk
2 Dachpappe
3 Holzlatte 38 mm x 19 mm
4 Betondachstein
5 Bleiabdeckung, 19 kg/m²
6 Feuchtigkeitssperre

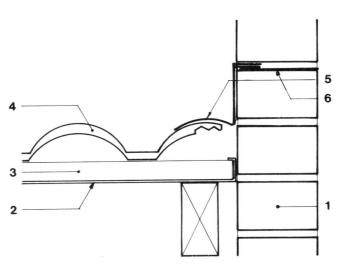

Dächer: Schornsteinanschlüsse

M = 1 : 5

A Hinterer Anschluß
Der hintere Schornsteinanschluß wird in einer Breite von mindestens 150 mm hergestellt. Die Abdeckung verläuft unter den Pfannen oder Platten 200 mm nach oben, wo sie auf einer Breite von 25 mm gefalzt ist, um als Wassersperre zu dienen. Die Abdeckung wird an der Hinterseite des Schornsteins mindestens 100 mm hochgeführt. An den Ecken wird die Abdeckung in einer Breite von 50 mm herumgeführt und so angeordnet, daß die aufgehende Abdeckung überdeckt ist.

1 Pfannen oder Platten
2 Hintere Zinkabdeckung
3 Zinkabdeckung

B Seitlicher Anschluß bei Pfannen mit einfacher Deckung oder bei Plattenmaterial
Besteht die Dacheindeckung aus Platten in einfacher Deckung oder aus Dachpfannen, dann werden keine zusätzlichen Anschlußstreifen verwendet, sondern die seitliche Abdeckung wird auf einer Breite von mindestens 100 mm auf der Dacheindeckung fortgeführt. Die freie Kante wird mit Zinkklammern gehalten, die 40 mm breit sind und mit einem Achsabstand von 300 mm auf die Dachlatten genagelt werden.

1 Pfannen oder Plattenmaterial
2 Seitliche Zinkabdeckung
3 Zinkklammer

C Seitlicher Anschluß bei Flachziegeln oder bei Schieferdeckung
Anschlußstreifen werden geschnitten und so abgekantet, daß sie mindestens 100 mm weit unter die Platten oder Pfannen reichen und 75 mm hoch an der Seite des Schornsteins verlaufen. Die Anschlußstreifen werden mit den Pfannen verlegt und von der seitlichen Abdeckung überdeckt. Die seitliche Abdeckung wird stufenförmig angeschnitten, so daß sie den Fugen des Schornsteins angepaßt ist. Das untere Ende wird durch einen Falz von 25 mm Breite ausgesteift. Der Abstand zwischen der Falzkante und dem inneren Winkel einer Stufe beträgt mindestens 50 mm. Die oberen Kanten der seitlichen Abdeckung werden in die Schornsteinfugen geführt, verkeilt und durch die Verfugung gehalten.

1 Anschlußstreifen
2 Pfannen oder Platten
3 Seitliche Zinkabdeckung

D Vorderer Anschluß
Der vordere Anschluß eines Schornsteins wird mit einer Abdeckung hergestellt, deren Unterseite 12 mm breit gefalzt ist, um sie zu versteifen. Die Abdeckung verläuft mindestens 125 mm das Dach hinunter und wird am Schornstein mindestens 75 mm hoch geführt. Die Abdeckung wird an jeder Ecke eingeschnitten und seitlich um den Schornstein herumgeführt. Um den dreiecksförmigen Einschnitt in der Abdeckung zu schließen, wird eine Einlage geschnitten, mit 25 mm überlappt und eingelötet.

1 Zinkabdeckung
2 Zinkeinlage
3 Lötstelle

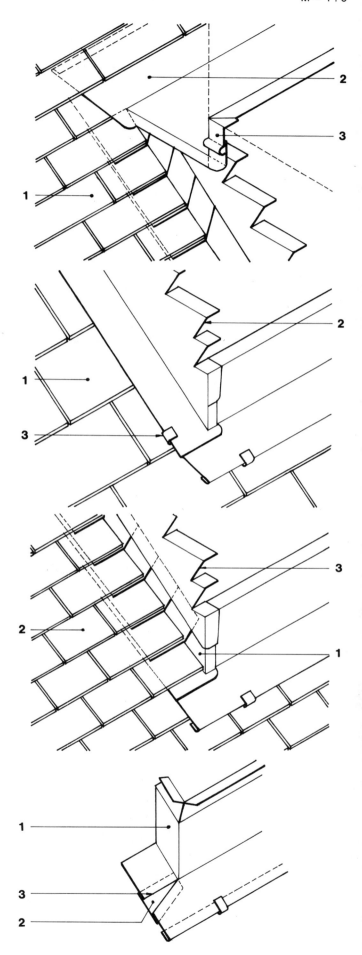

Dächer: Bleidächer

M = 1 : 2

A Die mit dem Dachgefälle verlaufende Verbindung zwischen den einzelnen Bleiplatten wird mit einer Wulsteinlage oder mit einem Hohlwulst hergestellt. Der Wulstfalz wird gebildet, indem die Kante der Bleiplatte an der Wulsteinlage angeformt wird. Die untere Platte wird mit Flachkopfkupfernägeln im Abstand von 150 mm an die Wulsteinlage genagelt. Die Überlappung ragt 35 mm in das nächste Feld hinein.

1 Dachschalung aus Holz
2 Dachpappe
3 Hölzerne Wulsteinlage
4 Bleiplatte
5 Flachkopfkupfernagel
6 Bleiplatte

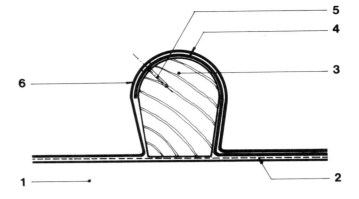

B Die Hohlwulst wird geformt, indem zuerst mit Wulsthaltern eine Wulst gebildet, darüber die überlappende Platte gebogen wird, um am Ende einen Falz zu bilden. Die Wulsthalter werden in einem Abstand von ca. 700 mm angeordnet.

1 Dachschalung
2 Dachpappe
3 Kupferner Wulsthalter
4 Messingsenkschraube
5 Untere Bleiplatte
6 Obere Bleiplatte

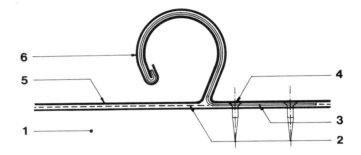

C Bei Dächern mit einer Neigung von mehr als 30° wird die Wulsteinlage so ausgebildet, daß sie im Abstand von ca. 600 mm Kupferhalter aufnehmen kann, die die Bleiplatte halten. Die überlappenden Kanten der beiden Platten werden seitlich am Wulst gefalzt, wobei die Halter in der Wulst verschwinden.

1 Dachschalung
2 Dachpappe
3 Bleiplatte
4 Wulsteinlage
5 Kupferhalter
6 Flachkopfkupfernagel
7 Bleiplatte

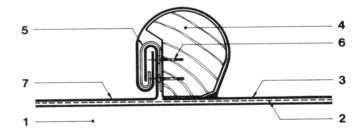

D Bei Verbindungen, die mit dem Dachgefälle verlaufen, kann als Alternative zur Wulst die Einfachfalzung verwendet werden, wenn die Fließtiefe des Regenwassers nicht mehr als ca. 6 mm beträgt. Kupferhalter von 50 mm Breite werden im Abstand von 600 mm mit zwei Schrauben an der Dachschalung befestigt. Die Kanten der aneinandergrenzenden Bleiplatten werden im rechten Winkel aufgebogen. Es wird eine Falzung geformt, die die Halter aufnimmt, und auf das Dachniveau heruntergebogen.

1 Dachschalung
2 Dachpappe
3 Kupferhalter, b = 50 mm
4 Messingsenkschraube
5 Untere Bleiplatte
6 Obere Bleiplatte

Dächer: Tropfkanten und Überlappungen aus Blei

M = 1 : 2

A Normale Tropfkanten für Dächer mit einer Neigung von bis zu 15°

Stöße, die quer zum Gefälle eines Daches mit einer Neigung von weniger als 15° verlaufen, werden mit einer Tropfkante hergestellt. Die Höhe der Tropfkante beträgt in der Regel mindestens 50 mm. Die untere Bleiplatte wird an der Tropfkante auf- und abgebogen und mit Flachkopfkupfernägeln an der Oberseite der Kante befestigt. Diese erhält eine 25 mm breite Aussparung, um die Platte aufzunehmen. Die obere überlappende Platte wird über die Tropfkante geführt und überlappt auf der unteren Stufe die untere Platte auf einer Breite von 40 mm.

1 Dachschalung
2 Dachpappe
3 Untere Bleiplatte
4 Kupfernagel
5 Obere Bleiplatte

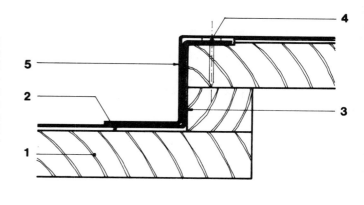

B Mindesttropfkante für Dächer mit einer Neigung von bis zu 15°

Wo die Dachneigung ausreichend, und der Wasserfluß nicht übermäßig ist, kann die Höhe der Tropfkante auf 40 mm abgemindert werden, wenn eine Antikapillarnut im aufgehenden Teil der Stufe vorgesehen wird. Ansonsten werden die Platten so verlegt und befestigt wie im Beispiel ‚A' dargestellt.

1 Dachschalung
2 Dachpappe
3 Untere Bleiplatte
4 Kupfernagel
5 Obere Bleiplatte

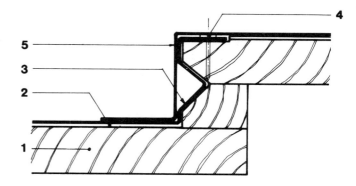

C Schräge Tropfkante für Dächer mit einer Neigung von bis zu 15°

Eine andere Tropfkantenform für Flachdächer oder für Dächer mit geringer Neigung wird mit einer schrägen Stufe von 75 mm Höhe hergestellt. Die untere Platte wird wie in Beispiel ‚A' befestigt. Die obere Platte wird in voller Stufenhöhe an der Schräge heruntergeführt.

1 Dachschalung
2 Dachpappe
3 Untere Bleiplatte
4 Kupfernagel
5 Obere Bleiplatte

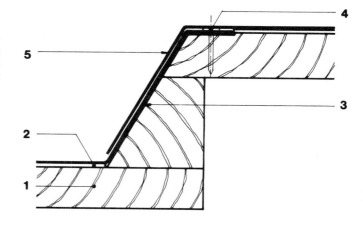

D Überlappung für Dächer mit einer Neigung von mehr als 15°

Bei Dächern mit einer Neigung von mehr als 15° werden die quer zum Gefälle verlaufenden Stöße überlappt. Die untere Platte wird auf der Dachpappe verlegt und mit zwei Reihen großköpfiger Kupfernägel im Abstand von 75 mm befestigt. 50 mm breite Kupferhalter werden auf die Dachschalung genagelt, um die freie Kante der überlappenden Platte zu halten. Die obere Platte überlappt so weit, daß die Überlappung eine vertikale Höhe von 75 mm aufweist.

1 Dachschalung
2 Dachpappe
3 Untere Bleiplatte
4 Kupfernagel
5 Kupferhalter
6 Kupfernagel
7 Obere Bleiplatte

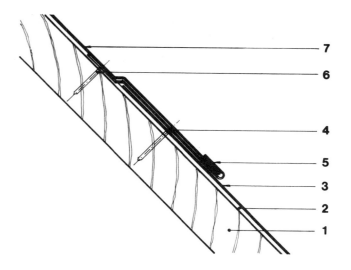

Dächer: Traditionelle Kupferdächer

M = 1 : 2

A Eine der wichtigsten Deckungsarten von Kupferdächern ist das Kupferleistensystem. Sie wird nach der Methode benannt, mit der nebeneinanderliegende Tafeln in Gefällerichtung verbunden werden. Diese Deckungsart kann bei allen Dachneigungen angewandt werden.

1 Dachschalung
2 Rohe Dachpappe
3 Kupferhalter, b = 38 mm, a = 450 mm
4 Holzleiste 40 mm x 40 mm
5 Kupfertafel
6 Kupfertafel
7 Kupferabdeckleiste

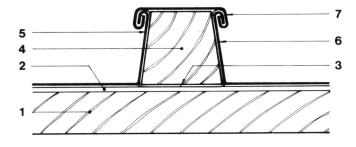

B Bei Dachneigungen zwischen 1° und 5° werden Tropfkanten von mindestens 65 mm Höhe vorgesehen. Der Abstand der Tropfkanten untereinander darf – abhängig von der Tafeldicke – nicht mehr als 3 m betragen. Dachpappe wird mit Kupfernägeln auf der Schalung befestigt. Kupferhalter von 50 mm Breite werden an der Tropfkante angenagelt. Die untere Tafel wird aufgebogen. Die obere Tafel wird verlegt und die überstehende Kante zu einem Falz umgeschlagen.

1 Dachschalung
2 Tropfkante
3 Rohe Dachpappe
4 Kupferhalter
5 Kupfernagel
6 Kupfertafel
7 Kupfertafel

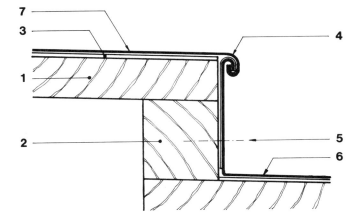

C Kupferhalter von der gleichen Dicke wie die Tafeln werden mittels zweier Kupfer- oder Messingschrauben an der Dachschalung befestigt. Die 38 mm breiten Halter werden mit einem Achsabstand von höchstens 460 mm angebracht. Die Holzleiste wird über den Haltern angeordnet; diese werden aufgebogen und halten die Kupfertafeln.

1 Dachschalung
2 Dachpappe
3 Kupferhalter
4 Kupfernägel
5 Holzleiste
6 Kupfertafel
7 Kupferabdeckleiste

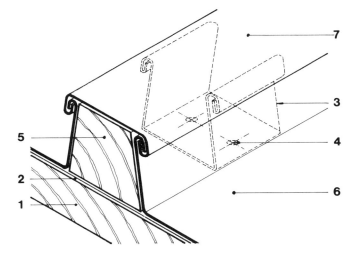

D Die Zeichnung zeigt die Ausbildung des Übergangs von der Leiste zur Tropfkante. Eine Kappe deckt das abgeschrägte untere Ende der Leiste ab und wird mit den Kupfertafeln mittels Falzung verbunden. Die untere Kante der Abdeckkappe wird über die Tropfkante abgebogen.

1 Abdeckkappe
2 Kupfertafel
3 Tropfkante
4 Abdeckleiste

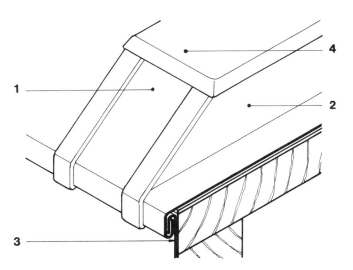

Dächer: Traditionelle Kupferdächer

M = 1 : 2

A First

Der First eines traditionellen Kupferdaches wird mit einer Leiste hergestellt, die der Dachneigung angepaßt ist. In jedem Feld werden zwei Halter angeordnet, die mit jeweils zwei Kupfernägel oder mit zwei Messingschrauben befestigt werden. Die Halter liegen unterhalb der Leiste und werden seitlich daran hochgebogen. Die Kupfertafeln werden an der Leiste hochgeführt und die Abdeckleiste durch zwei Falzungen gehalten.

1 Dachschalung
2 Dachpappe
3 Kupferhalter
4 Holzleiste
5 Kupfertafel
6 Abdeckleiste

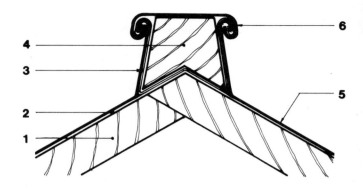

B Traufe

Die Traufe eines traditionellen Kupferdaches wird mit einer Tropfkante ausgebildet. Ein durchgehender Befestigungsstreifen wird an der Rückseite einer Dachlatte aufgenagelt, die wiederum am Traufbett befestigt ist. Die Kupfertafeln werden so verlegt, daß die unteren Kanten über die Dachlatte hinausragen. Ein Abtropfprofil wird mit durchgehenden Falzungen an dem Befestigungsstreifen und den Dachtafeln verbunden.

1 Traufbrett
2 Dachlatte
3 Kupfernagel
4 Durchgehender Kupferbefestigungsstreifen
5 Kupferabtropfprofil
6 Dachpappe
7 Kupfertafel

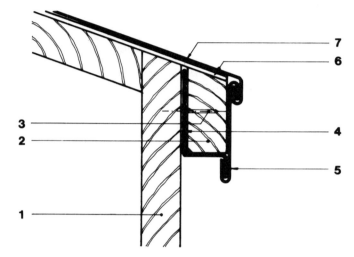

C Ortgang

Der Ortgang eines traditionellen Kupferdaches wird in der Regel so hergestellt, daß das Windbrett mit einem Kupferabtropfprofil verkleidet wird. Ein durchgehender Befestigungsstreifen wird am Windbrett mit Kupfernägeln befestigt. Halter für die Ortgangfalzung werden im Abstand von 300 mm angeordnet. Das Abtropfprofil wird in Position gebracht und mit Falzungen an dem Befestigungsstreifen und den Kupfertafeln verbunden.

1 Windbrett
2 Durchgehender Befestigungsstreifen
3 Kupfernagel
4 Abtropfprofil
5 Dachpappe
6 Kupfertafel

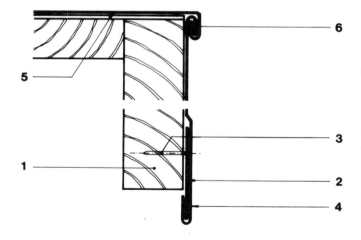

D Wandanschluß

Der Wandanschluß eines traditionellen Kupferdaches mit einem stehenden Falz wird so ausgebildet, daß das Ende des Falzes abgeflacht wird, um die Bildung eines stehenden Falzes zu ermöglichen. Bei einem rechtwinkligen Dachanschluß wird ein Holzkeil an der Dachschalung befestigt.

1 Dachschalung
2 Holzkeil
3 Dachpappe
4 Kupfertafel
5 Kupfertafel

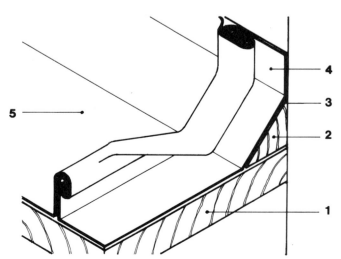

Dächer: Traditionelle Kupferdächer

M = 1 : 2

A Ein zweites verbreitetes System verwendet einen stehenden Falz, um Kupfertafeln in Gefällerichtung miteinander zu verbinden. Zuerst wird Dachpappe mit Kupfernägeln an der Dachschalung befestigt, danach Kupferhalter. Die Kupfertafeln werden zu beiden Seiten der Halter aufgebogen und in mindestens 25 mm Höhe miteinander verfalzt. Stehende Falze können auf Dächern verwendet werden, deren Neigung 6° oder mehr beträgt.

1 Dachschalung
2 Dachpappe
3 Kupferhalter
4 Kupfernagel
5 Kupfertafeln

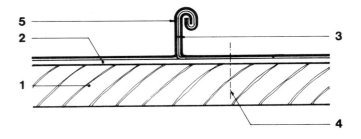

B Als Querverbindungen bei stehenden Falzen dienen Doppelfalzungen (bei Neigungen von 6° bis 40°) und Einfachfalzungen (bei Neigungen von mehr als 40°). Die Falzungen werden durch Abkanten der Tafelenden gebildet und nehmen Halter auf, wie in der nächstfolgenden Zeichnung dargestellt.

1 Dachschalung
2 Dachpappe
3 Untere Kupfertafel
4 Obere Kupfertafel

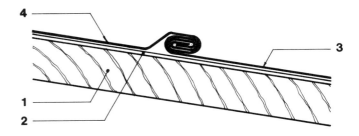

C Stehende Falze werden durch Kupferhalter von gleicher Dicke wie die Kupfertafeln gehalten. Die Halter werden mit zwei Kupfernägeln (oder zwei Messingschrauben) nahe der Aufbiegung befestigt. Die Halter sollten mindestens 38 mm breit sein und einen Achsabstand von höchstens 380 mm quer zum Dachgefälle aufweisen.

1 Dachschalung
2 Dachpappe
3 Kupferhalter
4 Kupfernägel
5 Kupfertafel
6 Kupfertafel

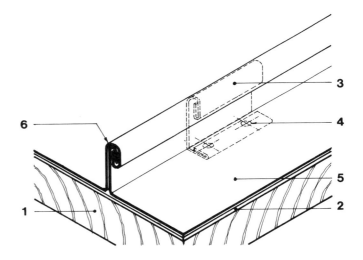

D Die Querfalze werden durch Kupferhalter gehalten, die – nahe der Aufbiegung – mit zwei Nägeln oder Messingschrauben an der Dachschalung befestigt werden. Die Halter sind 50 mm breit und werden einzeln angeordnet, jeweils pro Feld einer bei Doppelfalzung bzw. zwei bei Einfachfalzung.

1 Dachschalung
2 Dachpappe
3 Kupferhalter
4 Kupfernagel
5 Untere Kupfertafel
6 Obere Kupfertafel

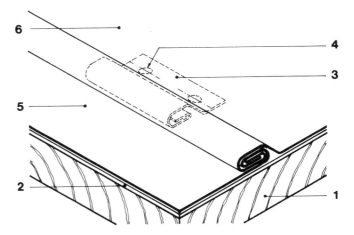

Dächer: Großflächige Kupferdächer

M = 1 : 2

A Holzleistenverbindung
Die normale Verbindung auf einem Kupferdach, das vom First bis zur Traufe verläuft, ist der stehende Falz. Auf einem langen Dach müssen jedoch die thermischen Bewegungen berücksichtigt werden. Daher wird nach etwa jedem zwölften Feld eine Holzleistenverbindung angeordnet. Die Dachpappe wird auf die Dachschalung genagelt. Halter werden unterhalb der Leiste angeordnet und auf die Dachschalung geschraubt. Die Kupfertafeln werden verlegt und die Kanten so aufgebogen, daß mit der Abdeckleiste ein Falz gebildet wird.

1 Dachschalung
2 Geruchfreie Dachpappe, stumpf gestoßen
3 Kupferhalter, b = 38 mm, a = 450 mm
4 Holzleiste
5 Messingschraube
6 Kupfertafel, t = 0,6 mm, gehärtet
7 Kupferabdeckleiste

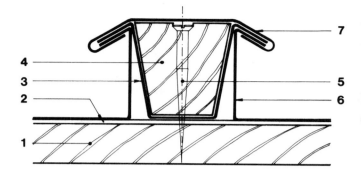

B Tropfkante
Die Länge einer einzelnen Kupfertafel ist auf etwa 8,50 m begrenzt. Bei längeren Dachflächen wird eine Querverbindung in Form einer Tropfkante ausgebildet. Die Höhe der Tropfkante muß mindestens 65 mm betragen. Die Dachpappe wird mit Kupfernägeln auf der Dachschalung befestigt. Die Kante der unteren Tafel wird aufgebogen und in ein Fußblech gefaltet, das mit Kupfernägeln oder Messingschrauben befestigt wird. Die obere Papplage bedeckt das Fußblech, und die oberen Kupfertafeln werden so verlegt, daß die Kanten zu einem Falz und damit zu einer Tropfkante ausgebildet werden können.

1 Dachschalung
2 Rohe Dachpappe, stumpf gestoßen
3 Kupfertafel
4 Kupferfußblech
5 Kupfernägel oder Messingschrauben
6 Kupfertafel

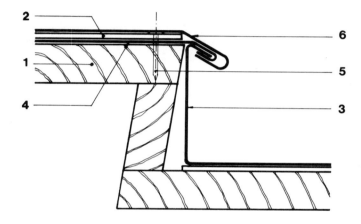

C Ortgang
Die Verbindung am Ortgang wird um eine Holzleiste am Rand der Dachschalung herum geformt. Die Dachschalung wird mit der Dachpappe und der Kupfertafel bedeckt, die aufgebogen wird, um eine Erhöhung zu bilden. Ein durchgehendes Kupferfußblech wird im Abstand von 80 mm auf die Holzleiste genagelt. Eine Kupferabdeckleiste wird mit der Kupfertafel und dem Abtropfprofil durch Falzungen verbunden.

1 Holzleiste
2 Dachpappe, stumpf gestoßen
3 Kupfertafel
4 Kupferfußblech
5 Kupfernägel, l = 25 mm
6 Kupferabdeckleiste
7 Kupferabtropfprofil

D Traufe
Die Verbindung an der Traufe wird mittels einer Leiste hergestellt, die am Traufbrett befestigt ist. Ein durchgehender Befestigungsstreifen aus Kupfer wird auf die Holzleiste genagelt und mit dem Abtropfprofil durch Falzung verbunden. Ein Kupferfußblech wird im Abstand von jeweils 80 mm mit zwei Reihen Kupfernägeln am Dachrand befestigt. Die Kupfertafel wird auf der Dachpappe verlegt und eine Falzung mit dem Fußblech und dem Abtropfprofil gebildet. Die Falzung der Kupfertafel steht um weitere 10 mm über, um thermische Bewegungen in Längsrichtung aufnehmen zu können.

1 Holzleiste
2 Durchgehender Kupferbefestigungsstreifen
3 Kupferabtropfprofil
4 Kupferfußblech
5 Kupfernagel
6 Dachpappe
7 Kupfertafel

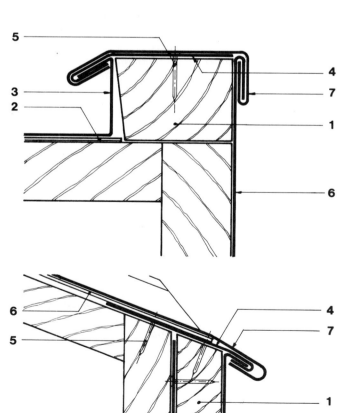

Dächer: Traditionelle Zinkdächer

M = 1 : 2

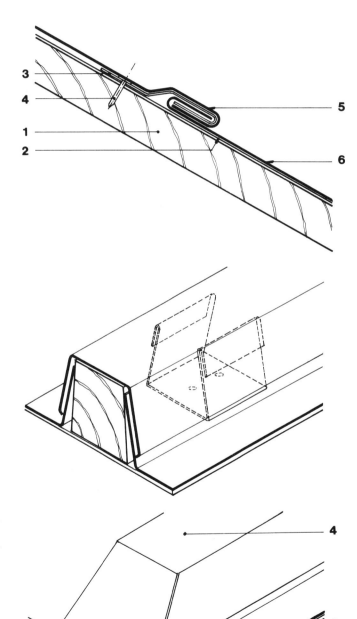

A Eine der traditionellen Zinkdeckungen verwendet Holzleisten, die mit dem Dachgefälle verlaufen und an der die Bleche verbunden werden. Die Bleche werden vorgeformt. Die Kanten werden 35 mm hoch aufgebogen und mit einer Fugenbreite von 5 mm zur Holzleiste verlegt, um thermische Bewegungen aufnehmen zu können. Die Abdeckung bildet ein standardisiertes, vorgefertigtes Bauteil aus Zink.

1 Dachschalung
2 Dachpappe
3 Halter
4 Holzleiste
5 Zinkblech
6 Zinkblech
7 Zinkabdeckung

B Die Querverbindung zwischen den Blechen wird bei Dächern mit einer Neigung von 15° oder mehr durch eine Einfachfalzung, bei Dächern mit weniger als 15° Neigung durch eine Tropfkante hergestellt. Je Feld werden zwei Halter angeordnet und mit verzinkten Pappnägeln befestigt. Die untere Kante des Bleches weist einen vorgeformten Falz von 30 mm Breite auf, der in einen ähnlichen Falz von 25 mm Breite an der oberen Kante des unteren Bleches faßt.

1 Dachschalung
2 Dachpappe
3 Halter
4 Verzinkter Pappnagel
5 Oberes Blech
6 Unteres Blech

C Die Kanten der Bleche und die Holzleiste werden durch Halter gehalten, die im Abstand von höchstens 1 m angebracht sind. Die Halter werden auf der Dachschalung mit zwei verzinkten Pappnägeln befestigt und über die Aufkantungen der Bleche gebogen.

D Die Verbindung zwischen der Holzleiste und der Tropfkante wird mit einer Endkappe hergestellt, die aus einem profilierten Blech besteht, das am unteren Ende um die Tropfkante geführt wird.

1 Dachschalung
2 Dachpappe
3 Zinkblech
4 Zinkendkappe

Dächer: Zinkdächer

M = 1 : 2

A First
Der First eines Zinkleistendaches wird von einer Holzleiste mit 75 mm Höhe gebildet, die sich nach oben hin konisch verjüngt – von 35 auf 30 mm –. Die Kanten der Bleche werden an den Seiten der Holzleiste hochgebogen. Abschließend wird eine standardisierte, maschinell gefertigte Zinkabdeckung von bis zu 1,10 m Länge aufgebracht und mit Klammern gehalten.

1 Dachschalung
2 Dachpappe
3 Halter
4 Holzleiste
5 Zinkblech
6 Zinkblech
7 Zinkabdeckung

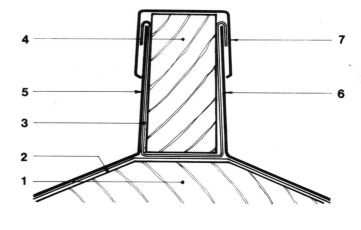

B Traufe
Die Traufe eines Zinkleistendaches wird mittels eines vorgeformten Abtropfprofils gebildet, das eine Aufkantung von 25 mm aufweist, die in die Falzung des Deckungsbleches faßt. Abtropfprofile von mehr als 100 mm Höhe werden am unteren Ende im Abstand von rund 450 mm durch Halter befestigt.

1 Dachschalung
2 Dachpappe
3 Vorgeformtes Zinkabtropfprofil
4 Zinkblech

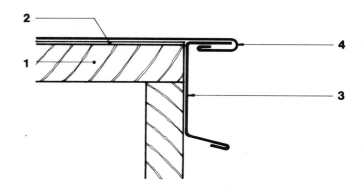

C Ortgang
Der Ortgang eines Zinkleistendaches kann in der gleichen Weise hergestellt werden wie im oben gezeigten Beispiel ‚B' oder alternativ hierzu mit einer Holzleiste und Abdeckung. Das Abtropfprofil wird durch Klammern gehalten.

1 Dachschalung
2 Dachpappe
3 Halter
4 Holzleiste
5 Zinkabtropfprofil
6 Zinkblech
7 Zinkabdeckung

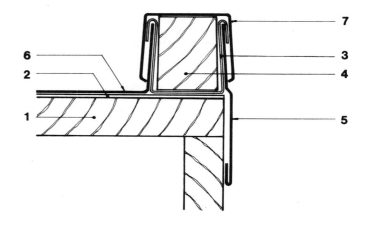

D Dachanschluß
Bei einem Dachanschluß wird das Zinkblech mindestens 100 mm hoch aufgebogen und wenigstens 50 mm weit durch ein Abtropfprofil überlappt. Die obere Kante des Abtropfprofils wird in eine mindestens 10 mm tiefe Nut in der Wand gefaltet und alle 600 mm verkeilt. Das untere Ende wird durch einen Wulst oder durch eine Falzung ausgesteift.

1 Dachschalung
2 Dachpappe
3 Zinkblech
4 Zinkabtropfprofil
5 Zinkkeil

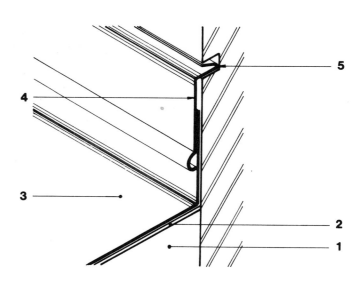

Dächer: Zink-Stehfalzdeckung

M = 1 : 2

A Die in Gefällerichtung verlaufende Verbindung zwischen den Zinkblechen wird in Form von stehenden Falzen hergestellt. Die aneinandergrenzenden Bleche werden mit Aufkantungen von 40 mm bzw. 30 mm vorgeformt. Zwischen den Feldern wird eine 5 mm breite Fuge belassen, um thermische Bewegungen aufzunehmen. Zur Sicherung werden Hafter vorgesehen. Die Verbindung wird durch eine Doppelfalzung hergestellt, etwa 25 mm oberhalb der Dachfläche.

1 Dachschalung
2 Dachpappe
3 Hafter
4 Zinkblech
5 Zinkblech

B Die Querverbindung zwischen Zinkblechen wird bei Dachneigungen von 40° bis 90° durch Einfachfalzungen, bei Neigungen von 20° bis 40° durch Doppelfalzungen und bei Neigungen von 4° bis 20° durch Tropfkanten hergestellt. Die Sicherung erfolgt durch zwei Hafter pro Feld, die auf der Dachschalung mit jeweils zwei verzinkten Pappnägeln befestigt werden.

1 Dachschalung
2 Hafter
3 Verzinkter Pappnagel
4 Oberes Blech
5 Unteres Blech

C Hafter von 40 mm Breite und 75 mm Höhe werden in der Achse der Falzung im Abstand von 45 cm abgebracht. Bei Dacheindeckungen mit Blechen von weniger als 3 m Länge, werden Hafter an der Dachschalung mit verzinkten Pappnägeln befestigt. Bei größeren Längen ist ein Teil der Hafter verschiebbar, wodurch thermische Bewegungen aufgenommen werden können.

D Am Schnittpunkt des stehenden Falzes und der Tropfkante wird der Stehfalz mit der offenen Seite abgebogen, um ein Falten der Falzung um die Tropfkante zu ermöglichen.

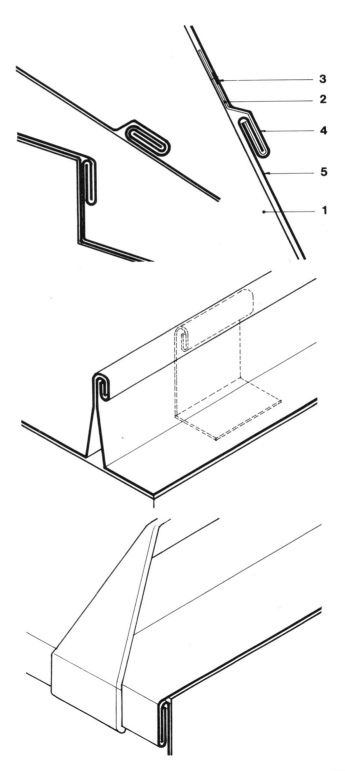

Dächer: Aluminiumflachdächer

M = 1 : 1

A Eine aus ineinandergreifenden Aluminiumprofilen bestehende Dacheindeckung kann mit den entsprechenden Schrauben auf verschiedene Unterkonstruktionen montiert werden. Die Holzverschalung wird mit einer rohen Dachpappe bedeckt, die zur Verwendung mit Aluminium geeignet ist. Das erste profilierte Alu-Blech wird mit Holzschrauben – mit einer Nylon-Unterlegscheibe – befestigt. Das zweite Blech wird im Winkel von 90° eingehängt und durch das Umlegen verriegelt.

1 Dachschalung
2 Rohe Dachpappe
3 Profiliertes, ineinandergreifendes Aluminiumblech
4 Holzschraube mit Nylon-Unterlegscheibe
5 Profiliertes, ineinandergreifendes Aluminiumblech

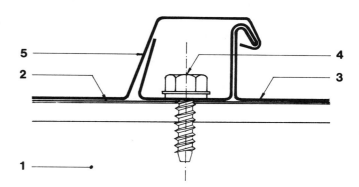

B Bei Verwendung der Bleche auf Stahlträger werden die Lagerflächen zuerst mit einem Klebeband bedeckt. Das erste Blech wird mit gewindeschneidenden Schrauben am Stahlträger befestigt, das zweite Blech wird im Winkel von 90° eingehängt und durch das Umlegen verriegelt. Bei den weiteren Blechen wird die Prozedur wiederholt.

1 Stahlträger
2 Klebeband
3 Profiliertes, ineinandergreifendes Aluminiumblech
4 Gewindeschneidende Schraube
5 Profiliertes, ineinandergreifendes Aluminiumblech

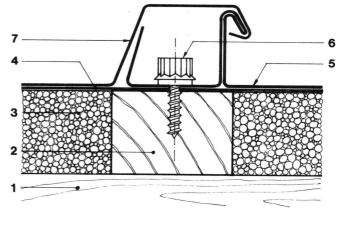

C Bei Holzdächern oder Betonplatten mit Wärmedämmung werden Holzlatten auf der Unterkonstruktion befestigt und die Wärmedämmung dazwischen verlegt. Eine Unterlage aus roher Dachpappe wird verlegt und das erste profilierte Blech mit den Holzlatten verschraubt, wobei sich die Schrauben in der Profilierung befinden. Das zweite Blech wird im Winkel von 90° eingehängt und durch das Umlegen verriegelt.

1 Unterkonstruktion (Holzdach oder Betonplatte)
2 Holzlatte
3 Wärmedämmung
4 Rohe Dachpappe
5 Profiliertes, ineinandergreifendes Aluminiumblech
6 Schraube
7 Profiliertes, ineinandergreifendes Aluminiumblech

D Bei einer Wärmedämmschicht auf einer Stahlkonstruktion werden Holzlatten mit gewindeschneidenden Schrauben an den Stahlträgern befestigt. Die Schraubenköpfe werden in den Bohrlöchern versenkt. Die Wärmedämmung wird zwischen den Latten verlegt. Die Befestigung der profilierten Aluminiumbleche erfolgt wie in Beispiel ‚C', oben.

1 Stahlträger
2 Holzlatte
3 Gewindeschneidende Schraube
4 Rohe Dachpappe
5 Profiliertes, ineinandergreifendes Aluminiumblech

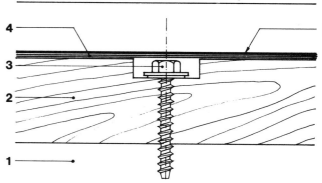

Dächer: Dachanschlüsse

M = 1 : 5

A Bei einem Dachanschluß für eine Dachdeckung aus Pappe werden die Papplagen 150 mm an der Wand hochgeführt. Die Kehle wird durch einen Holz- oder Mörtelkeil ausgefüttert. Die aufgehende Pappe erhält ein Abtropfblech mit einer Mindestüberlappung von 75 mm.

1 Mauerwerk
2 Dachkonstruktion
3 Keil aus Zementmörtel
4 Bitumen
5 Bitumendachpappe
6 Zinkabtropfblech
7 Feuchtigkeitssperre

B Bei einem Dachanschluß für eine Dachdeckung aus Bleiplatten werden diese mindestens 150 mm an der Wand hochgeführt. Das aufgehende Blei wird von einem Abtropfprofil aus Blei überdeckt, so daß eine Mindestüberlappung von 75 mm entsteht. Die obere Kante des Profiles wird 25 mm tief in eine Fuge oder eine Nut eingeführt. Im Abstand von 60 cm werden Bleikeile vorgesehen. Das Abtropfprofil sollte in Längen von nicht mehr als 7 m angebracht werden, wobei Überlappungen von mindestens 100 mm vorzusehen sind.

1 Mauerwerk
2 Dachkonstruktion
3 Dachpappe
4 Bleiplatte
5 Bleiabtropfprofil
6 Bleikeil

C Bei einem Dachanschluß für eine Deckung aus Kupfertafeln werden diese mindestens 150 mm an der Wand hochgeführt und im Abstand von 45 cm mit Klammern gehalten, die mit jeweils zwei Messingschrauben an der Wand befestigt sind. Ein Kupferabtropfprofil in Einzellängen von höchstens 1,8 m und von 150 mm Höhe wird mit der aufgehenden Tafel und mit den Klammern durch eine Falzung verbunden. Die obere Kante des Abtropfprofils wird mindestens 25 mm tief in eine Mauerfuge eingeführt und durch Kupferkeile gehalten.

1 Dachkonstruktion
2 Kupferklammer, b = 38 mm, a = 45 cm
3 Messingschraube
4 Kupfertafel
5 Kupferabtropfprofil
6 Kupferkeil

D Bei einem Dachanschluß für eine Dachdeckung aus Kupfertafeln besteht eine weitere Abdeckungsform in einem hängenden Abtropfprofil. Die Kupfertafel wird mindestens 150 mm an der Wand hochgeführt und durch Klammern gehalten, die mit jeweils zwei Messingschrauben an der Wand befestigt sind. Die Klammern werden über den aufgehenden Tafeln abgebogen und durch eine Falzung mit dem hängenden Abtropfprofil verbunden. Die untere Kante des Abtropfprofils wird zur Erhöhung der Steifigkeit umgeschlagen. Die obere Kante wird mindestens 25 mm tief in eine Mauerfuge geführt und mit Kupferkeilen gehalten.

1 Dachkonstruktion
2 Kupferklammer, b = 38 mm, a = 45 cm
3 Messingschraube
4 Kupfertafel
5 Hängendes Kupferabtropfprofil
6 Kupferkeil

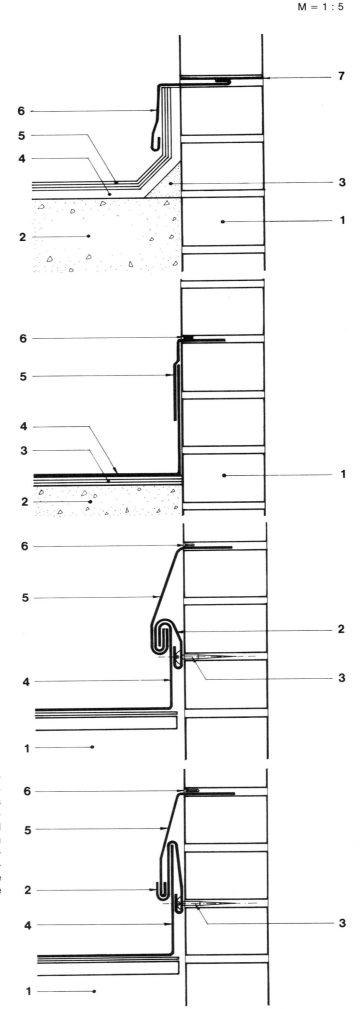

Dächer: Asphaltdach-Anschlüsse

M = 1 : 10

A Der auf einer Betonplatte an einer aufgehenden Wand verlegte Asphaltdach-Anschluß wird durch die aufgehende Asphaltschicht charakterisiert, die fest mit dem Mauerwerk verbunden ist und einen Asphaltkeil sowie eine Stützung von unten erfordert. Die Oberkante des aufgehenden Asphaltes muß geschützt werden, um ein Eindringen von Regenwasser zwischen Asphalt und Mauerwerk zu verhindern.

1 Betonplatte
2 Estrich
3 Dampfsperre, in heißem Bitumen verlegt
4 Mörtelleiste
5 Kaschierte Hartschaumplatte, in heißem Bitumen verlegt
6 Faserplattenisolierung, in heißem Bitumen verlegt
7 Unterlage für die Dachpappe
8 Zwei Lagen Asphaltmastix
9 Oberflächenbehandlung zur Sonnenstrahlenreflexion
10 Metallabtropfprofil
12 Feuchtigkeitssperre

B Der auf einem Holzbalkendach an einer aufgehenden Wand verlegte Asphaltdach-Anschluß wird durch die aufgehende Asphaltschicht charakterisiert, die nicht mit dem Mauerwerk verbunden ist, sondern von der Dachschalung und dem Holzkeil getragen wird sowie einen Asphaltkeil zwischen liegendem und aufgehendem Asphalt aufweist. Die Oberkante des aufgehenden Asphaltes wird durch ineinandergreifende Metallprofile geschützt, die die Bewegungen im Holz aufnehmen können. Die Asphaltoberfläche sollte reflektierend ausgebildet werden.

1 Bekleidung aus Gipskartonplatten
2 Wärmedämmung
3 Holzbalken
4 Dachschalung
5 Holzkeil, an die Dachschalung genagelt
6 Unterlage für die Dachpappe
7 Zwei Lagen Asphaltmastix
8 Metallabdeckung
9 Metallabtropfprofil
10 Feuchtigkeitssperre

C Der Anschluß zwischen einer aufgehenden Mauer und einem Balkon wird durch aufgehenden Asphalt mit einem integrierten Asphaltkeil hergestellt. Eine Lage Dachpappe wird auf der Dämmplatte, die wiederum auf einer auf der Betonplatte liegenden Dampfsperre verlegt. Der Asphaltmastix wird in zwei Lagen aufgetragen; die erste (untere) Lage in einer Dicke von 10 mm, die obere (härtere) Lage in einer Dicke von 15 mm. Der aufgehende Asphalt und der Keil werden in zwei Lagen hergestellt, wobei die Dicke im aufgehenden Teil 13 mm beträgt. Die Möglichkeit eines Schutzes gegen Sonnenbestrahlung sollte auf jeden Fall untersucht werden.

1 Betonplatte
2 Dampfsperre aus Bitumenpappe
3 Korkdämmplatten
4 Unterlage für die Dachpappe
5 Dachbitumen, d = 25 mm, in zwei Lagen
6 Mörtelverfugung

D Der Anschluß zwischen einem Asphaltdach und der Wand einer Garage wird mit einem aufgehenden, integrierten Asphaltanschluß hergestellt. Eine Lage Dachpappe wird auf der Betonplatte als Trennschicht verlegt. Der Asphalt wird in drei Lagen aufgetragen: Eine 10 mm dicke untere Lage, eine weitere 10 mm dicke Lage mit versetzten Fugen und eine obere, 30 mm dicke Decklage. Der aufgehende Asphalt wird in zwei 13 mm dicken Lagen an dem gesäuberten Mauerwerk aufgetragen, bei dem zuvor die Fugen ausgekratzt worden sind.

1 Betonplatte
2 Unterlage für die Dachpappe
3 Dachasphalt, d = 20 mm, in zwei Lagen
4 Decklage, d = 30 mm
5 Mörtelverfugung

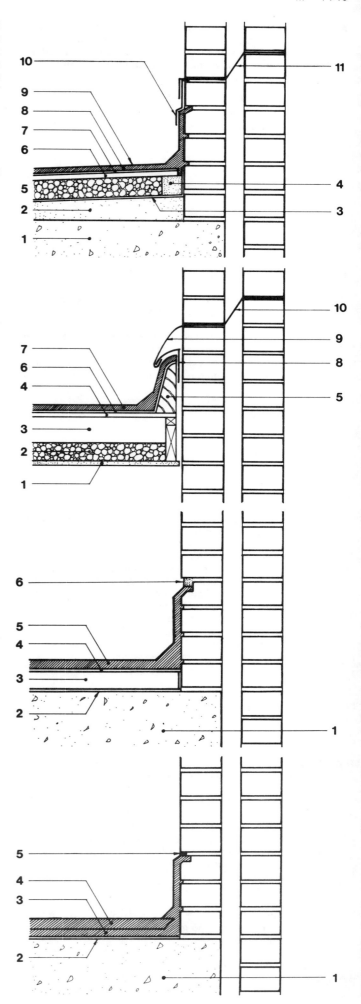

Dächer: Plattierte Betonflachdächer

M = 1 : 5

A Pflasterdach
Auf die gesäuberte Dachdecke wird eine Dachfolie lose verlegt und mit einer zweilagigen Bitumenpappdeckung bedeckt. Die Wärmedämmung besteht aus lose verlegten Hartschaumplatten, die mit engen und versetzten Stumpfstößen auf flachen Unterlagepolstern verlegt werden, die unter den Ecken der Platten liegen.

1 Betondachdecke
2 Zweilagige Bitumendachpappe auf Folienunterlage (Dachfilz)
3 Hartschaumplatten 50 mm dick
4 Flaches Papier aus anorganischem Material, 100 mm x 100 mm
5 Gehwegplatten (Betonwerksteinplatten) 50 mm dick, trocken verlegt

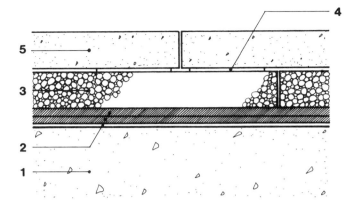

B Pflasterdach mit Aufkantung
Die Betondachdecke wird mit einer lose verlegten Folienunterlage und zwei Lagen Bitumendachpappe bedeckt. Diese Auflage wird an der Aufkantung mindestens 15 cm hoch geführt und in einer Nut oder Rille von 25 mm x 25 mm Querschnitt mit Mörtel befestigt. Die Wärmedämmschicht wird trocken verlegt und eng gestoßen. Die Gehwegplatten (Betonwerksteinplatten) werden auf schmalen Polstern verlegt und hören etwa 10 cm vor der Wand auf. Der Zwischenraum bis zur Wand wird mit Kies verfüllt, um den Platten eine Ausdehnungsmöglichkeit zu geben.

1 Dachdecke mit Aufkantung
2 Zweilagige Bitumenpappe auf Dachfolie
3 Wärmedämmplatten aus Hartschaum 50 mm dick
4 Anorganischer Flachpolster 100 mm x 100 mm
5 Gehwegplatten (Betonwerksteinplatten) 50 mm dick
6 Kiesschüttung 100 mm breit

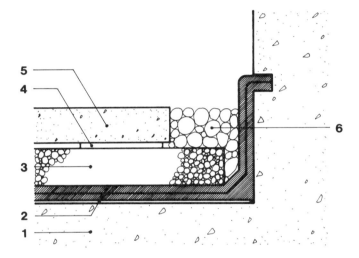

C Randausbildung
Die Betondachdecke erhält eine lose verlegte Folienunterlage und zwei Lagen Bitumendachpappe, die an der Randaufkantung schräg hochgezogen werden und in einem Schlitz von 25 mm x 25 mm Querschnitt eingebettet sind. Die Wärmedämmplatten werden trocken verlegt und eng gestoßen mit versetzten Fugen. Die Gehwegplatten werden nun auf flachen Polstern verlegt und hören kurz vor der Aufkantung auf, um eine Aussparung zu lassen, die mit Kies aufgefüllt wird.

1 Betondachdecke mit Aufkantung
2 Zweilagige Bitumenpappe auf Folienunterlage
3 Hartschaumplatte 50 mm dick
4 Polster aus anorganischem Material 100 mm x 100 mm
5 Gehwegplatten (Betonwerksteinplatten) 50 mm dick, trocken verlegt
6 Kiesstreifen, Mindestkorngröße 15 mm

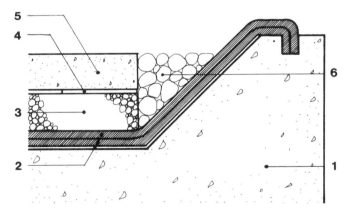

D Regenwasserablauf
Das Betondach ist flach verlegt, und die Abläufe für Regenwasser sind alle 6 m in der Mitte des Daches vorgesehen. Eine Manschette wird am oberen Ende des Regenabfallrohres installiert und mit Asphalt um den Auslauf herum verklebt (vergossen).

Das Wasser kann durch die Fugen des Plattenbelages und die Wärmedämmschicht bis zur wasserdichten Haut durchsickern und wird dort zum Einlauf des Regenwasserabflusses geführt. Sowohl Wärmedämmplatten als auch das Betonpflaster verlaufen über den Regenwasserabfluß.

1 Betondachdecke
2 Inneres Regenentwässerungsrohr
3 Metallmanschette (Zink)
4 Zweilagige Dachpappe auf Folienunterlage
5 Wärmedämmplatte aus Hartschaum, 50 mm dick
6 Flaches Polster aus anorganischem Material, 100 mm x 100 mm
7 Betonpflasterplatten, 50 mm dick, trocken verlegt

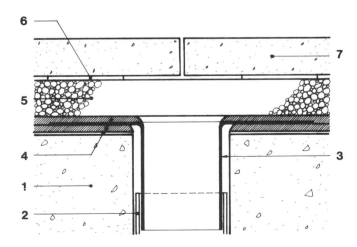

Dächer: Flachdach mit Kiesschüttung

M = 1 : 5

A Kiesdach
Auf die gesäuberte Dachfläche wird eine doppellagige wasserdichte Dachfolie verlegt. Darauf werden Wärmedämmplatten aus Hartschaum aufgebracht, mit versetzten Fugen stumpf gestoßen. Die Platten werden dann in einer Lage von mindestens 500 mm Dicke mit Kies von 15 mm Korngröße überdeckt. Der Kies wird in der gleichen Stärke über die ganze Dachfläche lose geschüttet.

1 Dachdecke
2 Zweilagige bituminöse wasserdichte Folie
3 Wärmedämmplatten, 50 mm dick
4 Kiesschüttung mind. 50 mm; Mindestkorngröße 15 mm

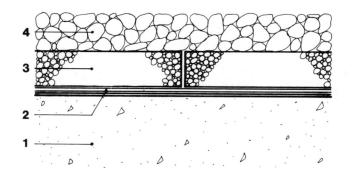

B Seitenanschluß
An den Seiten wird die wasserdichte Folie mindestens 150 mm an der Wand hochgezogen, in einen durchgehenden Wandschlitz von 25 mm x 25 mm gesteckt und vermörtelt. Die Hartschaumplatten werden mit versetzten Fugen stumpf gestoßen verlegt. Der Kies wird in gleicher Stärke von mindestens 50 mm Dicke lose geschüttet, so daß er gleichmäßig an den Wandanschluß der Folienschicht stößt.

1 Dachdecke
2 Zweilagige bituminöse wasserdichte Folie
3 Hartschaumplatten, 50 mm dick
4 Kiesschüttung mindestens 50 mm, Korngröße nicht unter 15 mm

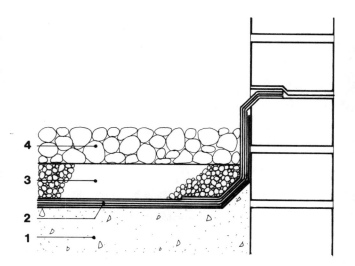

C Dachrand
Die Dachdecke wird mit einer zweilagigen wasserdichten Folie versehen, die seitlich über die Brüstung hochgezogen ist. Abgekantet wird sie umgelegt und auf einer Latte festgenagelt. Die Wärmedämmung wird trocken, mit versetzten Fugen stumpf gestoßen, verlegt. Der Kies mit einer Mindestkorngröße von 15 mm wird bis in die Ecken der Brüstungsaufkantung in einer Lage von 50 mm Dicke aufgebracht.

1 Dachdecke
2 Zweilagige wasserdichte bituminöse Folie
3 Wärmedämmplatten 50 mm dick
4 Kiesschüttung mind. 50 mm; Mindestkorngröße 15 mm

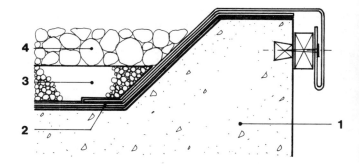

D Regenwasserablauf (Dachentwässerung)
Regenabflußrohre werden innen, etwa alle 6 m, mittig installiert. Eine Manschette wird in das obere Ende des Rohres gesteckt, so daß die Dachfolie über den Rand der Manschette nach unten verläuft. In den oberen Teil der Manschette kommt ein Kiesfang. Die Wärmedämmplatten werden rund um den Fangkorb ausgeschnitten.

1 Dachdecke
2 Inneres Regenrohr
3 Metallmanschette
4 Zweilagige bituminöse wasserdichte Dachfolie
5 Kiesfang
6 Hartschaum-Wärmedämmplatte 50 mm dick
7 Kiesschüttung mind. 50 mm; Mindestkorngröße 15 mm

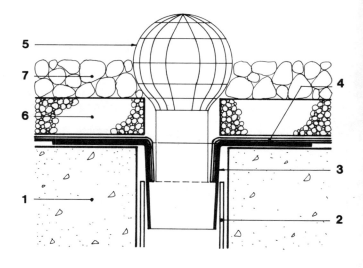

Dächer: Deckung mit verzinktem Wellblech

M = 1 : 5

A First
Die Verbindung der beiden Dachflächen aus verzinktem Wellblech wird am First mit einem Abdeckblech hergestellt, das nach beiden Seiten 200 mm überlappt und an den Enden mit Stahl-Dachschrauben an den Pfetten befestigt ist. Für Dächer mit 15° Neigung und darüber ist eine Überlappung von mindestens 150 mm erforderlich. Die Spalte zwischen der Mulde des Wellbleches und der Firstüberdeckung wird mit einem Hartschaumstück geschlossen.

1 Holzpfette
2 Verzinkte Wellblechtafel
3 Hartschaum-Abschlußstück
4 Firstüberdeckung
5 Stahl-Dachschraube, 6 mm Durchmesser

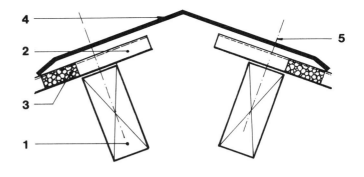

B Traufe
An der Traufe wird die Verbindung zwischen den Dachtafeln und der Vertikalverkleidung mittels eines Traufbleches hergestellt, das über die Verkleidung mit 125 mm Höhe und unter die Dachtafeln mit 225 mm Länge reicht. Es wird zusammen mit den Tafeln an den Holzpfetten durch Stahl-Dachschrauben von 6 mm Durchmesser befestigt. Ein Verschlußstück wird in das Wellental zwischen Traufblech und Dachtafel eingebaut.

1 Holzpfette
2 Vertikalverkleidung
3 Traufblech
4 Hartschaum-Verschlußstück
5 Verzinktes Wellblech
6 Stahldachschrauben, 6 mm Durchmesser

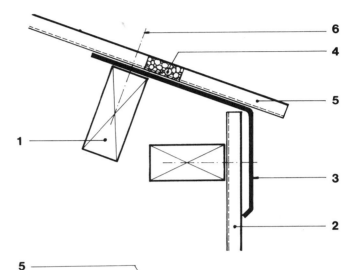

C Ortgang
Der Anschluß am Ortgang zwischen Dachtafel und Vertikalverkleidung besteht aus einem Eckformblech, das beide Enden der Tafeln, vertikal wie horizontal, um 125 mm überlappt. Das Formstück wird zusammen mit den Tafeln an den Holzpfetten mittels Schraubnägeln durch die Wellenberge des Bleches befestigt.

1 Holzpfette
2 Vertikalverkleidung
3 Verzinkte Wellblechtafeln
4 Eckformblech
5 Stahldachschrauben, 6 mm Durchmesser

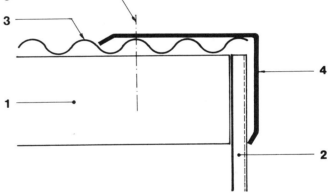

D Seitenanschluß (Kehle)
Die Verbindung zwischen den Dachtafeln und der Vertikalverkleidung an einer Kehle wird mit einem Kehlblech hergestellt, das hinter der Vertikalverkleidung in einer Höhe von 220 mm und unten über der Dachfläche in einer Länge von 225 mm zu liegen kommt. Das Kehlblech wird zusammen mit den Tafeln mittels Schraubnägeln an den Holzpfetten durch den Wellenberg des Bleches befestigt.

1 Holzpfette
2 Verzinkte Wellblechtafeln
3 Kehlblech
4 Vertikalverkleidung
5 Schraubnagel

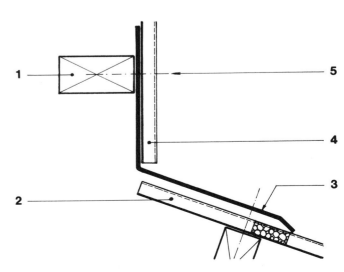

Dächer: Wellasbestzement-Tafeln

M = 1 : 5

A First
Der First eines geneigten Daches aus Wellasbestzement-Tafeln besteht aus zwei Asbestzement-Formstücken, die sich im First überlappen. Die Firststücke passen sich der Dachneigung an und werden mit Haken an den Pfetten befestigt.

1 Stahlpfette
2 Asbestzement-Tafeln (Unterseite)
3 Wärmedämmung
4 Dachtafeln
5 Firstformstücke
6 Verzinkte Hakenschraube

B Traufe
Die Verbindung zwischen Wandverkleidung und Dachtafeln an der Traufe wird mit besonderen Asbestzement-Formstücken hergestellt, von denen eine Seite sich der Dachtafel anpaßt und die andere Seite als Flansch ausgebildet ist und als Verblendung dient. Das Traufenformstück ist mit der Dachhaut durch Dachnägel verbunden, die jeweils durch den Wellenberg der Tafeln gehen.

1 Asbestzement-Wandbekleidung
2 Asbestzement-Tafeln (Unterseite)
3 Wärmedämmung
4 Asbestzement-Formstück für die Traufe
5 Asbestzement-Dachtafel
6 Verzinkter Stahldachnagel

C Ortgang
Die Verbindung am Ortgang zwischen der Wandbekleidung und der Dachtafel wird mittels eines besonders bootartig geformten Asbestzement-Abdeckstückes hergestellt. Die Befestigung erfolgt auf den Dachtafeln mit Dachnägeln und an der Wandpfette mit Hakenschrauben.

1 Asbestzement-Wandbekleidung
2 Stahlpfette
3 Asbestzement-Tafeln (Unterseite)
4 Wärmedämmung
5 Asbestzement-Dachtafeln
6 Asbestzement-Formstück
7 Verzinkte Hakenschraube

D Seitenanschluß
Die Verbindung zwischen dem Endstoß der Dachtafeln und einer Giebelwand wird durch eine Asbestzement-Ablaufrinne hergestellt, die längs der einen Seite mit einer Aufkantung und auf der anderen mit einem abgeschrägten First versehen ist. Die freie Ecke der Dachkonstruktion wird durch ein Mörtelbett mit Maschendrahteinlage geschlossen. Die Aufkantung der Rinne wird an die Innenseite der Wand verlegt und durch einen Metalleinhang überlappt. Die Rinne ist an den Dachpfetten mit Hakenschrauben befestigt, die ebenso die Dachtafeln halten.

1 Stahlpfette
2 Asbestzement-Ablaufrinne
3 Asbestzement-Verkleidungstafeln
4 Wärmedämmung
5 Mörtel-Maschendrahtanschluß
6 Asbestzement-Dachtafel
7 Verzinkte Hakenschraube
8 Metallüberlappung

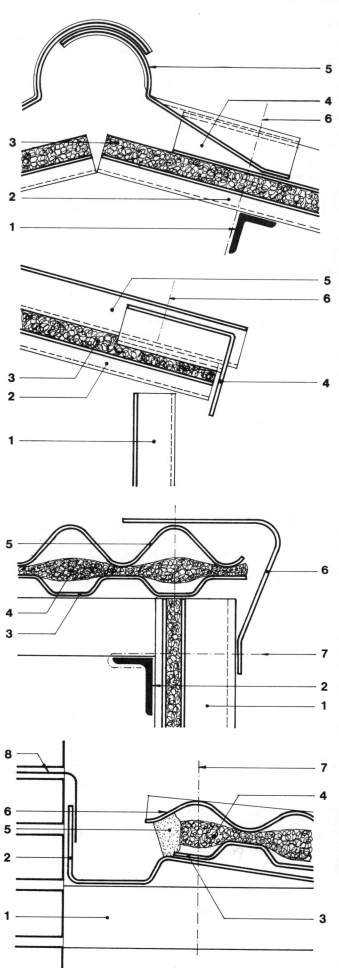

Dächer: Holzspanplatten

M = 1 : 2

A Die Befestigung von Spanplatten auf Balken erfolgt durch eine dicke Unterlegplatte mit einem verzinkten Breitkopfnagel mit rundem Schaft. Zwei Unterlegplatten sind über die Breite der Platte erforderlich. Der Nagel soll nicht kürzer als 100 mm sein.

1 Holz-Dachbalken
2 Spanplatte, 50 mm stark
3 Unterlegplatte, 1,6 mm stark, 76 mm²
4 Verzinkter Stahlnagel, 3 mm dick, 100 mm lang

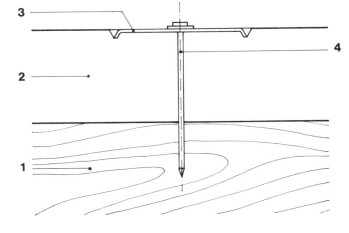

B Eine andere gebräuchliche Art der Befestigung von Spanplatten besteht darin, Verstärkungsschienen mit voll ineinandergreifendem Nut anzubringen und mit verzinkten Nägeln, die durch beide Stege der Armierungsschiene reichen, zu verbinden. Fünf Nägel werden für die Breite einer Platte benötigt. Wenn die Nuten (Aushöhlungen) nicht schließen, wird jede Schiene für sich genagelt.

1 Holzbalken
2 Spanplatten, 50 mm dick, mit ineinandergreifenden Verstärkungsschienen
3 Wie 2
4 Verzinkter Stahlnagel, 3 mm Durchmesser, 100 mm lang

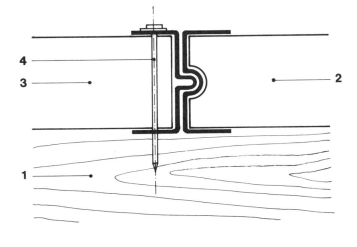

C Die Befestigung von Spanplatten auf einer Stahlkonstruktion, wie U- oder T-Träger, sowie Winkeleisen erfolgt durch Sonderklemmen mit einem langen und einem kurzen Schenkel. Der lange Schenkel ist um den Flansch des Trägers gebogen, und der kurze hat ein gespaltenes Ende, das sich in gegenüberliegenden Richtungen über die Oberkanten der Plattenstöße auf deren Oberfläche legt.

1 Walzstahlprofil
2 Verzinkte Stahlklammern, 1,6 mm stark und 40 mm breit
3 Holzspanplatte, 50 mm stark
4 Wie 3

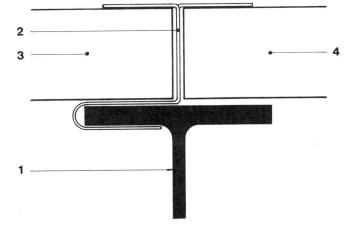

D Eine andere Art, Spanplatten auf Stahlträgern zu befestigen, besteht darin, kurze Rundeisen auf das Stahlkonstruktionsteil zu schweißen. Die Eisen, die dazu dienen, die Platten zu halten, werden über die Oberkanten der Platten umgebogen und bedecken die ganze Länge.

1 Walzstahlprofil
2 Verzinkte Rundeisen, 6 mm Durchmesser, 100 mm lang
3 Holzspanplatte, 50 mm stark
4 Wie 3

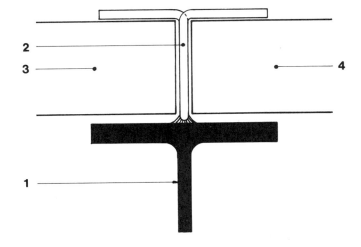

Dächer: Abdecktafeln auf Stahlpfetten

M = 1 : 2

A Eine übliche Konstruktionsweise, Abdecktafeln auf Stahlpfetten zu befestigen, bedient sich stählerner Hakenschrauben. Die neueste Entwicklung zeigt eine kunststoff-beschichtete Vierkantmutter, die auf den Gewindekopf der Hakenschraube gedreht wird. Eine aufgesetzte Kunststoffkappe ergänzt die Montage.

1 Winkeleisenpfette
2 Abdeckblech
3 Hakenbolzen
4 Vierkantmutter mit farbiger Kunststoffkappe
5 Farbige kunststoff-beschichtete Abdeckkappe

B Eine andere Technik, Abdeckbleche auf Stahlpfetten zu befestigen, benutzt eine Dachschraube mittels U-Klemme. Die Klemme wird durch Unterlegscheibe und Mutter am unteren Ende der Dachschraube gehalten. Der Kopf der Schraube wird mit Kunststoffdichtungsring und -kappe überdeckt.

1 Winkeleisenpfette
2 Abdeckblech
3 Dachschraube
4 Verzinkte Stahl-U-Klemme
5 Runde Unterlegscheibe (Stahl)
6 Vierkantmutter
7 Farbiger Kunststoffring
8 Farbige Kunststoffkappe

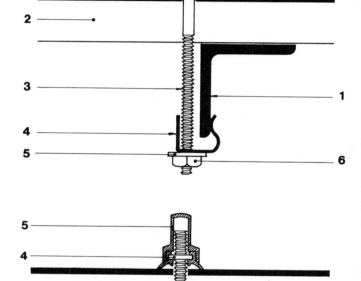

C Die Befestigung von Abdeckblechen an vorgefertigten Betonschienen oder -pfetten, wie abgebildet, erfolgt mit zu diesem Zweck hergestellten Hakenschrauben. Sie werden durch ein im Blech vorgebohrtes Loch geführt und durch eine kunststoffbeschichtete Vierkantmutter gegenüber dem Flansch, der Schiene oder Pfette gehalten. Eine kunststoffbeschichtete Kappe ergänzt die Konstruktion, um die Schraube vor Korrosion und Rost zu schützen.

1 Spannbetonpfette
2 Abdeckblech
3 Spezial-Hakenbolzen (Stahl)
4 Kunststoff-beschichtete Vierkantmutter
5 Kunststoff-beschichtete Abdeckkappe

D Als weitere Methode zur Befestigung von Abdeckblechen auf Betonpfetten ist eine Schraubklemme zu nennen, deren Innengewinde genau zum Schraubgewinde der Dachschraube paßt. Die Dachschraube wird durch das vorgebohrte Loch des Abdeckbleches gesteckt und so lange festgeschraubt, bis die Klemme fest am Flansch der Pfette liegt. Der Schraubkopf wird dann mit einer Kunststoffkappe überdeckt.

1 Spannbetonpfette
2 Abdeckblech
3 Farbiger Unterlagsring
4 Linsenkopf-Dachschraube
5 Schraubklemme (Stahl)
6 Farbige Schraubkopfkappe

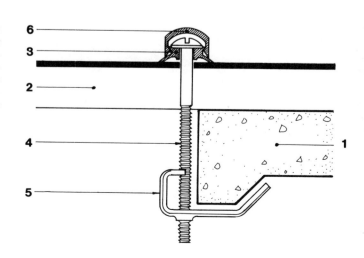

Dächer: Abdecktafeln auf Holzpfetten

M = 1 : 1

A Die Befestigung von Asbestzementtafeln auf Holzpfetten erfolgt mit stählernen Holzschrauben, die mit einer farbigen Kunststoffkappe und -unterlegscheibe versehen sind. Eine Spezialmuffe über dem Kunststoffkopf kann mit einer Rohrwinde, einer elektrischen Bohrmaschine oder einem ähnlichen Werkzeug betätigt werden, um eine kontrollierte Schraubtiefe zu erhalten.

1 Holzbalken
2 Asbestzementtafel
3 Kunststoff-Unterlegscheibe
4 Blank verzinkte Holzschraube mit farbiger Kunststoffkappe

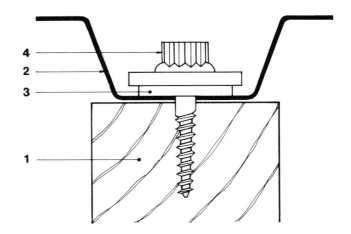

B Die Befestigung einer dünnen Metallabdecktafel auf einer Holzpfette oder einem Balken erfolgt ebenfalls mit einer stählernen Holzschraube mit Breitkopf, um die Belastung zu verteilen. Die abgebildete Holzschraube besitzt eine farbige Kunststoffkappe und eine breite Unterlegscheibe.

1 Holzbalken
2 Stahl- oder Aluminiumabdeckblech
3 Große Kunststoff-Unterlegscheibe
4 Blank verzinkte Holzschraube (antimagnetischer Stahl) mit 12-kantigem farbigem Kunststoffkopf und breiter Unterlegscheibe

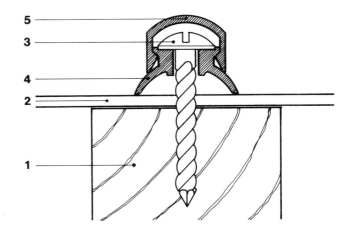

C Eine andere Art, Abdeckbleche direkt auf den Holzpfetten oder -balken zu befestigen, verwendet Schraubnägel mit Flachkopf. Der abgebildete Nagel wird mit dem Hammer in das Holz geschlagen und besitzt einen Spezialunterlegring und eine Kappe, die über den Nagelkopf gestülpt wird.

1 Holzbalken
2 Aluminium- oder Stahlabdeckblech
3 Schraubnagel mit Flachkopf
4 Farbiger Kunststoffring mit angearbeitetem Saum
5 Farbige Kunststoffkappe

D Eine weitere Methode, Abdeckbleche auf Holzbalken zu befestigen, benutzt einen Ringnagel. Der Nagel wird, in Verbindung mit einer flachen Unterlegscheibe, mit dem Hammer in das Holz geschlagen.

1 Holzbalken
2 Aluminium- oder Stahlabdeckblech
3 Runde flache Kunststoffunterlegscheibe
4 Stahl-Ringnagel

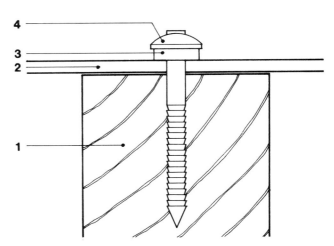

Dächer: Abdecktafeln

M = 1 : 1

A Aluminium-, Stahlblech- oder Kunststofftafeln werden auf Pfetten oder Rahmenkonstruktionen aus Stahl oder anderen Metallen mit einer cadmiumbeschichteten, antimagnetischen Stahlgewindeschraube befestigt. Diese ist mit einer Kunststoffunterlegscheibe sowie einem farbigen Kunststoffkopf versehen. Schraublöcher, die etwas kleiner im Durchmesser sind als die Schraube, werden in Tafel und Pfette vorgebohrt. Die Schrauben werden, wie abgebildet, entweder durch die Erhebung oder durch die Senke der Welltafeln geführt.

1 Stahlpfette
2 Vorgebohrte Schraublöcher
3 Abdecktafel aus Stahl, Aluminium oder Kunststoff
4 Stahlgewindeschraube mit Kunststoffunterlegscheibe und -kopf

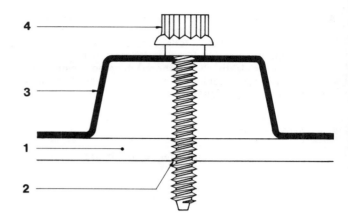

B Ist die Abdecktafel dünn oder schwach, kann die Ankerkraft über eine größere Unterlegscheibe verteilt werden. Die Unterlegscheibe besteht aus kunststoffbeschichtetem Stahl, an der Unterseite ein wenig konkav, um eine gute Wasserdichtigkeit auf der ebenen Oberfläche zu erzielen. (Die Wasserdichtigkeit des Daches ist auf den Wellenbergen sicherer zu erreichen.)

1 Stahlpfette
2 Vorgebohrte Schraublöcher
3 Abdecktafel aus Aluminium, Stahl oder Kunststoff
4 Kunststoffbeschichtete Stahlunterlegscheibe
5 Selbstschneidende Schraube mit Kunststoffkopf

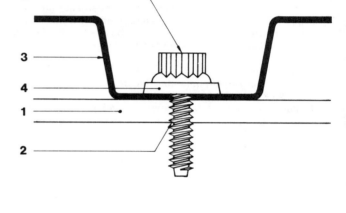

C Sich überlappende Abdecktafeln werden gegeneinander durch eine Gewindeschraube mit Unterlegscheibe gesichert. Die Tafeln erhalten ein 3 mm weites vorgebohrtes Loch (für eine Schraube mit 4,9 mm Gewindedurchmesser). Die Montage wird vom Dachäußeren her durchgeführt.

1 Aluminium-, Stahl- oder Kunststoff-Welltafeln
2 Zweite Welltafel
3 Kunststoff-Unterlegscheibe
4 Stahlgewindeschraube mit Kunststoffkopf

D Eine weitere Art der Befestigung sich überlappender Tafeln verwendet Schraube und Mutter. Die abgebildete Schraube erhält Unterlegring und Vierkantmutter.

1 Aluminium-, Stahl oder Kunststoff-Welltafel
2 Zweite Welltafel
3 Kunststoff-Unterlegscheibe mit Normaldurchmesser
4 Blanke, verzinkte und antimagnetische Stahlschraube (oder Aluminiumschraube) mit 12-kantigem farbigem Kunststoffkopf
5 Vierkant- oder Sechskantmutter

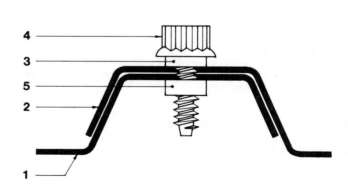

Dächer: Traufe mit Dachpappe und Asphalt

M = 1 : 2

A Die Kante eines Betonflachdaches, mit drei Lagen Bitumenpappe gedeckt, wird durch eine Profilschiene aus Aluminium abgeschlossen. Nachdem die erste Papplage verlegt ist, wird die Kantenschiene mittels einer verzinkten oder cadmium-beschichteten Senkkopf- oder Aluminiumschraube, etwa 25 mm lang, alle 300 mm mittig befestigt. Eine Fuge von 3 mm verbleibt alle 3 m zum angrenzenden Abschnitt. An der Innenseite wird ein Klemmeinsatz angebracht und nur an einer Seite befestigt, um eine Ausdehnungsmöglichkeit zu gewährleisten.

1 Betonrand
2 Erste Lage Dachpappe
3 Profileckschiene aus Aluminiumlegierung
4 Senkkopfschraube, verzinkt, cadmiumbeschichtet oder aus Aluminium
5 Innerer Klemmeinsatz (Fugenverschluß)
6 Zweite Lage Dachpappe
7 Dritte Lage Dachpappe

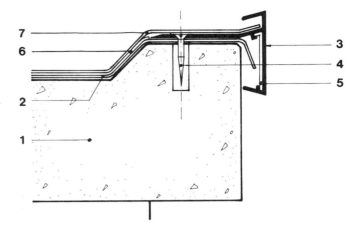

B Der Rand eines asphaltierten Flachdaches wird mit einem Sonderprofil zur Aufnahme von Asphalt abgeschlossen. Zuerst wird eine Schutzabdeckung auf der Dachkonstruktion verlegt, dann auf die Oberfläche des Dachrandes die Profilschiene mit Bitumen-Haftgrund aufgebracht und am Betonrand befestigt. Zwei Lagen Asphalt werden so aufgetragen, so daß beide die Innenseite der Profilschiene ausfüllen.

1 Betonrand
2 Schutzabdeckung (Schutzschicht)
3 Kantenprofilschiene aus Aluminiumlegierung
4 Versenkschraube, verzinkt, cadmiumbeschichtet oder aus Aluminium
5 Erste Asphaltschicht
6 Zweite Asphaltschicht

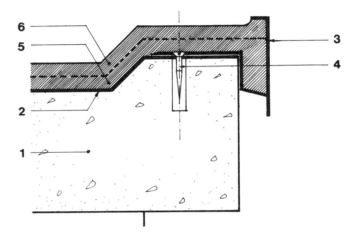

C Eine andere Art, die Traufe eines pappgedeckten Betonflachdaches auszubilden, erfolgt mit Hilfe von sandbeschichteter Pappe. Die Betondecke erhält eine Bitumenpappe, in Heißbitumen verlegt. Die Papp-Traufenabdeckung wird an einen Dübel am Ende der Kante angenagelt, erst herunter zur Traufe und dann nach oben über die Dachkante gezogen. Eine zweite Lage wird gedeckt, dann eine dritte. Das Flachdach wird mit Steinsplitt eingestreut, um die Sonnenwärme zu reflektieren.

1 Betondecke
2 Bitumenpappe, in Heißbitumen verlegt
3 Dachpappe als Überhang
4 Pappnagel
5 Bitumendachpappe, 2. Lage
6 Bitumendachpappe, 3 Lage
7 Steinsplitt in Bitumenkleber gestreut

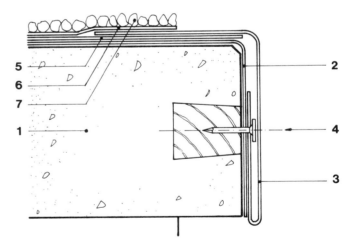

D Bei Deckung des Flachdaches mit Stahlblech- oder Aluminiummulden wird ein Aluminiumwinkel an die Kante der Deckung genietet, um einen Abschluß der Unterschicht und der Traufe zu bilden. Eine Wärmedämmschicht wird mit Heißbitumen auf die Deckung geklebt, dann wird die erste Lage Dachpappe in Heißbitumen verlegt.

Die Abdeckpappe wird darauf an die Traufe genagelt, erst herunter und dann nach oben über die Dachdeckung gezogen. Eine zweite Lage Pappe wird aufgebracht, der die dritte Lage folgt. Beide Schichten werden in Heißbitumen verlegt.

1 Aluminium- oder Stahlblechmuldendeckung
2 Aluminiumwinkelprofil
3 Heftniete
4 Wärmedämmung aus Mineralfasertafeln
5 Bitumendachpappe, 1. Lage
6 Besandete Dachpappe als Überhang
7 Bitumendachpappe, 2. Lage
8 Bitumendachpappe, 3. Lage

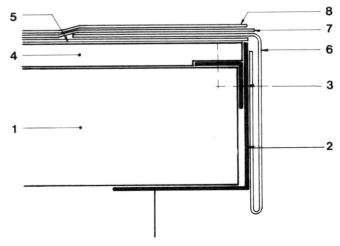

Dächer: Patent-Glasdächer

M = 1 : 2

A Seitenanschluß
Um ein Dach mit Patent-Glassprossen herzustellen, werden die Sprossen an ihren Enden durch einen Wandriegel unterstützt. Die unteren Flanschen der Sprossen werden mit einer Spezial-Halterung versehen, die mit der Wandunterstützung verschraubt ist. Das Glas wird durch einen Aluminiumüberwurf gehalten. Das oberste Ende der Sprosse und des Glases wird mit einer Bleiabdeckung versehen.

1 Holzriegel
2 Aluminium-Halterung
3 Linsenkopf-Holzschraube 38 mm lang
4 Aluminiumsprossen, alle 622 mm mittig
5 Glas 6 mm dick
6 Blei-Abdeckstreifen

B Traufe
Die Verbindung zwischen den Sprossen und dem Lagerholz an der Traufe wird mit einem Befestigungsblech hergestellt. Das Blech schiebt sich in den Flansch der Sprosse und wird durch einen Wassersperrstreifen hindurch mit dem Lagerholz verschraubt. Das Glas wird am unteren Ende durch einen Aluminiumglashalter unterstützt, der an das Ende der Sprossen genietet ist.

1 Lagerholz an der Traufe
2 Aluminium-Wassersperrstreifen
3 Aluminium-Befestigungswinkel
4 Rundkopf-Holzschraube 38 mm lang
5 Sprosse aus Aluminiumlegierung
6 Aluminium-Glashalter
7 Befestigungsbolzen
8 Glas, 6 mm dick

C Brüstung
Am Ende des Daches erhält die Sprosse ein kappenförmiges Abschlußprofil aus Aluminium-Legierung, das mit einer rostfreien Flachkopfgewindeschraube auf den Oberflansch des Steges geschraubt wird. Die Mittelachse der Endsprosse ist 18 mm von der Wandfläche entfernt. Der Spalt wird mit einer Bleiabdeckung versehen.

1 Sprosse aus extrudierter Aluminium-Legierung
2 Gefettete Asbestschnur
3 Glas 6 mm dick
4 Aluminium-Abschlußprofil
5 Rostfreie Flachkopfgewindeschraube
6 Blei-Abdeckblech

D Verglasung
Die Sprossen werden alle 622 mm parallel verlegt für Glasscheiben von 610 mm Breite. Die Tragprofile sind oben und unten justierbar und werden so exakt montiert, daß die Sprossen parallel liegen. Das Glas wird auf gefettete Asbestschnüre verlegt, die in den Mulden der Sprossen liegen. Sie werden durch Aluminiumkappenprofile gehalten, die mit Flachkopfgewindeschrauben im Flansch des Sprossensteges verschraubt sind. Das erlaubte Mindestgefälle für die Glassprossen beträgt 15° zur Horizontalen.

1 Aluminium-Tragprofil
2 Sprossen aus Aluminium-Legierung
3 Gefettete Asbestschnur
4 Glas 6 mm dick
5 Aluminiumkappenprofil
6 Rostfreie Flachkopfgewindeschraube 13 mm

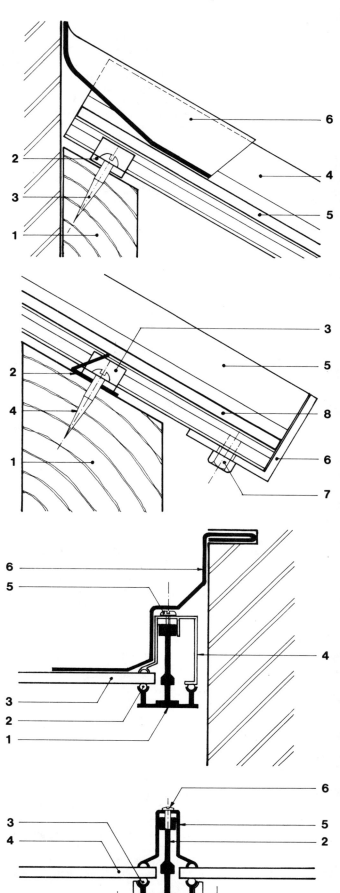

Dächer: Glasmulden

M = 1 : 2

A Widerlager
Das Aluminium-U-Profil wird von einem hölzernen Wandriegel getragen und an der Wand festgeschraubt. Ein Kunststoffstreifen auf dem unteren Schenkel des Profils stützt die Glasmulde. Ein Schaumstoffkörper bildet den Widerhalt für den Alu-Klemmverschluß. Eine Aluminiumabdeckung wird dann an der Wand befestigt und überdeckt das Profil, den Verschluß und die Glasteile.

1 Hölzerner Wandriegel
2 Aluminium-U-Profil
3 Verzinkte Stahlschraube, 50 mm lang
4 Kunststoffstreifen
5 Glasmulde, bis zu 2500 mm lang, ohne Trägerpfette
6 Schaumstoffkörper
7 Aluminium-Verschlußstück mit keilförmigem Neoprenstreifen
8 Aluminiumabdeckung
9 Aluminiumkappenprofil

B Traufe
Auf die Mauerkrone wird eine Aluminiumklammer geschraubt, die einen durchlaufenden Aluminiumhaltewinkel trägt. Die Glasmulde ist in einen Polymerstreifen eingebettet. Aneinanderliegende Schenkel sind, wie im darunterstehenden Detail D abgebildet, überdeckt. Die Kappenenden sind durch Polymerpolster, die innerhalb des Aluminiumwinkels liegen, fest verankert.

1 Tragende Betonwand
2 Aluminium-Klammer
3 Verzinkte Stahlschraube
4 Kunststoffstreifen
5 Glasmulde
6 Kunststoffpolster
7 Durchlaufender Aluminiumwinkel
8 Aluminium-Profilkappe

C Ortgang
Es empfiehlt sich, am Ortgang das Glasteil zu überkröpfen. Die Kantenhalterung wird mit einem durchlaufenden Kunststoffstreifen überdeckt, der eine Bettung für die Glaseinheit bildet. Der Schenkel des Glases wird mit Kunststoffpolstern überdeckt, gehalten durch ein Aluminiumband, das mit dem Ortgangbalken verschraubt ist.

1 Hölzerner Ortgangbalken
2 Kunststoffstreifen
3 Glasmulde
4 Kunststoffpolster
5 Aluminiumklammer, 50 mm breit, alle 600 mm
6 Verzinkte Holzschraube

D Stoßfuge
Der lichte Abstand aneinanderliegender Glaseinheiten wird durch PVC-Abstandshalter von etwa 3 mm Dicke eingehalten. Die Schenkel der Glasmulden sind in diesem Fall nach oben gerichtet und mit einer Aluminium-Profilkappe überdeckt, die mit Fugendichtungsmasse ausgespritzt ist. Die Abdeckung wird vorsichtig durch leichtes Klopfen in die richtige Lage gebracht und am oberen Ende durch die Abdeckung, am unteren durch einen Aluminiumwinkel geschlossen.

1 Glasmulde
2 PVC-Abstandshalter, 3 mm dick
3 Glasmulde
4 Aluminium-Profilkappe
5 Eingespritzte Dichtungsmasse

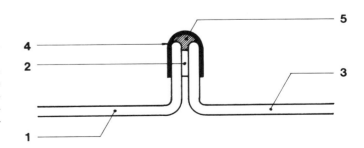

Wände: Betonsturz und Verblendung

M = 1 : 2

A Mit scheitrechtem Bogen und zurückliegendem Fenster
Die Außenschale der zweischaligen Wand besteht aus einer Mauerwerksverblendung, die Fensteröffnung ist mit einem scheitrechten Mauerwerksbogen überspannt. Die Innenschale besteht aus einem Fertigbetonsturz. Eine abgetreppte Feuchtigkeitssperre läuft quer durch die Luftschicht und bildet über dem Fensterrahmenoberteil eine Wassernase. Wasserablässe sind in die senkrechten Fugen des Bogens eingearbeitet, um die Luftschicht zu entwässern.

1 Fertigbetonsturz
2 Feuchtigkeitssperre
3 Scheitrechter Mauerwerksbogen
4 Putz, 13 mm dick
5 Putzleiste

Anmerkung: In Deutschland ist es üblich, am Anschluß der Putzfläche zum Fensterrahmen eine Putzleiste anzubringen.

B Mit scheitrechtem Bogen und vornliegendem Fenster
Die Außenschale der zweischaligen Wand besteht aus einer Mauerwerksverblendung, die Fensteröffnung ist mit einem scheitrechten Mauerwerksbogen überspannt. Die Innenschale besteht aus einem Fertigbetonsturz. Eine abgetreppte Feuchtigkeitssperre läuft quer durch die Luftschicht und reicht bis in die Fuge zwischen Fensterrahmen und Mauerwerksbogen.

1 Fertigbetonsturz
2 Feuchtigkeitssperre
3 Scheitrechter Mauerwerksbogen
4 Putz, 13 mm dick
5 Putzleiste

C Mit gekoffertem Sturz und zurückliegendem Fenster
Wenn die Verblendschale ohne Ausbildung eines Bogens ausgeführt werden soll, werden beide Mauerwerksschalen durch einen vorgefertigten Stahlbetonsturz abgefangen. Die abgetreppte Feuchtigkeitssperre läuft quer über die Luftschicht und reicht bis über das Ende des Sturzes. In den vertikalen Fugen der untersten Lage werden Luftlöcher gelassen (a = 80 cm).

1 Fertigbetonsturz
2 Feuchtigkeitssperre
3 Horizontales Mauerwerk
4 Putz, 13 mm dick

D Mit Stützwinkel und vornliegendem Fenster
Eine andere Art, das Verblendmauerwerk ohne scheitrechten Bogen über der Öffnung zu halten, wird durch ein feuerverzinktes Winkeleisen erreicht. Die Innenschale der Mauer wird durch einen Fertigbetonsturz abgefangen. Die abgetreppte Feuchtigkeitssperre läuft quer durch die Luftschicht über den Kopf des Stahlwinkels, um das Oberteil des Fensters zu schützen. Der Putzanschluß an Winkel und Fenster ist mit einer Putzleiste abzudecken.

1 Feuerverzinktes Winkeleisen
2 Fertigbetonsturz
3 Feuchtigkeitssperre
4 Waagerechtes Mauerwerk
5 Putz, 13 mm dick
6 Putzleiste

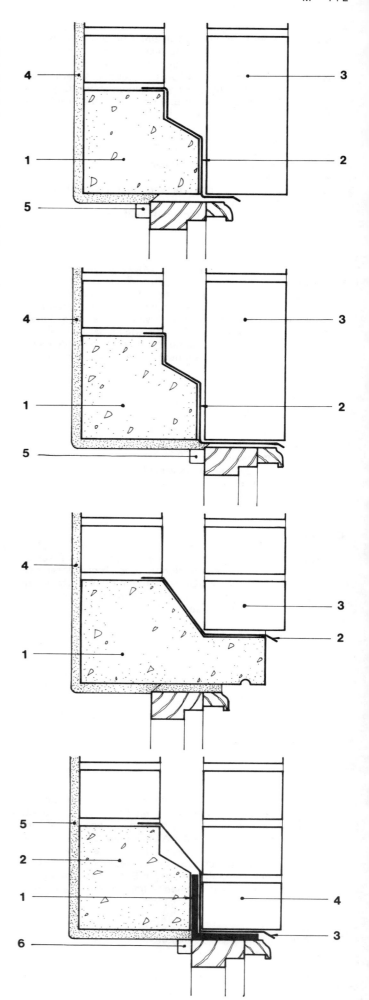

Wände: Stahlstürze

M = 1 : 5

A Öffnungen in zweischaliger Wand mit Verblender
Für eine freie Spannweite bis zu 1350 mm und für normale Belastungen wird ein 150 mm hoher, verzinkter Stahlsturz verwendet, um die äußere Mauerwerksschale zu tragen. Die innere Schale wird durch einen bewehrten Fertigbetonsturz abgefangen. Der Stahlsturz dient gleichzeitig als Feuchtigkeitssperre durch die Luftschicht der Wand hindurch und hat ein Auflager von mindestens 150 mm auf beiden Seiten der Öffnung.

1 Fertigbetonsturz
2 Feuerverzinkter Stahlsturz
3 Mauerwerks-Verblendung
4 Putz, 13 mm dick
5 Putzleiste

B Öffnungen in zweischaliger Wand mit Verblender
Für eine freie Spannweite bis zu 1800 mm und für normale Auflast wird ein verzinkter Stahlsturz, 150 mm hoch, mit zwei unteren Flanschen benötigt, um beide Schalen der Wand zu tragen. Streckmetall wird als Putzträger an die Unterseiten der Flanschen geschweißt.

1 Feuerverzinkter Stahlsturz
2 Betonblocksteine
3 Verblender
4 Putz, 13 mm dick
5 Putzleiste

C Öffnungen unterhalb von Traufen
Wenn eine Fensteröffnung genau unter einer Traufe liegt, kann ein verzinkter Stahlsturz verwendet werden, um die Dachkonstruktion abzufangen. Bei normaler Belastung ist ein Sturz von 150 mm Höhe für eine freie Spannweite von bis zu 3000 mm ausreichend. Der Sturz wird von der inneren Schale getragen und hat eine Auflagerlänge von mindestens 150 mm auf beiden Seiten der Öffnung.

1 Feuerverzinkter Stahlsturz
2 Betonblocksteine
3 Hölzerner Wandabschluß
4 Hölzerner Deckenbalken
5 Sperrholz-Deckenunterschicht
6 Putz, 13 mm dick
7 Putzleiste

D Öffnungen in gemauerten Trennwänden
Wenn eine Türöffnung in einer gemauerten leichten Trennwand erforderlich ist, kann ein verzinkter, wellenprofilierter Stahlsturz (Sonderprofil) das Mauerwerk über der Öffnung abfangen. Die obere Türverkleidung wird durch die Pfosten getragen.

1 Feuerverzinkter Stahlsturz
2 Mauerwerk
3 Obere Holztürverkleidung
4 Putz, 13 mm dick

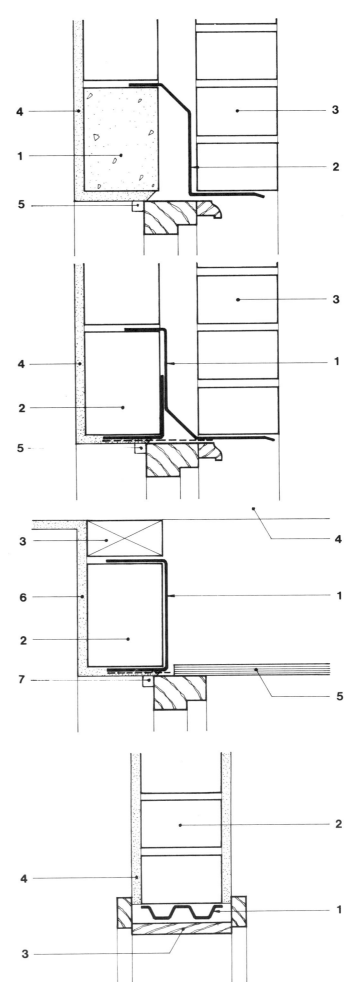

Wände: Betonblockmauerwerk-Stürze

M = 1 : 5

A Zweischaliges Betonblockmauerwerk, 250 mm dick
Für eine freie Spannweite bis zu 1 800 mm und normale Belastung ist ein anderer Sturz aus feuerverzinktem Stahl entwickelt worden, der beide Schalen der Wand trägt. Eine abgetreppte, durchgehende Feuchtigkeitssperre durchläuft die Luftschicht, tritt aus dem Sturz heraus und bildet über dem oberen Fensterrahmen eine Tropfnase.

1 Feuerverzinkter Stahlsturz, mit 150 mm Auflager an beiden Enden
2 Abgetreppte durchlaufende Feuchtigkeitssperre
3 Außenschale des Betonblockmauerwerks
4 Innenschale des Betonblockmauerwerks
5 Streckmetall, an den Sturz geschweißt
6 Putz, 13 mm dick

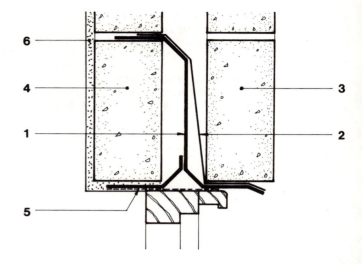

Wände: Fensterbänke aus Tonplatten- und Mauersteinen

M = 1 : 5

A Dachplatten
Bei einer Fensterbank aus Dachplatten wird quer über die Luftschicht eine durchgehende flexible oder halbstarre Feuchtigkeitssperre verlegt. Die erste Schicht der Platten überdeckt die Luftschicht und wird mit der erforderlichen Schräge in einem Mörtelbett verlegt. Die zweite Schicht Platten wird mit versetzten Fugen auf der ersten Schicht verlegt.

1 Maueraußenschale
2 Durchgehende Feuchtigkeitssperre
3 Mörtelbett
4 Dachplatten

B Hochkant verlegte Mauersteine
Bei einer Fensterbank aus hochkant verlegten Mauersteinen wird zuerst eine durchgehende flexible oder halbstarre Feuchtigkeitssperre über die Luftschicht gelegt. Frostbeständige und dauerhafte Mauersteine (Klinker) werden auf der einen Seite durch Abschlagen oder Schneiden abgeschrägt und auf der äußeren Schale in einem Mörtelbett verlegt. (In Deutschland sind auch entsprechend abgeschrägte Steine im Handel.) Eine Metallabdeckung wird an beiden Enden der Fensterbank angebracht, um das Herablaufen des Wassers an der Wandoberfläche an den Seiten zu verhindern.

1 Mauerwerk-Außenschale
2 Durchgehende Feuchtigkeitssperre
3 Mörtelbett
4 Hochkant verlegte Mauersteine
5 Metallabdeckung

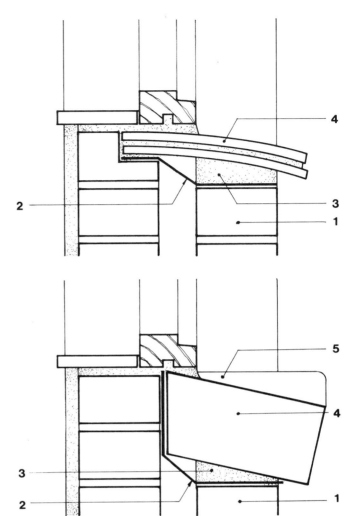

Wände: Fensterbänke aus Betonwerkstein und Naturstein

M = 1 : 5

A Vornliegender Holzfensterrahmen
Bei Fensterbänken aus Betonwerkstein oder Naturstein mit vornliegenden Fensterrahmen erhält die Bank eine Stufe und wird abgeschrägt sowie mit einer Tropfnase an jedem Ende und mit Auflagersitzen versehen. Eine Rille in der Oberseite nimmt die Wassersperre auf. Eine durchgehende Feuchtigkeitssperre wird unter und hinter der Fensterbank angebracht.

1 Äußere Mauerwerksschale
2 Mörtelbett, 12 mm dick, Zement : Kalk : Sand wie 1 : 1 : 6
3 Durchgehende Feuchtigkeitssperre
4 Fensterbank aus Betonwerkstein oder Naturstein
5 Eingeklebte Wassersperre aus verzinktem Stahl
6 Holzfensterrahmen

B Zurückliegender Holzfensterrahmen
Bei Fensterbänken aus Betonwerkstein oder Naturstein mit zurückliegenden Fensterrahmen wird die Bank abgestuft und mit einer Tropfnase sowie an jedem Ende mit Auflagersitzen versehen. Eine Rille in der Oberseite nimmt die Wassersperre auf. Eine durchgehende Feuchtigkeitssperre wird unter und hinter der Fensterbank verlegt.

1 Äußere Mauerwerksschale
2 Mörtelbett, 12 mm dick, Zement : Kalk : Sand wie 1 : 1 : 6
3 Durchgehende Feuchtigkeitssperre
4 Fensterbank auf Betonwerkstein oder Naturstein
5 Eingeklebte Wassersperre aus verzinktem Stahl
6 Holzfensterrahmen

C Vornliegender Metallfensterrahmen
Bei Fensterbänken aus Betonwerkstein oder Naturstein mit vornliegenden Metallfensterrahmen wird die Bank eingefalzt, um einen Halt für das Fensterbrett zu geben. Die Bank wird abgeschrägt und mit einer Tropfnase sowie an jedem Ende mit Auflagersitzen versehen. Eine durchgehende Feuchtigkeitssperre wird unter und hinter der Fensterbank verlegt.

1 Äußere Mauerwerksschale
2 Mörtelbett, 12 mm dick, Zement : Kalk : Sand wie 1 : 1 : 6
3 Durchgehende Feuchtigkeitssperre
4 Fensterbank aus Betonwerkstein oder Naturstein
5 Dübel
6 Metallfensterrahmen

D Zurückliegender Metallfensterrahmen
Bei Fensterbänken aus Betonwerkstein oder Naturstein mit zurückliegenden Metallfensterrahmen wird die Bank abgestuft und mit einer Tropfnase sowie an jedem Ende mit Auflagersitzen versehen. Eine durchgehende Feuchtigkeitssperre wird unter und hinter der Fensterbank verlegt.

1 Äußere Mauerwerksschale
2 Mörtelbett, 12 mm dick, Zement : Kalk : Sand wie 1 : 1 : 6
3 Durchgehende Feuchtigkeitssperre
4 Fensterbank aus Betonwerkstein oder Naturstein
5 Dübel
6 Metallfensterrahmen

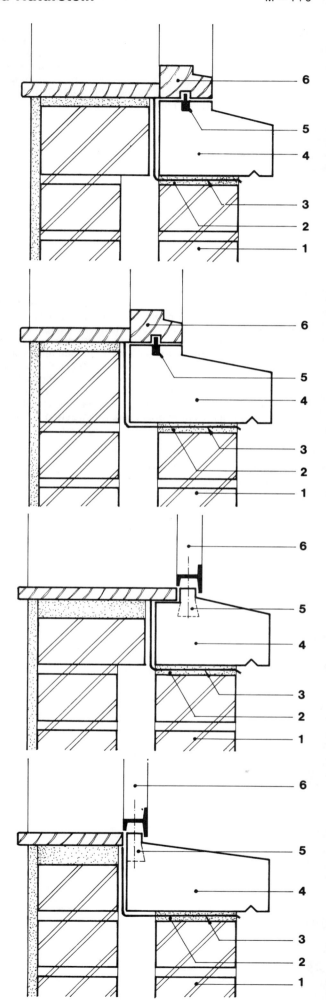

Wände: Fensterbänke aus Schieferplatten

M = 1 : 5

A Vornliegender Holzfensterrahmen
Bei einer Fensterbank aus Schiefer mit vornliegenden Holzfensterrahmen wird diese normalerweise abgestuft, abgeschrägt und mit einer Tropfnase versehen. Sie wird an der Unterseite scharriert, um eine Bindung zum Mörtelbett zu geben. Die Bank erhält auf der Oberseite eine Rille von 12 mm Tiefe für die Wassersperre. Die Enden der Bank können mit Auflagersitzen versehen werden.

1 Äußere Mauerwerksschale
2 Mörtelbett, 12 mm dick, Zement : Kalk : Sand wie 1 : 1 : 6
3 Fensterbank aus Schiefer
4 Eingeklebte Wassersperre aus verzinktem Stahl

B Zurückliegender Holzfensterrahmen
Bei zurückliegendem Holzfensterrahmen wird die Unterseite der Schieferbank gekehlt und scharriert. Sie wird nach außen geneigt verlegt. Eine Wassersperre wird zwischen der Bank und dem inneren Fensterbrett eingebaut, das in diesem Fall ebenfalls aus Schiefer besteht.

1 Äußere Mauerwerksschale
2 Mörtelbett, Zement : Kalk : Sand wie 1 : 1 : 6
3 Schieferbank, 20 mm dick
4 Fensterbrett aus Schiefer (Latteibrett)
5 Eingeklebte Wassersperre aus verzinktem Stahl
6 Holzfensterrahmen

C Vornliegender Metallfensterrahmen
Bei einer Schieferbank mit vornliegenden Metallfensterrahmen wird die Bank eingefalzt und mit einem Hartholzanschlag versehen, der eingeklebt und von unten mit einer Messing-Senkkopfschraube befestigt wird. Die Fensterbank erhält eine Tropfnase, die Unterseite wird scharriert, um einen besseren Anschluß zum Mörtelbett zu erhalten.

1 Äußere Mauerwerksschale
2 Mörtelbett, 12 mm dick, Zement : Kalk : Sand wie 1 : 1 : 6
3 Fensterbank aus Schiefer
4 Kleber
5 Hartholzanschlag, 40 mm x 18 mm
6 Senkkopfschraube aus Messing, 37 mm lang
7 Metallfensterrahmen

D Zurückliegender Metallfensterrahmen
Bei einer Schieferbank mit zurückliegenden Metallfensterrahmen kann die äußere und die innere Fensterbank aus einem Stück bestehen. Die Bank erhält am Fenstersitz eine Rille. Dort wird ein Hartholzanschlag eingeklebt und von unten mit einer Messingschraube befestigt. Die Bank erhält eine Tropfnase und wird an der Unterseite scharriert, um den Anschluß zum Mörtelbett zu verbessern.

1 Äußere Mauerwerksschale
2 Mörtelbett, 12 mm dick, Zement : Kalk : Sand wie 1 : 1 : 6
3 Fensterbank aus Schiefer
4 Kleber
5 Hartholzanschlag, 40 mm x 18 mm
6 Holzsenkkopfschraube aus Messing, 37 mm lang
7 Metallfensterrahmen

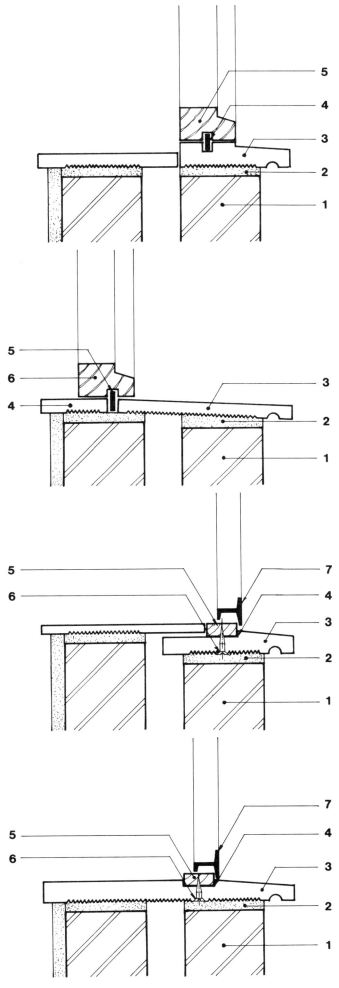

Wände: Mauerkappen aus Ziegeln und Ton

M = 1 : 10

A Mauerabdeckungen werden gewöhnlich aus hochkant verlegten Mauersteinen hergestellt. Eine durchgehende Feuchtigkeitssperre ist wichtig und wird gewöhnlich in die zweite Schicht unter dem Kopf des Abdecksteines eingebracht.

1 Ziegelsteinmauer
2 Durchgehende Feuchtigkeitssperre
3 Spezialkantenstein

1 Ziegelsteinmauer
2 Durchgehende Feuchtigkeitssperre
3 Abgerundeter Kantenstein

1 Ziegelsteinmauer
2 Durchgehende Feuchtigkeitssperre
3 Tonplatte
4 Kantenstein
5 Mörtelfüllung

1 Ziegelsteinmauer
2 Durchgehende Feuchtigkeitssperre
3 Tonplatte
4 Kantenstein

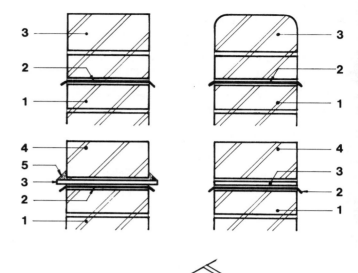

B Am Ende einer Ziegelwand besteht für den letzten Stein der Abdeckung die Gefahr, abgestoßen oder durch die Bewegungen der Wand abgedrückt zu werden. Ein zusätzlicher Halt für den letzten Kopfstein wird durch einen Maueranker aus verzinktem Eisen oder aus Nichteisenmetall vorgesehen. Der Anker ist auf der einen Seite fischschwanzförmig und auf der anderen rechtwinklig aufgebogen.

1 Ziegelsteinmauer
2 Durchlaufende Feuchtigkeitssperre
3 Ziegelschicht
4 Maueranker (Krampe) aus verzinktem Eisen oder Nichteisenmetall
5 Eckstein der Mauerkrone

C Ton-Abdeckplatten werden direkt auf der durchgehenden Feuchtigkeitssperre auf der Mauerkrone verlegt. Die Verbindung zwischen den benachbarten Abdeckplatten wird gewöhnlich durch einen Dübel, eine Krampe oder eine Mörtelfuge verstärkt.

Flache Abdeckplatten, die nicht durch Krampen befestigt werden können, sollten nicht weniger als 28 kg je lfdm wiegen. Nachfolgend werden verschiedene Formen von Abdecksteinen aus gebranntem Ziegel abgebildet:

1 Ziegelsteinmauer
2 Durchgehende Feuchtigkeitssperre
3 Abgeschrägte Kappe (Abdeckstein)

1 Ziegelmauerwerk
2 Durchgehende Feuchtigkeitssperre
3 Sattelförmige Abdeckkappe

1 Ziegelsteinmauer
2 Durchgehende Feuchtigkeitssperre
3 Halbrunder Abdeckstein

1 Ziegelsteinmauer
2 Durchgehende Feuchtigkeitssperre
3 Klammerförmige Abdeckplatte

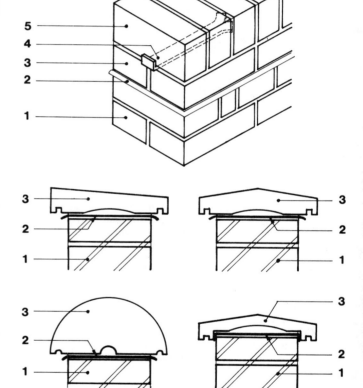

D Spezialabdecksteine werden für Mauerenden, Ecken und Auflaufpunkte passend hergestellt. Die sattelförmige Abdeckkung ist, wie hier abgebildet, am Mauerende abgewalmt und die Tropfnase um die Ecke herumgeführt. Die Tropfnase ist 12 mm breit und 8 mm tief und mindestens 16 mm von der Außenkante des Abdecksteines entfernt.

1 Ziegelmauerwerk
2 Durchgehende Feuchtigkeitssperre
3 Abgewalmtes sattelförmiges Schlußabdeckstück aus Ton

Wände: Mauerkappen aus Betonwerkstein, Naturstein und Schiefer

M = 1 : 10

A Betonwerkstein- und Natursteinabdeckungen werden immer auf der durchlaufenden Feuchtigkeitssperre der Mauerkrone aufgelegt. Kopfstücke, die nicht mittels Klammern gehalten werden, sollten mindestens 28 kg je lfdm wiegen, um nicht von Wind, Stoß oder dem Anlegen einer Leiter verschoben zu werden. Dübel, Klammern oder eine Mörtelfuge verbinden die Enden der angrenzenden Abdeckplatte miteinander. Sie sollten aus Kupfer, Messing, Bronze oder rostfreiem Stahl bestehen. Die Bilder zeigen je zwei Ausbildungen aus Betonwerkstein und aus Naturstein im Schnitt:

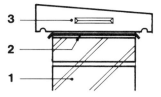 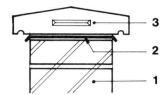

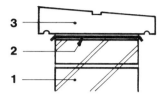 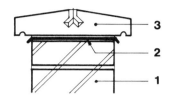

1 Mauerwerk
2 Durchgehende Feuchtigkeitssperre
3 Pultförmige Abdeckung aus Betonwerkstein

1 Mauerwerk
2 Durchgehende Feuchtigkeitssperre
3 Sattelförmige Abdeckung aus Betonwerkstein

1 Mauerwerk
2 Durchgehende Feuchtigkeitssperre
3 Pultförmige Steinabdeckung

1 Mauerwerk
2 Durchgehende Feuchtigkeitssperre
3 Sattelförmige Steinabdeckung

B Von beiden Abdeckungsarten gibt es Spezialsteine für Mauerenden, Ecken und Auflaufpunkte. Die dargestellte sattelförmige Abdeckung hat eine Aussparung für die Mörtelfuge, die die Verbindung mit der benachbarten Abdeckplatte schafft. Die Tropfnase ist um den Stein herumgeführt. Die Nase ist 12 mm breit, 8 mm tief und mindestens 16 mm von der Außenkante des Abdecksteins entfernt.

1 Mauerwerk
2 Durchgehende Feuchtigkeitssperre
3 Abgewalmter, sattelförmiger Schlußabdeckstein

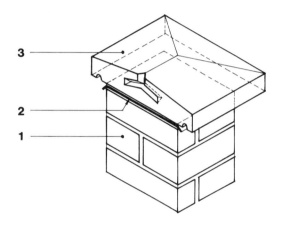

C Schieferabdeckplatten werden direkt auf der Mauerkrone verlegt, weil eine Feuchtigkeitssperre nicht erforderlich ist. Die Verbindung zur nächsten Platte besteht aus einem Falz mit 12 mm Überstand und einem Spalt von 1 mm bis 2 mm Breite, der mit dauerelastischem Kitt versehen wird. Dübellöcher in den Stirnseiten angrenzender Platten müssen aufeinanderpassen. Die Dübel sollen aus Kupfer, Messing, Bronze oder rostfreiem Stahl bestehen. Die Bilder zeigen drei verschiedene Formen von Abdeckplatten und eine Falzausbildung zwischen zwei Abdeckplatten im Schnitt.

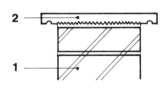 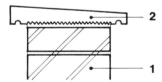

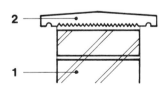 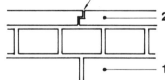

1 Mauerwerk
2 Flache Schieferplatte

1 Mauerwerk
2 Pultförmige Schieferplatte

1 Mauerwerk
2 Sattelförmige Schieferplatte

1 Mauerwerk
2 Flache Schieferplatte
3 Gefälzte Fuge

D Zu jeder Art von Abdeckplatten gibt es Spezialstücke für Enden, Ecken und Auflaufpunkte. Abgebildet ist eine flache Schieferendplatte. Die Tropfnase wird um das Ende der Wand herumgeführt und ist gewöhnlich 10 mm breit und 8 mm tief. Sie sollte mindestens 16 mm von der Kante der Deckplatte entfernt sein.

1 Mauerwerk
2 Flache Endabdeckplatte aus Schiefer
3 Gefälzte Fuge

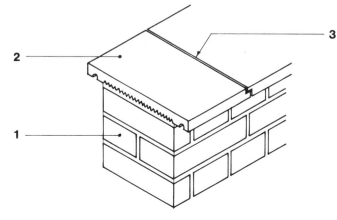

Wände: Luftschichtanker

M = 1 : 5

A Vertikal (senkrecht) gedrehte Maueranker
Die Tropfnase des Maueranker wird in die Mitte der Luftschicht oder nahe zur Außenschale verlegt. Der Anker wird in die Mörtelfugen jeder Mauerschale auf einer Tiefe von etwa 50 mm eingebettet. Die Anker werden gestaffelt und gleichmäßig in der Wand verteilt. Die Größen sind dem Gewicht der Wand, der Stärke der Mauerschalen und der Weite der Luftschicht angepaßt. Für nichttragendes Mauerwerk oder Blocksteine werden Anker gewöhnlich in Abständen von 900 mm horizontal und 450 mm vertikal angebracht. (In Deutschland gilt die Mindestanforderung von 4 Ankern/m².)

B Fischschwanzförmiger Mauerwerksanker
Die Drehung des Bandeisenstreifens liegt in der Mitte der Luftschicht. Der Fischschwanz wird in die Mörtelfuge der inneren Wandschale eingebettet. Der Haken des Ankers wird in einen senkrechten Schlitz im Kopf eines Verblenders gesteckt. Die Anker bestehen aus Kupfer- oder Phosphorbronze.

C Schmetterlings-Maueranker
Der Schmetterlings-Maueranker wird mittig mit der Tropfnase nach unten verlegt. Der Anker ist in die Mörtelfuge eingebettet und reicht mindestens 50 mm weit in jede Schale der Wand. Der Drahtanker ist weniger imstande, Mörtelteile zu halten, als der gedrehte (gerödelte) Streifen, und rostet leicht in exponierter Lage.

D Doppel-Triangel-Wandanker
Der Doppel-Triangel-Anker wird mittig verlegt mit einer Tropffurche versehen, mit der Nase nach unten. Der Anker ist in die Mörtelfugen eingebettet und reicht mindestens 50 mm tief in jede Schale der Wand hinein. (Es gibt zahlreiche ähnliche Anker auf dem Markt mit Tropfnasen aus Kunststoff.)

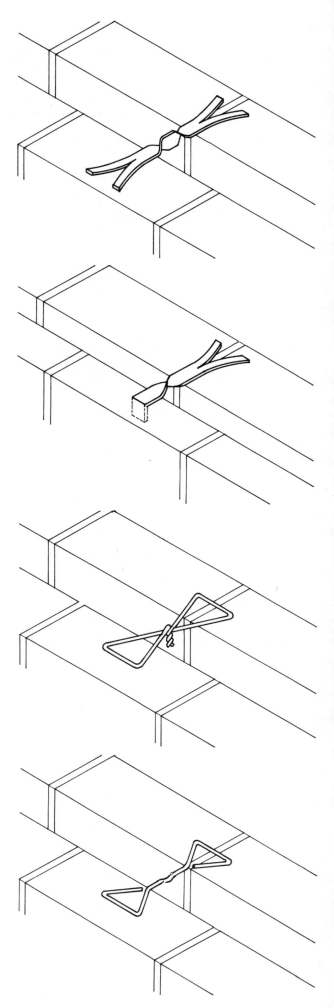

Wände: Geklebte Polymer-Feuchtigkeitssperre

M = 1 : 10

A Innenecke zwischen Flachdach und Wänden
Eine Möglichkeit, die Innenecke am Schnittpunkt zwischen einem Flachdach und einer Wand- oder Brüstungsecke abzudichten, besteht darin, eine passende vorgefertigte Innenecke aus Kunststoff einzusetzen. Sie wird auf einem ebenen Mörtelbett verlegt. Die Überlappungen von 100 mm werden mit einem Zweikomponentenkleber mit der Dachdichtung verklebt. Dazu wird jede Fläche mit Kleber versehen. Nach dem Trocknen werden die beiden Teile fest zusammengepreßt.

1 Dach
2 Wand
3 Verklebbare, vorgefertigte Polymerdeckung, 2 mm dick

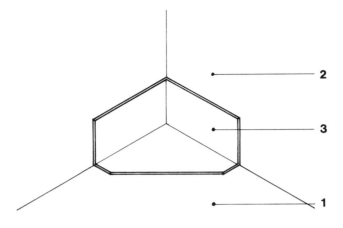

B Außenecke zwischen Flachdach und Wänden
Der Schnittpunkt zwischen einem Flachdach und der Außenecke einer Wand oder Brüstung wird mit einer passenden, vorgefertigten Außenecke aus Kunststoff hergestellt. Die Deckung wird in einem ebenen Mörtelbett verlegt und mit Kontaktkleber auf das Dach und die benachbarten PVC-Teile aufgebracht.

1 Dach
2 Wand
3 Verklebbare, vorgefertigte Polymerdeckung, 2 mm dick

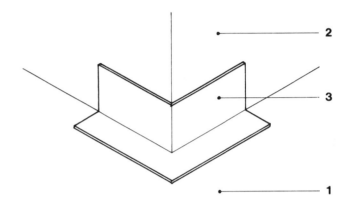

C Innenecke einer zweischaligen Wand
An den Innenecken einer zweischaligen Wand kann eine abgestufte Feuchtigkeitssperre aus vorgefertigtem Deckungsmaterial hergestellt werden. Dieses Teil wird fabrikmäßig zusammengeschweißt und in Form und Größe der Breite der Luftschicht und Stärke der inneren und äußeren Schale der Wand angepaßt. Die benachbarte Feuchtigkeitsbahn wird 100 mm überlappt und mit dem Fertigteil durch Kontaktkleber verbunden.

1 Wandaußenschale
2 Wandinnenschale
3 Verklebbare, vorgefertigte Polymerdeckung, 2 mm dick

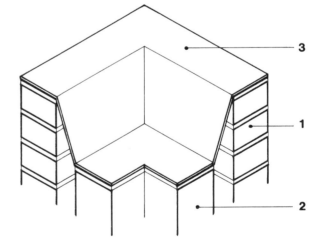

D Außenecke einer zweischaligen Wand
Die vorgefertigte Feuchtigkeitssperre für die Innenecke einer zweischaligen Wand kann auch – umgedreht – für eine Außenecke der gleichen Wand verwendet werden.

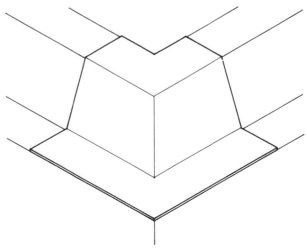

Wände: Beschichtetes Stahltrapezblech

M = 1 : 5

A Traufen
Die Verbindung zwischen Wand und Dach einer Stahltrapezblechdeckung wird mit einem Traufblech hergestellt. Es überdeckt die Wandbekleidung auf 125 mm und liegt unter den Dachtafeln in der Schräge auf 225 mm Länge. Das Traufblech wird zusammen mit den Enden der Wandbekleidung zu einem zugfesten Hakenbolzen an einer Winkelpfette befestigt.

1 Winkeleisenpfette
2 Vertikalverkleidung aus beschichtetem Trapezblech
3 Traufblech
4 Zugfester Hakenbolzen mit Vierkantmutter
5 Dachtafeln aus beschichtetem Stahltrapezblech

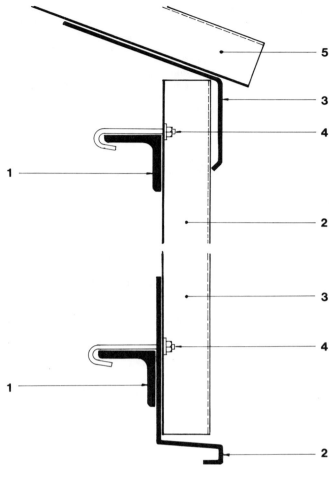

B Traufbank
Am Traufpunkt wird die Verbindung zwischen der Wandbekleidung und dem Kopf der bauseitigen Platten oder den Stützenköpfen mit Hilfe eines 225 mm hohen Traufbankformstückes hergestellt. Das Formstück wird zusammen mit dem unteren Ende der vertikalen Verkleidung mit einem zugfesten Hakenbolzen an der Winkelpfette befestigt.

1 Winkeleisenpfette
2 Traufbank
3 Trapezblech als Vertikalverkleidung
4 Zugfester Hakenbolzen mit Vierkantmutter

C Außenecken
Die Verbindung an Außenecken von zwei vertikalen Verkleidungen wird mit einem Eckformstück hergestellt. Dieses überdeckt ein Trapez des einen Bleches und wird unterhalb der anderen Verkleidung mit gewindeschneidenden Schrauben von 6 mm Durchmesser und 20 mm Länge im Abstand von 400 mm befestigt.

1 Winkeleisenpfette
2 Vertikalverkleidung aus beschichtetem Trapezblech
3 Eckformstück
4 Vertikalverkleidung aus beschichtetem Trapezblech
5 Verzinkte gewindeschneidende Schraube

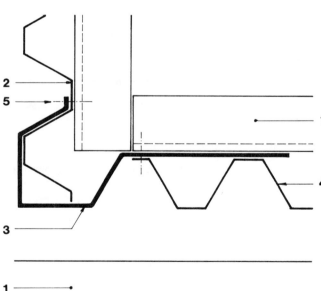

D Äußere Überdeckungen (Überlappungen)
Die Verbindung zweier aneinanderliegender vertikaler Trapezbleche besteht aus einer seitlichen Überlappung, die durch eine gewindeschneidende Schraube von 6 mm Durchmesser und 20 mm Länge gehalten werden. Die Haltepunkte liegen im Abstand von 400 mm, genau in der Mitte der seitlichen Überlappung und mindestens 40 mm vom Ende der Tafel entfernt.

1 Winkeleisenpfette
2 Vertikalverkleidung aus beschichtetem Trapezblech
3 Vertikalverkleidung aus beschichtetem Trapezblech
4 Verzinkte gewindeschneidende Schraube

Wände: Aluminiumprofilbleche

M = 1 : 2

A Genagelte Befestigung an Holzpfetten
Das Trapezblech wird überlappt und längs des Wellentales des Trapezbleches mit einem Rundkopfringnagel an der Holzpfette befestigt, die nicht schwächer als 70 mm sein darf. Der Nagel muß senkrecht eingeschlagen werden, um einen ausreichenden Abschluß des integrierten Kunststoff-Dichtungsringes sicherzustellen.

1 Holzpfette
2 Aluminiumtrapezblech
3 Rundkopf-Ringnagel mit integriertem Dichtungsring

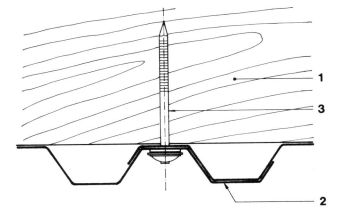

B Befestigung an Stahlpfetten
Das Trapezprofilblech wird überlappt und längs des Wellentales mit einer rostfreien gewindeschneidenden Schraube in ein vorgebohrtes Schraubloch der Stahlpfette geschraubt.

1 Stahlpfette
2 Aluminiumtrapezblech
3 Unterlagsscheibe aus rostfreiem Stahl mit Kunststoff beschichtet
4 Rostfreie gewindeschneidende Schraube

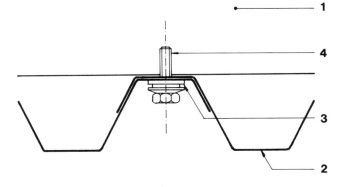

C Befestigung einer seitlichen Überlappung
Das Trapezprofilblech wird an der Überlappung alle 500 mm mit Nieten in vorgebohrten Löchern befestigt. Die Überlappungen des Bleches müssen während des Bohrens und Nietens einen leichten Druck aufnehmen.

1 Pfette
2 Aluminiumtrapezblech
3 Aluminium-Rundkopfniete

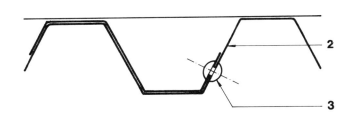

D Befestigung an Holzpfetten durch Scheitelpunkte
Bei Blechprofilen, die eine doppelte Überlappung nicht erlauben, wird das überlappende Blech durch den Scheitelpunkt der Aufwellung hindurch mit der Holzpfette befestigt. Die Blechtafel erhält Löcher mit einem um 0,5 mm kleineren Durchmesser als die Nageldicke und wird mit Rundkopf-Ringnägeln an der Holzpfette festgenagelt.

1 Holzpfette
2 Aluminium-Profilblech
3 Rundkopf-Ringnagel

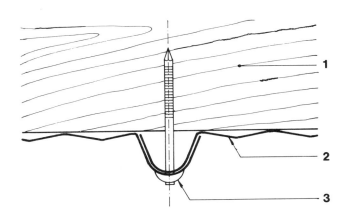

Wände: Bewegungsfugen im Mauerwerk

M = 1 : 5

A Stahlbetonplatte auf Mauerwerk (Schnitt)
Zwischen Stahlbetonplatte und tragendem Mauerwerk wird eine Gleitschicht vorgesehen, die eine horizontale Bewegung der Platte erlaubt. Zwei Lagen Bitumenpappe werden entlang den Köpfen der Mauerwerksscheibe verlegt, und die Platte wird direkt auf diese Pappe betoniert.

1 Tragende Wandaußenschale
2 Zweilagige Bitumenpappe
3 Stahlbetonplatte

B Wandausfachung im Stahlbetonrahmen (Schnitt)
Bei der Herstellung einer Wand als Ausfachung für einen Stahlbetonrahmen wird eine Fuge vorgesehen, die die Bewegungen des Betons gewährleisten. In die Fuge werden Schaumstoffschnüre eingebracht, die ein Widerlager für die Dichtungsmasse am Fugenaußenrand bilden. Die Tiefe der Dichtungsmasse entspricht etwa der Hälfte der Spaltweite.

1 Rahmen aus Stahlbeton
2 Außenschale der Ziegelwandausfachung
3 Schaumstoffschnüre als Widerlager
4 Dichtungsmasse

C Mauerwerk mit Stahlstütze als Aussteifung (Grundriß)
Bei einer Ziegel- oder Trennwand, die zwischen Stahlstützen gespannt ist, wird die Lücke zwischen dem Ende der Wand und der Stütze mit einem Schaumstoffstreifen ausgefüllt und die Wand mit Dübeln gesichert. Die Dübel, nicht größer als 6 mm im Durchmesser, sind eingefettet oder mit Plastikfolie umwickelt, um im Mauerwerk gleiten zu können. Für jedes Geschoß sind in der Senkrechten an drei oder mehr Stellen Dübel in Höhe der Mörtelfugen vorzusehen.

1 Aussteifung
2 Schaumstoffstreifen
3 Mauer
4 Verzinkte Stahldübel, 6 mm Durchmesser
5 Mauer

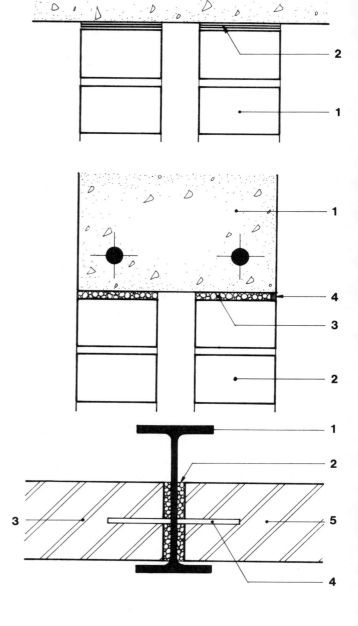

D Dehnungsfuge in einer Ziegelaußenmauer (Grundriß)
Bei Außenwänden oder Brandmauern, die länger als 12 m sind, wird alle 12 m eine Dehnungsfuge angelegt, um dem Mauerwerk Bewegungen zu ermöglichen. Die Fugen sind mindestens 10 mm breit und werden mit Schaumstoffstreifen (oder Asbestschnüren) ausgefüllt, die gleichzeitig als Hinterfüllung für die Dichtungsmasse dient. Die Dichtungsmasse an der Fugenaußenseite reicht bis in eine Tiefe entsprechend der halben Spaltweite.

1 Außenwandschale
2 Schaumstoffstreifen
3 Außenwandschale
4 Dichtungsmasse

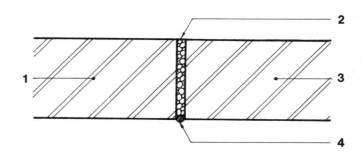

Wände: Bewegungsfugen im Blockmauerwerk

M = 1 : 2

A Es gibt verschiedene Wege, um Bewegungsfugen im Blockmauerwerk herzustellen. Bei der ersten Art werden die Blöcke im Verband so verlegt, daß sich eine durchgehende Vertikalfuge bildet, die nach Arbeitsfortschritt mit Mörtel verfüllt wird. Der Mörtel wird dann auf beiden Seiten der Fuge in einer Tiefe von 20 mm herausgekratzt und diese mit Dichtungsmasse verfüllt. Die Dehnungsfugen werden für normales Blockmauerwerk ohne Öffnungen alle 6 m mittig angeordnet.

1 Betonblockstein
2 Mörtel aus Portlandzement:Kalk:Sand wie 1 : 1 : 6
3 Fugendichtungsmasse

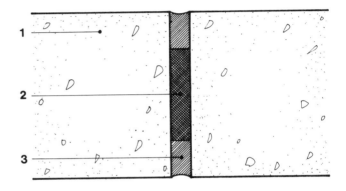

B Eine andere Art, eine Dehnungsfuge herzustellen, besteht darin, das Blockmauerwerk im Verband zu verlegen, so daß sich eine durchgehende offene Vertikalfuge von 10 mm Breite bildet. Das Innere wird dann mit einer preßbaren Masse verfüllt, wie Schaumstoff-Polyäthylen oder -Polyuretan. Sie bildet das Widerlager für die Dichtungsmasse, die den Spalt von beiden Seiten der Fuge schließt.

1 Betonblockstein
2 Schaumstoff-Polyäthylen-Innenfüllmasse
3 Fugendichtungsmasse

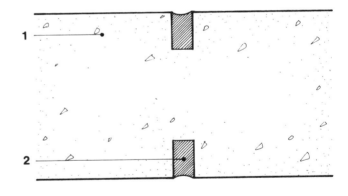

C Es gibt eine dritte Methode zur nachträglichen Herstellung einer Dehnungsfuge in fertigem Blockmauerwerk. Das Blockmauerwerk wird in der gewohnten Art und Weise hergestellt. An der gewünschten Stelle wird mit der Schlitzfräse an beiden Seiten des Blockmauerwerks eine Fuge von 10 mm Breite und 20 mm Tiefe eingeschnitten. Der Schlitz wird dann mit Dichtungsmasse ausgefüllt.

1 Betonblockstein
2 Dichtungsmasse

D Bei ungeputzten Innenwänden, die nicht wetterbeständig zu sein brauchen, kann die Fuge mit einer Dichtungsmasse oder mit weichem Mörtel verfüllt werden.

1 Betonblockstein
2 Mörtel aus Portland-Zement:Kalk:Sand wie 1 : 1 : 6
3 Magermörtel aus Portland-Zement:Kalk:Sand wie 1 : 2 : 9

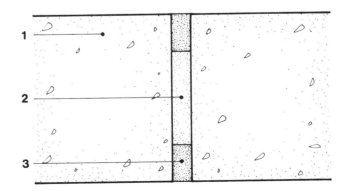

Wände: Beton-Fassadenelemente

M = 1 : 2

A Fuge zwischen Fassadenplatten (Schnitt)

Die belüfteten Fugen zwischen zwei vorgefertigten Beton-Fassadenplatten werden mit lose verlegten elastischen PVC-Fugenbändern in der Vertikalen und vorgefertigten Dichtungsschläuchen in der Horizontalen geschlossen. Die Dichtungsschläuche sind zwischen den Platten eingepreßt und außerdem selbstklebend.

1 Unteres vorgefertigtes Beton-Fassadenelement
2 Gepreßtes, flexibles PVC-Band
3 Schaumstoff-Dichtungsschlauch mit selbstklebender Oberfläche
4 Oberes vorgefertigtes Beton-Fassadenelement

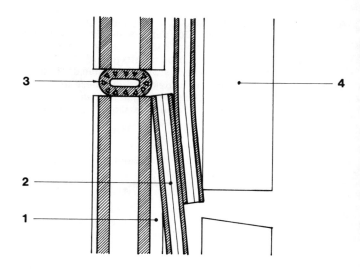

B Fuge zwischen Fassadenplatten (Grundriß)

Die offene Vertikalfuge zwischen vorgefertigten Beton-Fassadenplatten hat eine lichte Weite von 20 mm. Der senkrechte Dichtungsschlauch an der Innenseite der Fuge hängt am horizontalen Dichtungsschlauch und wird zwischen die Kanten der beiden Platten gepreßt. Das PVC-Fugenband ist schmaler als der Mindestabstand zwischen den gegenüberliegenden Enden der Fugenöffnungen, um ein leichtes Einführen zu erlauben, und von ausreichender Breite, um eine Verschiebung zu verhindern.

Es ist durch eine mittlere Höhlung und die Längsgrate so steif, daß es eingeschoben werden kann, wenn die zwei benachbarten Elemente versetzt sind.

1 Beton-Fassadenelement
2 Polychloroprenschlauch mit Lochzellen und selbstklebender Oberfläche
3 Beton-Fassadenelement
4 PVC-Fugenband

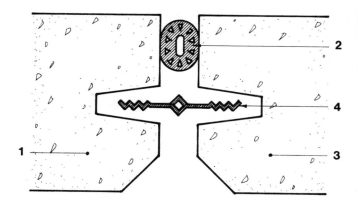

C Kreuzung von Horizontal- und Vertikalfuge

Der Kreuzungspunkt zwischen den Horizontal- und Vertikal-Dichtungsschläuchen an der Hinterseite der Wanddielen muß einwandfrei durch ein Kreuzformstück oder durch Stoßen der vertikalen Schlauchstücke auf einem durchgehenden Horizontalschlauch hergestellt werden.

Die vertikalen Fugenbänder überlappen sich um mindestens 50 mm und liegen hinter der Betonoberfläche.

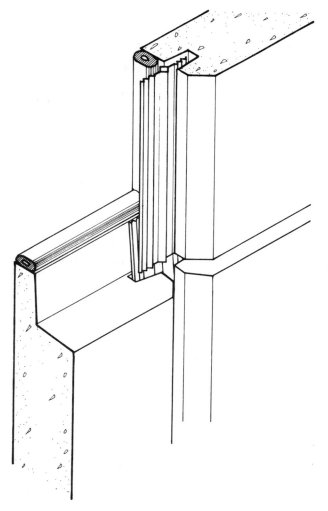

Wände: Vorgefertigte Beton-Verkleidungsplatten

M = 1 : 2

A Eine Art der Fugenausbildung zwischen vorgefertigten Beton-Verkleidungsplatten bedient sich einer Lagerrinne zwischen den Betonelementen, die ein lose hängendes Fugenband aufnimmt. Das Band wird am Kopfende der Platten befestigt. Am Kopf der unteren Platte wird über dem Falz eine Abdeckung befestigt. Eine Dichtungsmasse wird durchgehend auf der Oberkante aufgetragen und später durch die obere Platte gehalten. Diese wird so montiert, daß zwischen der oberen und der unteren Platte ein Spielraum von mindestens 10 mm entsteht.

1 Untere vorgefertigte Beton-Verkleidungsplatte
2 Plastikfugenband, 40 mm breit
3 Abdeckung, 100 mm breit, an die Rückseite der Diele geklebt
4 Dichtungsstreifen
5 Obere vorgefertigte Beton-Verkleidungsplatte
6 Plastikfugenband, 40 mm breit

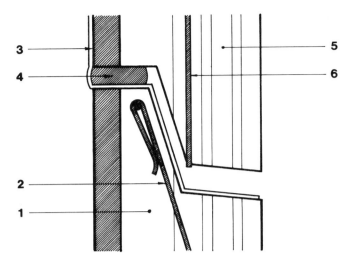

B Die senkrechten Kanten der Verkleidungsplatte werden so profiliert, daß sie einen Falz für das Fugenband, einen Wetterschutz und eine Abfasung bilden, um ein Absplittern des Betons an der Außenkante zu verhindern. Angrenzende Platten werden mit einem Abstand von mindestens 10 mm montiert. Die Breite der Fugenbänder richtet sich nach den bauseitigen Gegebenheiten. Wenn die Betonplatten versetzt sind, wird ein Dichtungsstreifen auf der Rückseite der Fugen eingesetzt.

1 Vorgefertigte Beton-Verkleidungsplatte
2 Vorgefertigte Beton-Verkleidungsplatte
3 Lose hängendes Plastik-Fugenband
4 Dichtungsstreifen

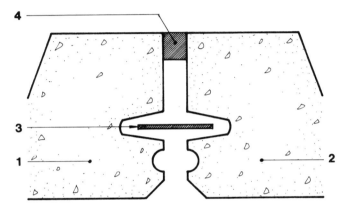

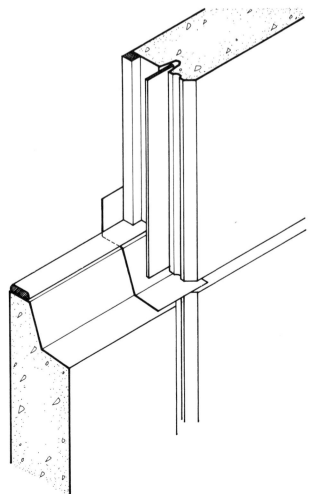

Wände: Vorgefertigte Betonplatten

M = 1 : 2

A Setzfuge (Schnitt)

Die horizontale Fuge (Setzfuge) zweier vorgefertigter Betonplatten mit belüfteter Fuge wird nahe der Innenseite mit einem Dichtungsstreifen und mindestens 50 mm von der Vorderseite der Platte entfernt mit einer Durchkreuzung versehen. In diesem Fall besteht die Dichtung aus einem zusammengepreßten Schaumstoffstreifen, der mit Klebstoff befestigt ist. Die Kreuzdichtung besteht aus zwei synthetischen Kautschukstreifen, die in den Rillen der angrenzenden Dielen zu liegen kommen und sich an der Fuge überlappen.

1 Untere Betonplatte
2 Synthetischer Kautschukstreifen
3 Abdeckungsstreifen aus Polychlorpren mit Klebeschicht
4 Schaumstoffstreifen aus synthetischem Kautschuk mit Klebedichtung
5 Obere Betonplatte
6 Synthetischer Kautschukstreifen

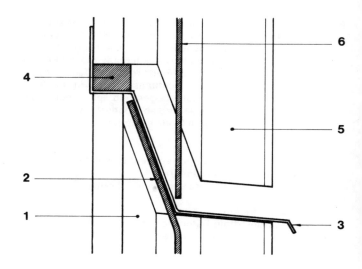

B Stoßfuge (Grundriß)

Die Rillen an den vertikalen Kanten jeder Diele sind so gestaltet, daß die Vertikaldichtung eine möglichst große Toleranz in der Fugenweite aufnehmen kann. Eine Abdeckung verläuft quer durch die Fuge über die Schwelle der unteren Platte und hinter der Rückseite der oberen Platte. An der Rückseite erhält die vertikale Fuge einen zusammengepreßten Schaumstoffstreifen aus synthetischem Kautschuk, der mit der Fugenoberfläche der Betonplatten verklebt wird, ebenso mit der Horizontaldichtung verbunden wird, um eine luftdichte Fuge zu gewährleisten.

1 Vorgefertigte Betonplatte
2 Vorgefertigte Betonplatte
3 Schaumstoffstreifen aus synthetischem Kautschuk mit Klebeschicht
4 Vertikalstreifen aus synthetischem Kautschuk

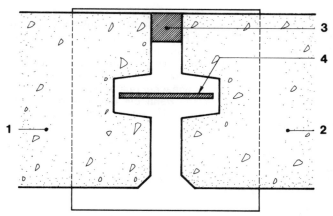

C Schnittpunkt zwischen Horizontal- und Vertikalfuge

Die Kreuzung der Fugen erhält auf der Innenseite der Platte zwei vertikale Dichtungsstreifen und den Horizontalstreifen. Die Fuge ist weiterhin geschützt durch eine Abdeckung, die auf der Rückseite der Platten aufgekantet ist. Die Abdeckung dient ebenso dazu, das Wasser aus der Vertikalfuge an jeder Horizontalfuge nach außen abzuleiten, um so die Wassermenge zu verringern, die am Dichtungsstreifen und an den Vertikalrillen herabläuft.

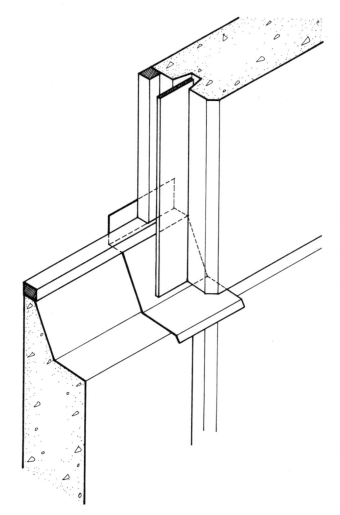

Wände: Vorgefertigte Betonplatten

M = 1 : 2

A Eine Variante der Fugenausbildung zwischen vorgefertigten Betonplatten ist die entwässerte Fuge mit einem kreuzförmigen Dichtungsprofil. Es ist wichtig, den lichten Abstand für ein kreuzförmiges Profil von 40 mm Diagonalmaß zwischen 10 mm und 20 mm zu halten. Die Horizontalfuge enthält eine Dichtung und ist genauso abgedichtet wie die Fuge mit der lose eingelegten Kreuzdichtung.

1. Untere vorgefertigte Betonplatte
2. Kunststoffdichtung mit kreuzförmigem Profil
3. Abdeckung, 100 mm breit, an der Rückseite der Dielen verklebt
4. Dichtungsstreifen
5. Obere vorgefertigte Betonplatte
6. Kunststoffdichtung mit kreuzförmigem Profil

B Die vertikalen Kanten der Platten sind an der Rückseite mit einer Einbuchtung versehen, die die Schenkel des kreuzförmigen Dichtungsprofils aufnimmt. Die Vorderseite ist abgefast. Das Dichtungsprofil wird beim Einsetzen zusammengepreßt und übt einen gleichmäßigen Druck auf die Kanten der Betonplatten aus.

1. Vorgefertigte Betonplatte
2. Vorgefertigte Betonplatte
3. Kunststoffdichtung mit kreuzförmigem Profil

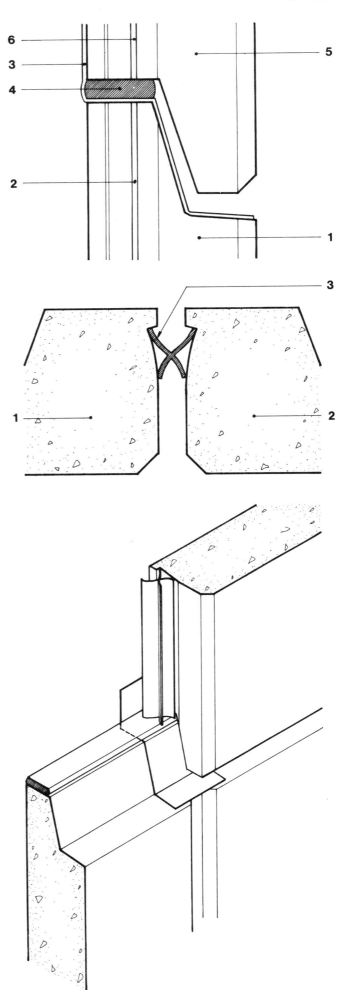

Wände: Vorgefertigte Betonplatten

M = 1 : 2

A Horizontalfuge (Schnitt)
In die Fuge wird eine Einkomponentendichtungsmasse eingespritzt. Der lichte Abstand zwischen den benachbarten Platten beträgt 15 mm. In die Lücke wird zuerst ein Schaumstoffstreifen eingelegt, um eine quadratische Tasche für die Dichtungsmasse zu bilden; diese ist auf Acrylharzbasis hergestellt, die ausgezeichnete Eigenschaften aufweist. Die Oberflächen der Betonteile müssen vor Einbringen der Dichtungsmasse sauber, trocken, schmutz- und fettfrei sein.

1 Untere Betonplatte
2 Obere Betonplatte
3 Hinterfüllung aus Schaumstoff
4 Einkomponentendichtungsmasse

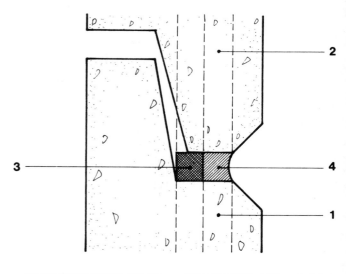

B Stoßfuge (Grundriß)
Die Konstruktion der Stoßfuge ist derjenigen der Setzfuge ähnlich. Die Vorderkanten der Betonplatten sind abgefast, um ein Abplatzen des Betons zu vermeiden, einen Wetterschutz zu bilden und die Oberfläche der Versiegelung zurückzusetzen. Das Verhältnis von Breite zu Tiefe beträgt 1 : 1 und wird für die Dichtungsmasse mit einer Minimalbreite von 6 mm, maximal mit 18 mm empfohlen. Die Dichtungsmasse paßt sich Schwankungen der Fugenweite bis zu 20 % der Ausgangsweite an.

1 Vorgefertigte Betonplatte
2 Vorgefertigte Betonplatte
3 Schaumstoffstreifen
4 Einkomponentendichtungsmasse

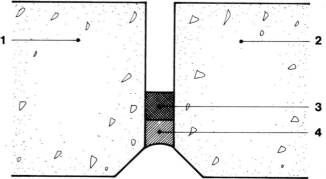

C Schnittpunkt zwischen Horizontal- und Vertikalfuge
Die Kreuzung zwischen Horizontal- und Vertikaldichtung ist vollkommen symmetrisch. Die Dichtungsmasse muß so eingebaut werden, daß Lücken und Lufteinschlüsse vermieden werden.

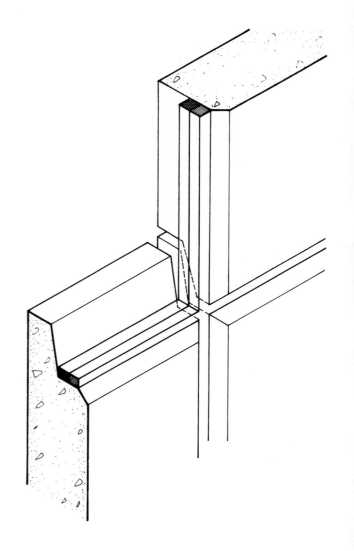

Wände: Fugendichtung für Beton-Wandplatten

M = 1 : 2

A Stoßfuge mit Einzeldichtung (Grundriß)
Die durchgehende Dichtung besteht aus einem Dichtungsschlauch mit rundem Querschitt und einem Polychloroprenkern mit Luftzellen, die Außenschale aus einer wasserfesten, selbstklebenden Schicht. Der Schlauch wird während der Montage auf die Fugenoberfläche der einen Platte gepreßt und beim Ansetzen der Nebenplatte zusammengedrückt. Für eine lichte Weite der Fuge von 20 mm wird eine Dichtung von 25 mm Durchmesser empfohlen.

1 Beton-Wandplatte
2 Polychloroprendichtung, 25 mm Durchmesser (ungepreßt)
3 Beton-Wandplatte

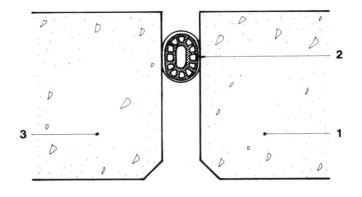

B Stoßfuge mit Dichtungsmasse und Fugenverschluß (Grundriß)
Die Fuge zwischen zwei Dielen wird mit einer Schnur verschlossen, die gleichzeitig Widerlager der Dichtungsmasse ist. Die Dichtungsmasse wird auf kaltem Wege mit einem Fugeneisen oder einer Spritze eingebracht. Die optimale Breite ist etwa doppelt so groß wie die Tiefe; diese Ausführung ist jedoch nur bei einer Fugenbreite von mindestens 25 mm zu empfehlen.

1 Beton-Wandplatte
2 Beton-Wandplatte
3 Massives Polyäthylen-Fugendichtungsprofil
4 Dauerelastische Fugendichtungsmasse

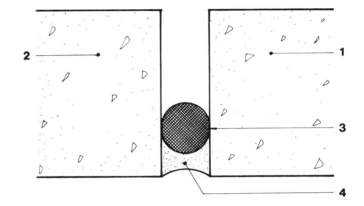

C Stoßfuge mit Dichtungsband und Füllmörtel (Grundriß)
Die Fugenoberfläche der Betondiele wird zuerst mit einer Grundierung behandelt. Das hohle Dichtungsband wird dann mit einem Gummi- oder Kunststoffhammer in die Spalte getrieben. Die Dichtung wird weiter mit einem Kalfatereisen bis zur erforderlichen Tiefe gedrückt. Die Fuge wird auf der Innenseite der Wand mit Füllmörtel verstrichen. Die abgebildete lichte Weite von 30 mm entspricht dem Durchschnittswert von Höchst- und Mindestbreite der Spalte.

1 Beton-Wandplatte
2 Beton-Wandplatte
3 Grundierung (butyllöslicher Anstrich mit Harzzusatz)
4 Dichtungsband aus hochwertigem Polychloropren oder anderem synthetischem Kautschuk
5 Füllmörtel

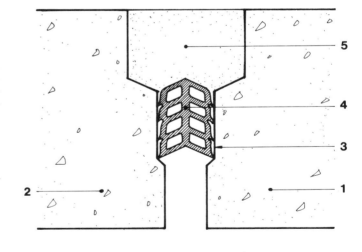

D Ausbildung eines Kreuzungspunktes
Am Schnittpunkt eines Vertikal- und Horizontaldichtungsprofiles wird ein U-förmiger Versatz die jeweils gegenüberliegenden Seiten beider Dichtungen geschnitten. Die beiden Dichtungsbänder werden dann so zusammengesteckt, daß sie in einer Ebene liegen. Wenn dies geschehen ist, wird der Schnittpunkt mit einem Polychloropren- oder Polyurethan-Klebstoff zusammengefügt und versiegelt.

1 Vertikale Dichtung
2 Horizontale Dichtung
3 Klebstellen

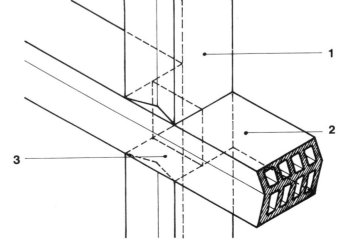

Wände: Verankerung von Betonplatten an Rahmenkonstruktionen

M = 1 : 5

A Platte mit Kopfauflager: Oberer Anschluß

Ein Flansch am oberen Ende der Betondiele wird auf die Stützkonstruktion aufgelegt und mit einbetonierten Dübeln aus Nichteisenmetall befestigt. Eine Lagerschnur wird an der Rückseite der Fuge eingelegt, die abschließend mit Mörtel verfüllt wird.

1 Beton-Stützkonstruktion
2 Dübel aus Nichteisenmetall (NE-Metall)
3 Mörtel
4 Lagerschnur aus Polyäthylen mit geschlossenen Schaumzellen
5 Mörtelfuge
6 Betonplatte

B Platte mit Kopfauflager: Unterer Anschluß

Der Flansch an der Unterkante der Betondiele wird am Kopf der darunter befindlichen Diele mittels Klampen verschraubt. Je nach Bedarf werden Unterlegscheiben eingelegt und die Klampen mit Kopfschrauben in den Ankerlöchern befestigt. Der Spalt zwischen zwei Platten wird mit einer Lagerschnur versehen und mit Dichtungsmasse geschlossen.

1 Untere Betonplatte
2 Ankerloch
3 Klampe aus Nichteisenmetall
4 Unterlegscheiben
5 Obere Betonplatte
6 Kopfschraube und Unterlegscheibe
7 Lagerschnur mit geschlossenen Schaumzellen (Luftzellen) aus Polyäthylen
8 Dichtungsmasse

C Platte mit Bodenhalterung: Oberer Anschluß

Der Flansch am oberen Ende der Diele enthält Ankerlöcher. Die Platte ist an der Rückseite mit der oberen Stützkonstruktion durch Klampen und Kopfschrauben befestigt. Unterlegscheiben gestatten das Einhalten der genauen Lage.

1 Obenliegender Teil der tragenden Betonkonstruktion
2 Ankerloch
3 Betonplatte
4 Ankerloch
5 Unterlegscheiben
6 Klampe aus Nichteisenmetall (NE-Metall)
7 Schraube und Unterlegscheibe

D Platte mit Bodenhalterung: Unterer Anschluß

Der Unterflansch der Platte wird über ein festes Mörtelbett von der unteren Stützkonstruktion getragen. Die Rückseite der Fugenbettung bildet eine Lagerschnur. Die Platte wird durch einen fest einbetonierten Dübel gehalten. Die Fugen der übereinanderliegenden Wandplatten werden an der Außenseite als Preßfugen ausgebildet. Diese werden mit einer Lagerschnur ausgefüllt und mit einer Dichtungsmasse geschlossen.

1 Beton-Stützkonstruktion
2 Dübel (NE-Metall)
3 Fugenmörtel
4 Lagerschnur mit geschlossenen Luftzellen aus Schaumpolyäthylen
5 Mörtelfugen
6 Betonplatte
7 Dichtungsmasse

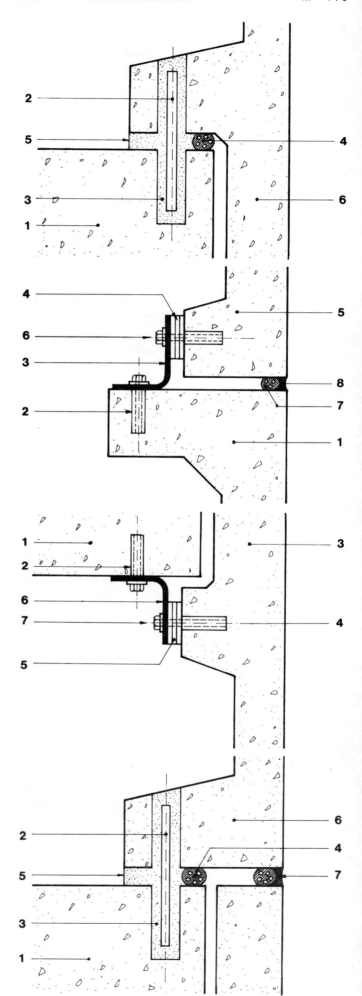

Wände: Gasbetonplatte

M = 1 : 5

A Längsverbindung von Platten
Die Gasbetonplatten werden horizontal vor der tragenden Konstruktion verlegt und reichen von der Mittellinie der einen Stütze zur Mittellinie der nächsten. Verzinkte (galvanisierte) Stahldübel werden in vorbereitete Löcher der Platten eingetrieben, um diese während des Aufbaues auszurichten. Die Längsfuge wird durch zwei zusammenpreßbare Bänder gebildet, die längs der Außenkante auf der Oberkante jeder Platte verlegt werden.

1 Gasbetonplatte, 150 mm dick
2 Galvanisierter, naturharter Stahldübel
3 Zusammenpreßbares Band
4 Gasbetonplatte

B Längsverbindung zwischen Platte und Gründung
Die Fundamentplatte endet mit einem Eckbalken, dessen Außenkante genau in der Flucht liegt. Eine Feuchtigkeitssperrschicht wird auf der Oberkante der Platte verlegt. Die galvanisierten, naturharten Stahldübel werden maßgenau eingeschlagen, um die erste Platte der Wand aufzunehmen. Diese ist auf zwei zusammenpreßbaren Bändern gebettet, die auf beiden Seiten längs der Feuchtigkeitssperre liegen.

1 Betongrundplatte und Gründungsbalken
2 Galvanisierter Stahldübel
3 Feuchtigkeitssperrschicht
4 Zusammenpreßbares Band
5 Gasbetonplatte, 150 mm dick

C Vertikale Fuge zwischen Platten und Stütze
Die Wandplatten werden mit ihrer Rückseite gegen die Außenfläche der Stütze lehnend abgesetzt. Die lichte Weite zwischen den zwei Platten beträgt 25 mm. Die Platten werden an der Stütze gewöhnlich mit Abdeckblech und Bolzen befestigt.

1 Tragende Betonstütze
2 Gasbetonplatte
3 Gasbetonplatte
4 Spreizanker
5 Abdeckband und Bolzen

D Vertikale Fuge zwischen Platten und Stahlstütze
Die Gasbetonplatten werden in Verbindung mit einer Stahlkonstruktion eingesetzt. Eine Gewindemuffe wird auf dem Flansch an der Mittellinie des Pfostens angeschweißt. Eine lichte Weite von 25 mm soll zwischen benachbarten Platten bestehen. Die Gasbetonplatten werden in der Regel an den Pfosten mit Abdeckband und Bolzen befestigt.

1 Walzstahlprofil
2 Gewindemuffe, an den Pfosten angeschweißt
3 Gasbetonplatte
4 Gasbetonplatte
5 Aluminiumdeckstreifen mit Bolzen

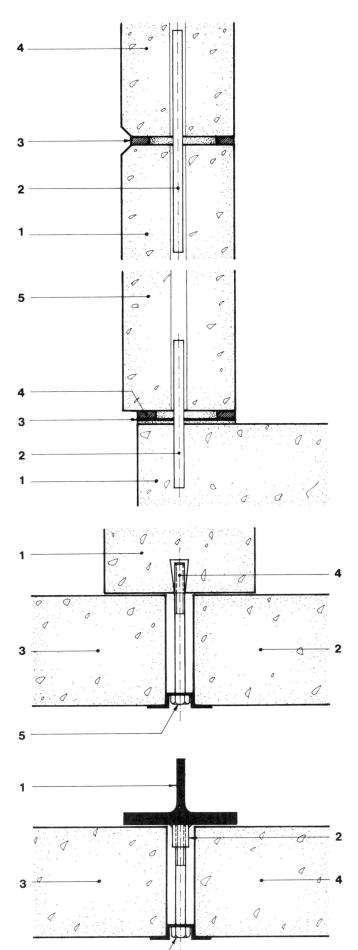

Wände: Holzverkleidungen

M = 1 : 5

A Zur Außenverkleidung von Holzständerwerk gibt es verschiedene Möglichkeiten. Bretter werden direkt durch die Sperrholzabdeckung hindurch horizontal an die senkrechten Pfosten genagelt, die im Abstand von 400 mm oder 600 mm stehen. Die empfohlene Mindeststärke der Schutzverbretterung beträgt 16 mm, bei keilförmigem Querschnitt kann die dünnere Kante 8 mm, die dickere 16 mm Dicke aufweisen.

1 Holzpfosten, 100 mm x 50 mm
2 Wasserfestes Sperrholz, 8 mm
3 Atmungsaktives Ölpapier
4 Holzbretter, waagerecht verlegt
5 Keilförmige Bretter, waagerecht verlegt
6 Aluminium- oder doppelverzinkte Nägel

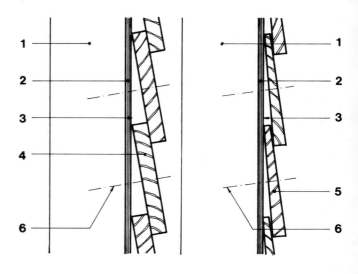

B Eine andere Art der Holzverkleidung besteht aus Brettern, die senkrecht auf eine Horizontallattung zwischen den Pfosten genagelt werden. Die Fuge zwischen den Brettern wird mit einer senkrechten Leiste oder alternativ durch Falzbretter abgedeckt.

1 Holzpfosten
2 Holzlatten, waagerecht befestigt
3 Wasserfestes Sperrholz, 8 mm
4 Atmungsaktives Ölpapier
5 Senkrecht befestigte Bretter
6 Aluminium- oder doppelverzinkte Nägel
7 Holzleiste

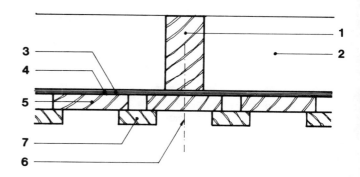

C Senkrecht befestigte Falzbretter erlauben die Aufnahme von Schwund und Dehnung des Holzes. Sie gestatten ebenso verschiedene Breiten, Stärken und Profile der Fälzung an beiden Brettkanten.

1 Holzpfosten
2 Holzlatten, waagerecht befestigt
3 Wasserfestes Sperrholz, 8 mm
4 Atmungsaktives Ölpapier
5 Gefälztes Holzbrett (Falzbrett)
6 Aluminium- oder doppelverzinkte Nägel

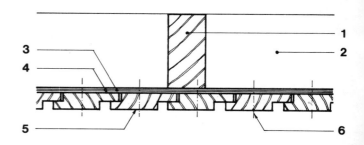

D Eine andere Art der Holzwandverkleidung verwendet Sperrholz, das gleichzeitig als Abdeckung und Verkleidung dient. Am Stoß verbleibt eine Fuge von 2 mm lichter Weite. Sie wird mit einer Leiste von mindestens 50 mm Breite abgedeckt. Sperrholz und Leiste werden an den Pfosten genagelt.

1 Holzpfosten
2 Wasserfestes Sperrholz, 15 mm dick
3 Holzleiste, 50 mm x 25 mm
4 Aluminium- oder doppelverzinkter Nagel

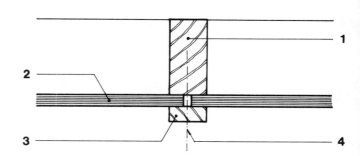

Wände: Sperrholz-Außenwandpaneele

M = 1 : 2

A Stoß
Die Verbindungen von wasserfesten Sperrholz-Außenwandpaneelen müssen die Kanten der Paneele schützen, Bewegungen gestatten und wetterfest sein. Die Sperrholzplatten werden auf der Lagerlatte in Dichtungsmasse gebettet und so verlegt, daß zwischen den Enden von zwei Paneelen eine lichte Weite von 10 mm besteht. Die Deckleiste wird auf dem Sperrholz in Dichtungsmasse gebettet oder direkt in das Lagerholz geschraubt.

1 Holzlatte
2 Dichtungsmasse
3 Wasserfestes Sperrholzpaneel, 12 mm dick, mit Oberflächenversiegelung
4 Dichtungsmasse
5 Hartholzdeckleiste
6 Holzschraube

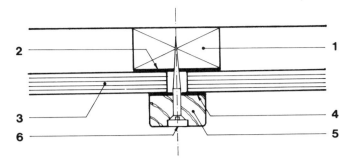

B Eckstoß
Die Verbindung von wasserfesten Sperrholz-Außenpaneelen und einer Außenecke ähnelt im Prinzip der normalen Stoßverbindung, wie oben in A gezeigt. Eine Ecklatte wird benötigt, um den 5 mm-Spielraum zwischen dem Rand des Sperrholzes und der zur Verbindung gehörenden Fläche zu überbrücken und um den Halt für die beiden Deckleisten zu ermöglichen.

1 Holzlatte
2 Dichtungsmasse
3 Wasserfestes Sperrholzpaneel mit Oberflächenversiegelung, 12 mm dick
4 Dichtungsmasse
5 Hartholzdeckleiste
6 Holzschraube und Deckverschluß

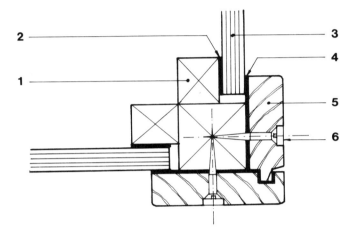

C Stoß mit Aluminiumprofil
Die andere Form einer geraden Verbindung wird mit Hilfe eines Aluminium-Sonderprofils hergestellt. Dieses hat zwei Flansche, in die eine Polychloroprendichtung eingelegt wird. Das Profil wird so an die hölzerne Stützlatte eingeschraubt, daß die Dichtung gegen die Oberfläche des Sperrholzpaneels gedrückt wird und dessen Kanten schützt.

1 Holzlatte
2 Wasserfestes Sperrholzpaneel, 12 mm dick, mit Oberflächenversiegelung
3 Aluminiumprofil mit Polychloroprendichtung
4 Holzschraube aus Aluminium

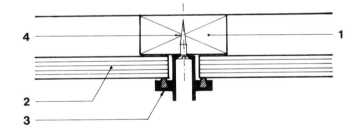

D Eckstoß mit Aluminiumprofil
Die Alternativausführung einer Verbindung von wasserfesten Sperrholz-Außenpaneelen an einer Außenecke entspricht der oben in C abgebildeten Verbindung. Sie besteht aus zwei Aluminiumprofilen, die mit einem Aluminiumwinkel an der Außenkante verbunden sind. Eine genaue Montage ist erforderlich, weil die Sitztoleranz sehr klein ist.

1 Holzlatte
2 Wasserfestes Sperrholzpaneel, 12 mm dick, mit Oberflächenbehandlung
3 Aluminiumprofil mit Polychloroprendichtung
4 Aluminium-Holzschraube
5 Aluminiumwinkel

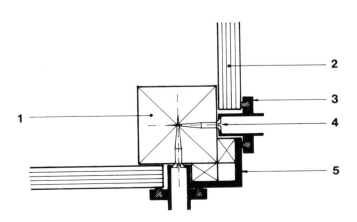

Wände: Verkleidung mit Leichtbauplatten

M = 1 : 2

A Stoß
Die Verkleidungsplatten bestehen aus einem Verbundmaterial z. B. Naturschiefer und Steinfüller, verbunden mit Kunstharzbinder und Glasfiberbewehrung. Die Platte ist zur Aufnahme von Schrauben in einem Abstand von mindestens 20 mm von der Plattenkante vorgebohrt. Die Plattenstöße weisen einen lichten Abstand von 10 mm auf. Die Fuge zwischen den Tafeln und der Holzlattung wird durch eine Spezial-Neoprendichtung verschlossen.

1 Holzlatte, 100 mm x 38 mm
2 Neoprendichtung
3 Verkleidungsplatte, 7 mm dick
4 NE-Metallschraube mit Plastikkopfabdeckung oder NE-Metall-Senkkopfschraube mit Verstrich

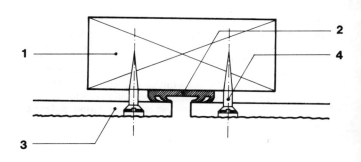

B Stoß mit Aluminium-Winkelstütze
Eine weitere Möglichkeit, die senkrechte Verbindung mit einem Holzrahmen herzustellen, besteht in der Befestigung der Platte an einer Aluminium-Winkelstütze. Die Plattenstöße haben einen lichten Abstand von 10 mm. Die Fuge ist hinten mit einem Schaumstoffband versehen und dann spritzversiegelt.

1 Pfosten des Holzrahmens, 100 mm x 50 mm
2 Winkelstütze aus einer Aluminiumlegierung, 50 mm x 50 mm x 3 mm
3 Verkleidungsplatte, 10 mm dick
4 Befestigung
5 Schaumstoffband als Unterlage
6 Spritzversiegelung

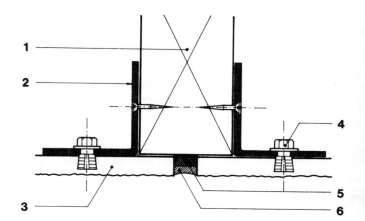

C Stoß ohne Schraublöcher
Eine andere Art der Befestigung vermeidet das Anlegen von Schraublöchern für die Platte. Eingefalzte Holzleisten werden mit dem Rand der Tafel verleimt und erhalten Befestigungswinkel aus Aluminium mit Lochschlitzen. Der Winkel wird mit einer Nichteisen-Schraube an der senkrechten Wandlatte befestigt mit einem lichten Abstand für den Plattenstoß von 10 mm. Die Fuge erhält dann eine Unterlage aus Schaumstoffband und wird mit einer Dichtungsmasse zugespritzt.

1 Holzlatte, 50 mm x 50 mm
2 Bekleidungstafel, 7 mm dick, mit der eingefalzten Holzleiste verklebt
3 Winkel aus Aluminiumlegierung mit Lochschlitzen
4 Nichteisen-Schraube
5 Schaumstoffband als Unterstützung
6 Spritzversiegelung

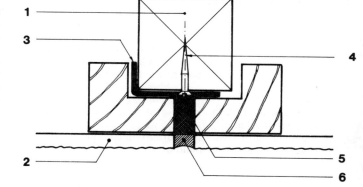

D Stoß vor Aluminiumrahmen
Besteht die Rahmenkonstruktion aus einer Aluminiumlegierung, wird die Verkleidungstafel zusammen mit einer Dämmschicht und einer zweiten Tafel zu einer vorgefertigten Wanddiele zusammengesetzt. Das Paneel wird in Butylgummi in den Falz des Pfostens eingelegt und von einer Holzdeckleiste gehalten. Ebenso kann eine Dichtungsmasse auf Silikon- oder Polysulfidbasis angewendet werden, jedoch sollte eine Dichtungsmasse auf Ölbasis nicht angewandt werden, um Flecken an den Kanten der Tafel zu vermeiden.

1 Stützpfosten aus Aluminiumlegierung
2 Butylbettung
3 Verkleidungstafel mit Dämmschicht und Stützplatte
4 Holzbefestigung

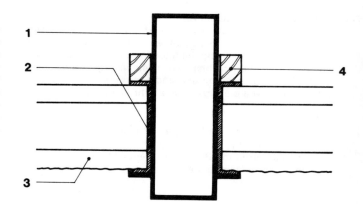

Wände: Schieferplattenverkleidung

M = 1 : 2

A Verankerung

Die Schieferverkleidungsplatten sind für gewöhnlich quadratisch oder rechteckig. Sie sind auf der Rückseite aufgerauht, um eine bessere Haftung für die Bettung zu bieten. Die fertigen Platten sind angebohrt, um Klemmen und S-Haken aufzunehmen. Die Klemmen werden mittels Spreizdübeln in der tragenden Wand befestigt. Die Platte wird auf Mörtelpolster gebettet: Eines an jeder Ecke der Platte und eines in der Mitte.

1 Tragende Wand
2 Mörtelpolster, 12 mm dick, als Auflager
3 Schieferplatte, 25 mm dick
4 Klemme aus Phosphorbronze, 4 mm Durchmesser
5 Spreizdübel
6 S-Haken, 4 mm Durchmesser
7 Hinterlegung aus Schaumstoffband und Polysulfiddichtung

B Abfangung

Für lange Wandabschnitte und dort, wo der untere Rand nicht direkt unterstützt ist, werden in je 3 m Höhe Zwischenbefestigungen vorgesehen. Eine Befestigungsart verwendet ein Winkelstück aus Phosphorbronze, das mit der tragenden Wand mittels zweier Spreizdübel verbunden wird. In die Rückseite der Platten werden Nuten geschnitten, dann wird die Platte auf Mörtelpolster gebettet, die 12 mm dick sind und an jeder Ecke und in der Mitte der Platte liegen.

1 Tragende Betonwand
2 Stützwinkel aus Phosphorbronze
3 Spreizdübel mit Bolzen, 7 mm Durchmesser
4 Mörtelpolster, 12 mm dick, als Auflager
5 Schieferplatte, 25 mm dick

C Abfangung

Schieferplatten können auch von Kragplatten aus Kupfer, Bronze oder Phosphorbronze getragen werden. Diese sitzen in einer Tasche der tragenden Wand, die dann mit Mörtel vergossen wird. In die Rückseite der Schieferplatte wird eine Nut geschnitten, um die Kragplatte aufzunehmen. Dann wird die Platte auf die Mörtelpolster verlegt.

1 Tragende Wand
2 Kragplatte aus Phosphorbronze
3 Zementmörtel
4 Mörtelpolster, 12 mm dick, als Auflager
5 Schieferplatte, 25 mm dick

D Eckausbildung

Die Vertikalverbindung zwischen zwei Platten wird mit einer Hinterfütterung aus Schaumstoffstreifen und einer Dichtungsmasse auf Polysulfidbasis hergestellt. An der Außenecke befindet sich gewöhnlich eine Schnabelfuge mit einer lichten Weite von 6 mm, um die Versiegelung und das Füllmaterial aufzunehmen.

1 Tragende Wand
2 Mörtelpolster, 12 mm dick, als Auflager
3 Schieferplatte, 25 mm dick
4 Schaumstoffstreifen
5 Schieferplatte, 25 mm dick
6 Dichtungsmasse (Polysulfid), 6 mm x 6 mm

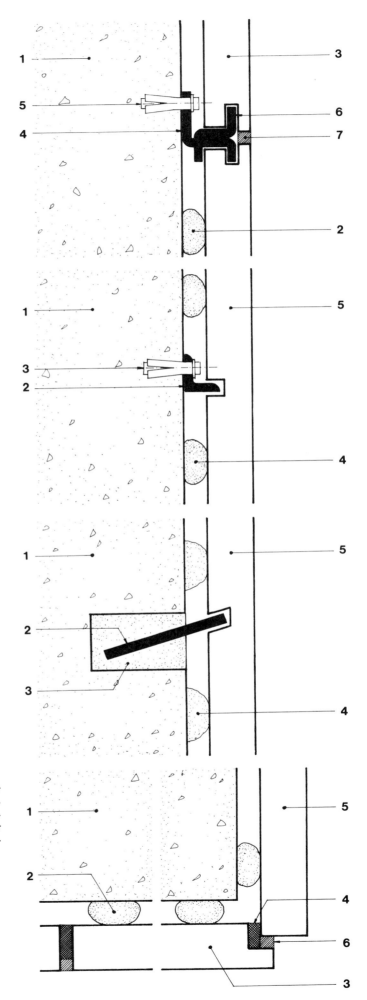

Wände: Verkleidungen aus Granitplatten

M = 1 : 2

A Schnitt durch Kraganker und Preßfuge
Die Granitplatten sind gewöhnlich mindestens 40 mm dick und mit Schlitzen in der Rückseite versehen, um die Kraganker aufzunehmen. Ein Spalt von mindestens 20 mm Weite ist zwischen der Wandoberfläche und der Rückseite des Verkleidungsteils freizuhalten. Die horizontale Preßfuge ist hauptsächlich vorgesehen, um ein Schwinden des Stahlbetontragwerks aufnehmen zu können. Der Abstand zwischen den Platten beträgt mindestens 13 mm, eine Fuge in jeder Lage vorausgesetzt.

1 Tragende Betonwand
2 Kraganker aus Phosphorbronze
3 Zementmörtel, Zement : Sand wie 1 : 2
4 Granitplatte
5 Eingepreßte Gummistreifen oder Polyäthylen-Verfüllmasse
6 Zweikomponenten-Polysulfid-Versiegelung

B Schnitt durch Stützwinkel und Preßfuge
Eine andere Art der Befestigung von Granitverkleidungen an einer Betonkonstruktion verwendet durchgehende Haltewinkel, die durch Ankerbolzen an der tragenden Wand befestigt sind. Die horizontale Preßfuge liegt direkt unter dem Stützwinkel. Es ist ein Abstand von mindestens 20 mm zwischen der Wand und der Rückseite der Verkleidungsplatte einzuhalten.

1 Tragende Betonwand
2 Stützwinkel aus Phosphorbronze
3 Ankerbolzen
4 Granitverkleidung
5 Schaumgummi oder Polyäthylen-Füllmaterial
6 Zweikomponenten-Spritzversiegelung Polysulfid

C Grundriß einer senkrechten Fuge
Eine gewöhnliche Vertikalfuge zwischen den Granit-Verkleidungsplatten wird mit Arbeitsfortschritt verfüllt. Die lichte Weite zwischen angrenzenden Platten sollte mindestens 5 mm und nicht mehr als 13 mm betragen. Die vorderen und hinteren Kanten müssen geschlossen werden, bevor der Rest der Fuge vermörtelt wird, um ein Herausquellen von Mörtel in die Lücke oder nach außen hin zu vermeiden.

1 Tragende Betonwand
2 Spalt, 20 mm weit
3 Granitverkleidung, 40 mm dick
4 Zementmörtel, Zement : Sand wie 1 : 4

D Grundriß einer vertikalen Dehnungsfuge
Vertikale Dehnungsfugen sollen Bewegungen in Längsrichtung des Gebäudes aufnehmen. Die Fuge läuft durch alle Verkleidungsteile. Die lichte Weite ist so ausreichend zu bemessen, daß alle denkbaren Verformungszwecke berücksichtigt sind.

Die Fuge wird vollständig gesäubert und mit Füllmaterial ausgepreßt. Die Vorderseite der Fuge wird dann mit einer Versiegelung versehen, die die zu erwartenden Dehnungen aufnehmen kann.

1 Tragende Betonwand
2 Spalt, 20 mm weit
3 Granitverkleidung, 40 mm dick
4 Schaumgummi oder Polyäthylen-Füllmaterial
5 Zweikomponenten-Spritzversiegelung (Polysulfid), 20 mm breit

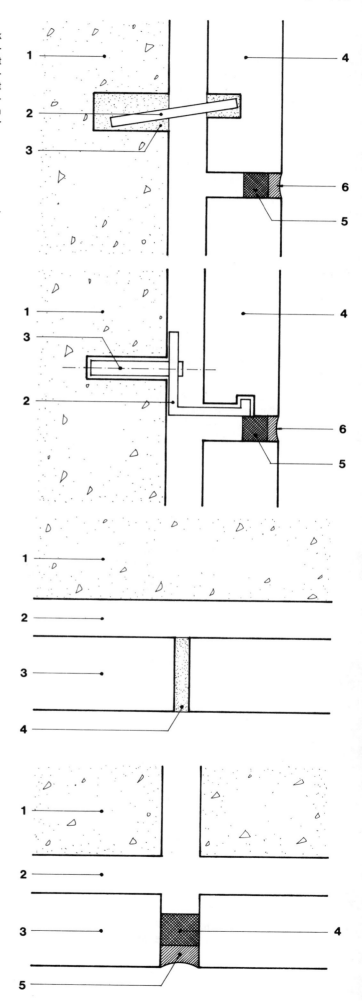

Wände: Fliesenverkleidung

M = 1 : 2

A Die Wandoberfläche muß fest, sauber, eben und auch sonst geeignet sein. Ein Anwurf wird als Haftgrund verwendet. Das Mörtelbett wird in einer Dicke von etwa 15 mm aufgebracht. Während des Fliesens und noch bevor der Mörtel abbindet, werden die Fugen 10 mm tief ausgekratzt. Nach dem Abbinden des Mörtelbettes wird Fugenmörtel gründlich eingebracht.

1 Tragende Wand
2 Anwurf Zement : Sand wie 1 : 2 bis 1 : 3
3 Mörtelbettung Zement : Sand wie 1 : 4 bis 1 : 5
4 Fliesen, mit 10 mm Fugenbreite verlegt
5 Fugenmörtel

B Dehnungsfugen in der Fliesenverkleidung müssen mit den Hauptdehnungsfugen des Bauwerks übereinstimmen und an anderen geeigneten Stellen vorgesehen werden. Der Bettungsmörtel wird voll aus der Fuge ausgekratzt. Der Zwischenraum wird mit elastischem Fugenmaterial gefüllt. Der Raum zwischen den Fliesen wird dann mit einer Fugenversiegelung geschlossen.

1 Tragende Wand
2 Anwurf Zement : Sand wie 1 : 2 bis 1 : 3
3 Mörtelbettung Zement : Sand wie 1 : 4 bis 1 : 5
4 Fliesen, mit 10 mm Fugenbreite verlegt
5 Dauerelastische Fugenfüllmasse
6 Fugenversiegelung

C Dehnungsfugen im Fliesenbelag sind an allen Innen- und Außenecken des Gebäudes erforderlich. An Außenecken werden die Fliesen so verlegt, daß sich eine Dehnungsfuge bildet. Die Mörtelbettung wird ausgekratzt, um einer Fugenfüllmasse – getrennt vom Mörtel des Wandanschlusses – Platz zu machen. Eine andere Eckausbildung erfolgt, wie abgebildet, durch eine Eckfliese. (Anmerkung: In Deutschland erfolgt an Außenecken ein fester Anschluß mit Kantenfliesen, die eine abgerundete Kante haben.)

1 Tragende Wand
2 Anwurf Zement : Sand wie 1 : 2 bis 1 : 3
3 Mörtelbettung Zement : Sand wie 1 : 4 bis 1 : 5
4 Fliesen, mit 10 mm Fugenbreite verlegt
5 Dauerelastische Fugenfüllmasse
6 Fugenversiegelung

D Dehnungsfugen sind ebenso an Tür- und Fensteröffnungen erforderlich sowie auch an Stellen, wo ein Materialwechsel erfolgt. Der Bettungsmörtel muß voll ausgekratzt werden, so daß der Fugenfüller den Mörtel vom Nachbarmaterial völlig trennt. Die Versiegelung sollte gewöhnlich eine Fugenspalte von 10 mm lichter Weite und 10 mm Tiefe ausfüllen.

1 Mauerwerk
2 Holzrahmen
3 Tragende Wand
4 Anwurf Zement : Sand wie 1 : 2 bis 1 : 3
5 Bettungsmörtel Zement : Sand wie 1 : 4 bis 1 : 5
6 Fliesen, mit 10 mm Fugenbreite verlegt
7 Fugenfüllmaterial
8 Versiegelung

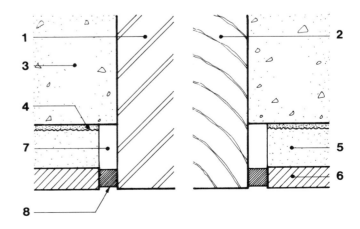

Trennwände: Gipskartontäfelung

M = 1 : 2

A Deckenanschluß
Diese einteilige Abtrennung besteht aus vorgefertigten, zweischaligen Gipskarton-Wandtafeln. Eine Holzleiste von 37 mm x 19 mm wird an der Decke befestigt, und der Eckfalz der Täfelung ragt über die Leiste.

1. Decke
2. Kopfleiste aus Holz, 37 mm x 19 mm
3. Gipskarton-Wandtafel
4. Verzinkter Nagel, 30 mm lang, 2 mm Durchmesser, mittig etwa alle 25 cm

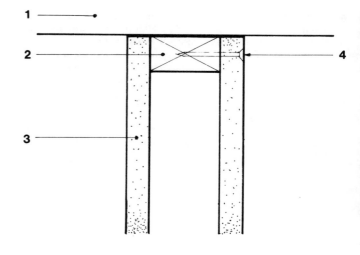

B Schwellenausbildung
Ein Lagerholz von derselben Dicke wie die Wandtafel wird auf dem Fußboden befestigt. Die Wandtafeln werden auf das Lagerholz gesetzt und Leisten 37 mm x 19 mm von 30 cm Länge werden so auf das Lagerholz genagelt, daß sie zwischen zwei benachbarten Wandtafeln liegen. Die Wandtafel wird mit der Leiste vernagelt. Abschließend werden Fußleisten angebracht und mit gestauchten Stiften mit der Wandtafel vernagelt.

1. Fußboden
2. Lagerholz, 63 mm x 25 mm
3. Gipskarton-Wandtafel
4. Holzleiste, 37 mm x 19 mm, 300 mm lang
5. Verzinkter Nagel, 30 mm lang, 2 mm Durchmesser, mittig etwa alle 25 cm
6. Holzfußleiste
7. Verzinkter Nagel (gestaucht)

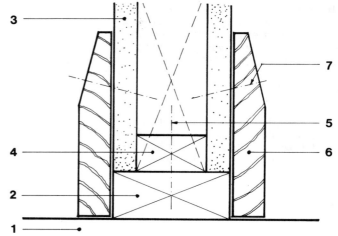

C Wandanschluß und Türpfosten
Bei Türen wird ein kleiner Streifen des Kerns der Wandplatte abgenommen, um eine Holzlatte von 37 mm x 37 mm aufzunehmen, die zur Befestigung des Türrahmens dient. Diese Leiste wird bündig mit den Kanten des Paneels eingetrieben. Dann wird der Türrahmen gerichtet und mit der Latte vernagelt. Die Türbekleidung wird angebracht und festgenagelt.

1. Wand
2. Gipskarton-Wandtafel
3. Holzlatte, 37 mm x 37 mm
4. Türrahmen aus Holz
5. Holzbekleidung

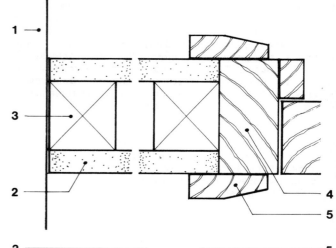

D Pfosten (Wandpfosten)
Die senkrechte Fuge zwischen zwei Wandelementen wird mit einer Latte hergestellt, die zur Hälfte im Innern der ersten Wand steht. Dann wird das Paneel mit galvanisierten Nägeln, 30 mm lang, 2 mm im Durchmesser, mittig im Abstand von etwa 25 cm an der Latte befestigt. Die scharfen Kanten der Latte sollten zur leichteren Montage gebrochen werden. Anschließend wird das zweite Paneel gerichtet, über die andere Hälfte der Latte geschoben und angenagelt.

1. Gipskarton-Wandtafel
2. Holzleiste, 37 mm x 37 mm
3. Verzinkter Nagel, 30 mm lang, 2 mm Durchmesser
4. Gipskarton-Wandtafel
5. Verzinkter Nagel, 30 mm lang, 2 mm Durchmesser

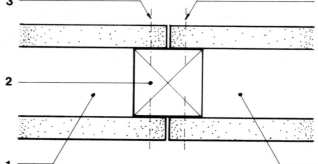

Trennwände: Verbundplatte

M = 1 : 2

A Deckenanschluß
Die Trennwand besteht im Inneren aus Pflanzenfasern und an beiden Seiten aus Gipskarton, 9 mm dick, und ist insgesamt 54 mm dick. Um die Außenseiten der Platten herum hört die Fasereinlage kurz unterhalb der Gipskartonplatte zur Aufnahme einer Holzlatte auf. Am Kopfende der Wandtafeln ist eine durchlaufende Latte an die tragende Decke geschraubt. Die Vertäfelung ist nach unten hin abgekantet. Die Fugen zwischen Vertäfelung und Decke werden mit Mörtel ausgefüllt.

1 Massivdecke
2 Holzlatte
3 Holzschraube mit Senkkopf
4 Verbund-Trennwandplatte
5 Gipsmörtel

B Schwellenausbildung
Eine Holzschwelle mit einer Längsnut wird in Flucht mit dem Deckenanschluß auf den Fußboden geschraubt. Die Trennwandplatten werden über die Schwelle gehoben und an der richtigen Stelle verkeilt. An beiden Seiten der Wand werden dann Fußleisten befestigt.

1 Fußboden
2 Holzschwelle
3 Holzschraube
4 Keil
5 Keil
6 Verbund-Trennwandplatte
7 Fußleiste

C Wandanschluß und Türpfosten
Der senkrechte Anschluß zwischen Wandtafel und einer rechtwinklig dazu stehenden Wand wird durch Aufschrauben einer durchgehenden Latte auf die Wand hergestellt. Dann wird die Kante der Wandtafel über die Latte geschoben. An der Türöffnung wird der Pfosten des Türrahmens an einen Holzteil in der Kante der Wandtafel angeschraubt. Der Türpfosten ist eingenietet und umfaßt die Wandtafel, um ihr einen zusätzlichen Halt an dieser Stelle zu geben.

1 Massive Wand
2 Holzlatte
3 Senkkopf-Holzschraube
4 Verbund-Trennwandplatte
5 Türholzpfosten (Türstock)
6 Holzschraube

D Pfosten (Wandpfosten)
Die senkrechte Verbindung zweier benachbarter Wandteile wird durch eine Holzlatte gebildet, die eng sitzend in die Vertiefung der Kanten beider Paneele eingebaut wird. Die Fuge zwischen angrenzenden Gipskartonplatten wird mit Gipsmörtel geschlossen und gespachtelt.

1 Verbund-Trennwandplatten
2 Holzlatte
3 Verbund-Trennwandplatten
4 Gipsmörtel

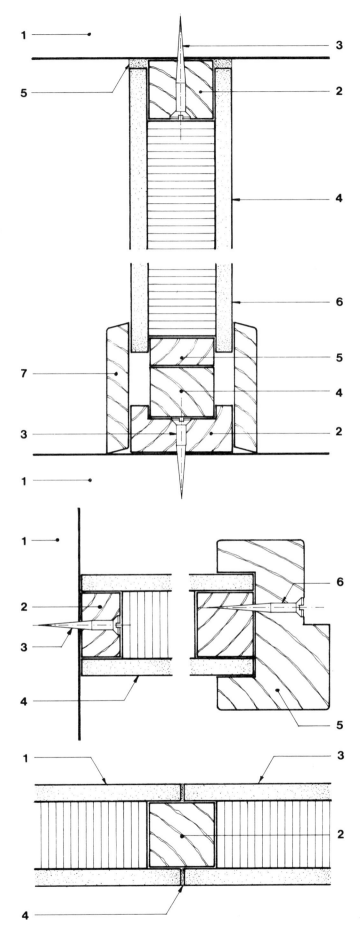

139

Trennwände: Gipskartonplatten auf Stahlrahmen

M = 1 : 2

A Kopfausbildung
Die einteilige, schichtweise ausgebildete Gipskartontrennwand ist 65 mm dick und nicht brennbar. Ein U-Profil wird am Fußboden, an der Decke und an den angrenzenden Wänden entlang der Mittellinie der Trennwand alle 600 mm befestigt. Installationen einschließlich der Abflüsse werden später hergestellt. Die Gipskartondielen werden dann senkrecht in den Rahmen gestellt. Klebestellen auf beiden Seiten etwa alle 30 cm halten die äußeren Dielen.

1 Decke
2 U-Profil aus verzinktem Walzstahl
3 Gipskartondiele, 19 mm dick
4 Klebemasse
5 Gipskartondiele, 19 mm dick

B Schwellenausbildung
Die Außendielen werden an die Klebestellen angepreßt und mit 36 mm Trockenwandschrauben alle 30 cm oben, unten und an den Seitenwänden an das U-Profil geschraubt. Die Fugen zwischen den Dielen der einzelnen Lagen sollten versetzt werden. Die Fußleiste wird kurz oberhalb des U-Profils an der Diele angeschraubt.

1 Fußboden
2 U-Profil, 0,7 mm dick, aus verzinktem Walzstahl
3 Gipskartondiele, 19 mm dick
4 Klebemasse
5 Gipskartondiele, 19 mm dick
6 36 mm Trockenwandschraube
7 Holzfußleiste
8 45 mm Trockenwandschraube

C Wandanschluß und Türpfosten
Tür- und Fensterrahmen können dort in eine Trennwand eingefügt werden, wo es verlangt wird. Der abgebildete Türrahmen ist entsprechend der Dicke der aufzunehmenden Trennwand gefälzt und soll einen Abschluß für die Holzfußleiste geben. Eine schallschluckende oder eine Acrylabdichtung sollten für die umlaufende Fuge der Trennwand verwendet werden, ebenso für die Dichtung von Spalten, Installations- und andere Öffnungen.

1 Wand
2 Türrahmen aus Holz
3 Holztür
4 Acryl-Dichtungsmasse

D Pfosten (Wandpfosten)
Wenn eine 65 cm dicke Trennwand über 7,20 m lang ist, dann wird diese durch ein H-Profil in zwei Abschnitte von 3,60 m Länge geteilt, um einen zusätzlichen Halt zu schaffen. Das H-Profil besteht aus zwei U-Profilen, die Rücken an Rücken eingesetzt werden. Das U-Profil wird in der Länge vom Fußboden bis zur Decke an der mittleren Diele eingepaßt.

1 U-Profil aus verzinktem Walzstahl
2 Gipskartondiele, 19 mm dick
3 Klebemasse
4 Gipskartondiele, 19 mm dick

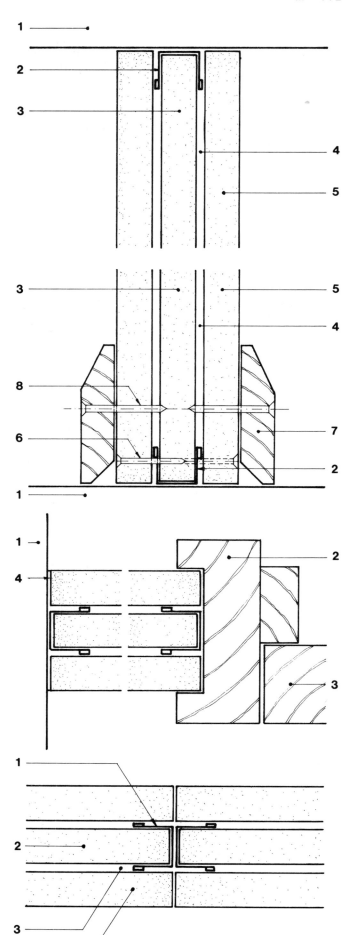

Trennwände: Versetzbare und feuerhemmende Wand

M = 1 : 2

A Kopfanschluß
Für diesen Anwendungsfall bietet sich eine gut ausgeführte versetzbare Trennwand in Verbindung mit massiver Verkleidung und Verglasung sowie Raum für Rohrleitungen an. Die obere Verbindung besteht aus einer Aluminiumrinne (U-Profil), die auf Schaumstoffstreifen aufgelegt und mittels Dübeln an der tragenden Decke festgeschraubt ist, durch einen Stahlprofilstrang und eine innere Verstärkungsrinne hindurch, die das feuerbeständige Stützrahmenwerk aufnimmt. Die Außenflächen der standfesten Trennwand sind mit Gipskarton versehen, das Innere kann mit gesteppten Glasmatten ausgefüllt werden.

1 Massivdecke
2 Schaumstoffstreifen
3 U-Profil aus Aluminium
4 Stahlprofil
5 Inneres Stahlprofil
6 Senkkopfschraube, 30 mm lang, in Dübel
7 Senkrechtes U-Profil
8 Gipskarton, 12,5 mm dick

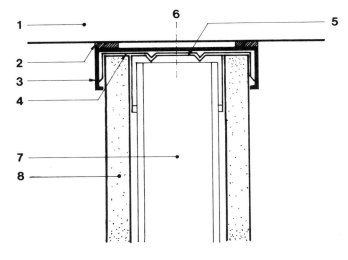

B Schwellenausbildung
Die Verbindung auf dem Fußboden besteht aus einem Schwellenholz, das mit dem Fußboden verschraubt wird. Die innere Stahlrinne wird in der Mitte des Schwellenholzes angebracht und mit einer Senkkopfholzschraube, 30 mm lang, daran festgeschraubt. Die senkrechten Stahlprofilrinnen werden zwischen Kopf- und Bodenteil der Innenrinne befestigt. Gipskartonplatten werden an der Wandseite angebracht und durch Kunststoffußleisten, die mit Senkkopfschrauben, 30 mm lang, an die Innenrinne geschraubt sind, gehalten.

1 Fußboden
2 Schwellenholz
3 Senkkopfholzschraube, 30 mm lang, in Dübel
4 Inneres Stahlprofil
5 Senkrechtes Stahlprofil
6 Gipskarton, 12,5 mm dick
7 Kunststoffußleiste, 100 mm hoch
8 Senkkopfschraube, 30 mm lang

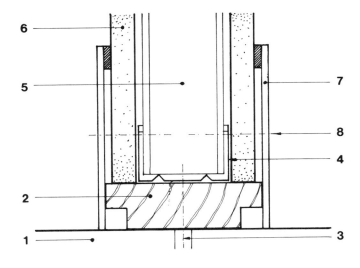

C Wandanschluß und Türpfosten
Der Anschluß von Abtrennung und Massivwand ist der Konstruktion des Kopfanschlusses ähnlich. Das Türrahmen-Aluminiumsonderprofil erhält einen Stahlstrang, und beide werden an den senkrechten Wandpfosten geschraubt. Die Tür besitzt den gleichen Feuerwiderstand wie die Trennwand.

1 Massivwand
2 Schaumstoffstreifen
3 Aluminiumprofil
4 Stahlprofil
5 Inneres Stahlprofil
6 Gipskartonplatte, 12,5 mm dick
7 Senkrechtes Stahlprofil
8 Aluminiumtürrahmenprofil mit Stahlverstärkung
9 Tür

D Pfosten (Wandpfosten)
Der senkrechte Stoß zwischen zwei Platten wird von einer Stahlstütze gehalten, die auch den Stoß der anderen Wandschale hält. Der Gipskarton wird mit Gewindeschrauben und Spezialköpfen mit Unterlegscheiben befestigt. Diese sind imstande, den Aluminiumdeckstreifen, der zum Schluß angeklemmt wird, zu halten.

1 Vertikalstütze, Stahl U-Profil, Abschnitte alle 600 mm
2 Nichtschrumpfende Klebemasse
3 Gipskartonplatte, 12,5 mm dick
4 Unterlegscheibe, Knopf und Gewindeschraube, mittig alle 300 mm
5 Aluminiumabdeckstreifen

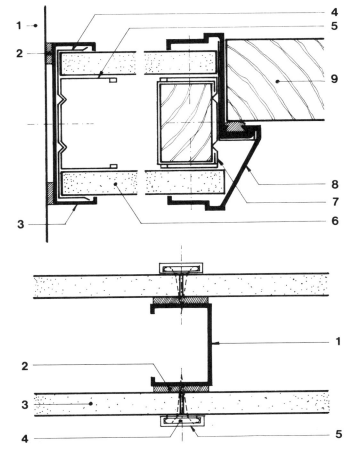

Trennwände: Versetzbare Gipskartonplatten auf Stahlrahmen

M = 1 : 2

A Deckenanschluß
Ein voll variables Trennwandsystem für Büros besteht aus einem verzinkten Stahlrahmenwerk; es ist an Fußboden und Decke mit isolierten U-Profilen befestigt, um Schallübertragungen und Erschütterungen vom Gebäude auf die Trennwände zu vermindern. Die Deckenschiene ist gewöhnlich von der Decke durch ein Doppelklemmsystem getrennt. Teleskopartige Vertikalanschlüsse sind für den Einbau von Fenstern, Türen, Wandverkleidungen und Durchreichen angebracht.

1 Decke
2 PVC-Streifen
3 Verzinkte Deckenschiene
4 Doppelklemme
5 Horizontalsprosse aus verzinktem Stahl
6 Gipskartonplatten, 12 mm dick

B Schwellenausbildung
Die Fußbodenschiene mit PVC-Streifen an der Unterseite liegt bündig zur Deckenschiene und ruht auf dem Fußbodenbelag. Dann werden die vertikalen Rahmenelemente angebracht und halten die Gipskartonplatten, die an beiden Seiten des Rahmenwerkes angebracht sind. Wenn eine hohe Schalldämmung erforderlich ist, wird der Luftraum zwischen den Platten mit schalldämmenden Matten ausgefüllt. Eine PVC-Fußleiste klemmt an der Fußkante des Paneels.

1 Fußboden
2 PVC-Streifen
3 Verzinkte Bodenschiene
4 Horizontalsprosse aus verzinktem Stahl
5 Gipskartonplatte, 12 mm dick
6 PVC-Fußleiste

C Wandanschluß und Türpfosten
Am Wandanschluß wird eine U-Schiene nebst PVC-Streifen an der Wand befestigt. Eine Teleskopstütze wird eingebaut und der Pfosten des Türrahmens komplett mit Tür, Anschlag und Beschlägen eingesetzt.

1 Wand
2 Wand-U-Schiene nebst PVC-Streifen
3 Teleskopstütze
4 Türpfosten aus galvanisiertem Stahl, einbrennlackiert
5 Türanschlag aus Aluminium
6 Polychloropren Pufferband
7 Türangel
8 Holztür

D Pfosten (Wandpfosten)
Der Stoß von Paneelwänden aller Art wird durch eine Teleskopstütze hergestellt, die Fenster, Türrahmen oder auch Gipskartonwände aufnimmt. Die Fuge zwischen den Paneelen wird mit einem Aluminiumprofil verdeckt und mit einem PVC-Abdeckstreifen geschlossen.

1 Teleskopstütze
2 Fensterrahmen in Zink oder Stahl, emailliert
3 PVC-Glasbettung
4 Glas, 4 mm dick
5 PVC-Glasfalzklemmleiste
6 Gipskartonplatte, 12 mm dick
7 Aluminiumprofil
8 PVC-Abdeckstreifen

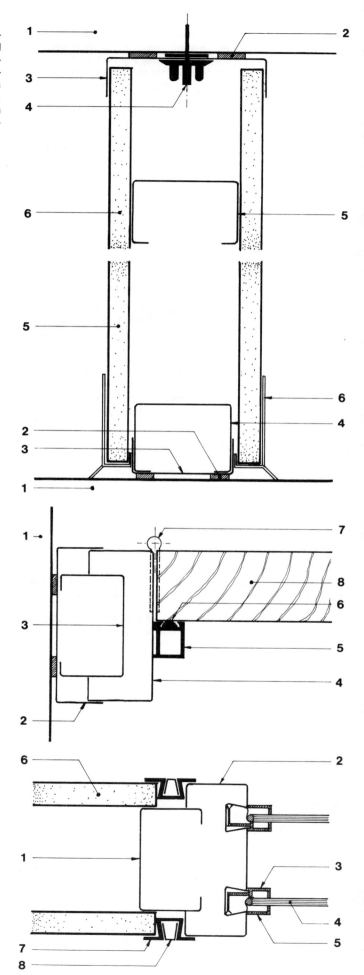

Trennwände: Versetzbares Trennwandsystem

M = 1 : 2

A Deckenanschluß

Ein System versetzbarer Trennwände verwendet Rahmenteile aus verzinktem Walzstahl, die jede Art von Plattenverkleidungen, Einzel- oder Doppelverglasung und Einzel- oder Doppeltüren tragen können. Am Kopf sind zwei U-Profilschienen an der Decke befestigt. Patentierte X-Profil-Vertikalpfosten sind eingebaut, um Horizontalstreben und die Paneelbefestigung aufzunehmen.

(Anmerkung: Es handelt sich hier um ein Beispiel mit Sonderprofilen.)

1 Massivdecke
2 U-Profil-Kopfschiene
3 Obere U-Profilschiene
4 U-Profilstreben
5 Gipskartonwandplatte, 13 mm dick

B Schwellenausbildung

Am Fußboden nimmt eine U-Schiene die vertikalen Wandpfosten auf, die wiederum die Gipskartonplatten und die T-Profilabdeckschienen tragen, die auch als Befestigungsklemmen dienen. Die Fußleiste aus Melaminharz ist an der Wandplatte befestigt. Anschlußstöße sind im Inneren der Trennwand verborgen. Sie werden durch Löcher befestigt, die in regelmäßigen Abständen in den senkrechten Pfosten gebohrt sind.

1 Fußboden
2 U-Profil-Bodenschiene
3 X-Profil-Vertikalpfosten
4 Melaminharzfußleiste

C Wandanschluß und Türpfosten

Beim Anschluß der Abtrennung an eine Wand wird eine U-Schiene auf Schaumstoff-Plastikstreifen verlegt. Der Pfosten einer Holztür kann in das Innere der U-Profilschienen gestellt oder in den Flanschen des Vertikalpfostens versetzt werden.

1 Massivwand
2 Schaumstoff-Plastikstreifen
3 U-Schiene
4 Holztürpfosten
5 Holztür

D Wandpfosten

An den Stoßfugen zwischen zwei Paneelen werden Pfosten vorgesehen. Die Gipskartonplatte wird durch den Flansch des Pfostens getragen und durch einen T-Profil-Deckstreifen festgehalten, der gleichzeitig als Befestigungsklemme dient.

1 X-Profil-Vertikalpfosten aus verzinktem Stahl
2 Gipskartonplatte, 13 mm dick
3 T-Profil Abdeckstreifen

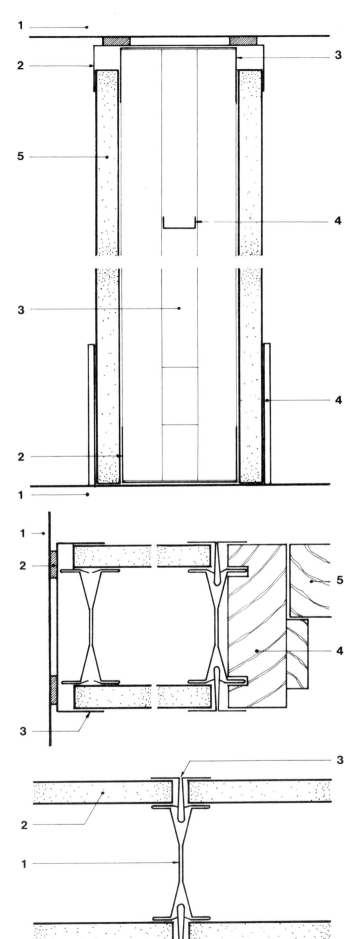

Trennwände: Teilweise versetzbare Wand

M = 1 : 2

A Kopfausbildung
Diese Trennwand wird aus einer festen Kernplatte als Wandteil konstruiert. Sie besteht aus Holzspänen, die mit Kunstharz gebunden sind (Preß-Spanplatte). Diese Wandtafel braucht keine Holzeinfassung oder besondere Einlagen zur Erhöhung der Festigkeit und kann zur Aufnahme von Installationsbefestigungen oder -führungen genutet oder geschnitten werden. Die Tafel besitzt zwei Sichtseiten.

1 Decke
2 Weichholzlager
3 Holzschraube
4 Spanplatte
5 Weichholzdeckleiste
6 Gestauchter Nagel
7 Holzschraube, 32 mm lang

B Schwellenausbildung
Das Lager aus Weichholz wird zuerst auf den Fußboden und ein entsprechendes Lagerholz an die Decke geschraubt. Die Tafel wird so auf die Lagerschwelle gestellt, daß am oberen Ende des Paneels eine Fuge entsteht, die ein Variieren der Höhe vom Fußboden bis zur Decke und die Aufnahme von Maßabweichungen der Decke und des Paneels erlauben. Für Installationen werden, wo erforderlich, Rillen vorgesehen. Die Fußleiste und Deckenleiste werden auf die Lagerhölzer genagelt und mit der Wandplatte verschraubt.

1 Fußboden
2 Weichholzlager
3 Holzschraube
4 Spanplatte
5 Weichholz-Fußleiste
6 Gestauchter Nagel
7 Holzschraube, 32 mm lang

C Wandanschluß und Türpfosten
Am Wandanschluß wird ein Lagerholz an die Wand geschraubt, das Paneel wird an der Wandoberfläche angerissen und eine Nut in der Wandplatte wird über das Lagerholz geschoben. Türöffnungen können in die Paneelplatte eingeschnitten werden, oder aber ein Zwischenraum zwischen den Platten gestattet den Einbau von Türelementen vom Fußboden bis zur Decke. Die geringe Dickentoleranz des Paneels gestattet einen gefälzten Türrahmen, der ohne zusätzlichen Querriegel befestigt werden kann.

1 Wand
2 Weichholzlager
3 Holzschraube
4 Spanplatte
5 Türrahmen

D Pfosten (Wandpfosten)
Der senkrechte Stoß zwischen zwei Wandplatten kann auf verschiedene Art und Weise hergestellt werden. Die abgebildete Konstruktion besteht aus einer maschinell bearbeiteten Lasche aus Hartholz, die in eine Nut des Wandpaneels eingreift. Die senkrechten Kanten der Paneelaußenseiten werden auf 45° abgefast, so daß sich nach Fertigmontage eine V-Fuge ergibt.

1 Spanplatte
2 Hartholzlasche, maschinell passend hergestellt
3 Spanplatte

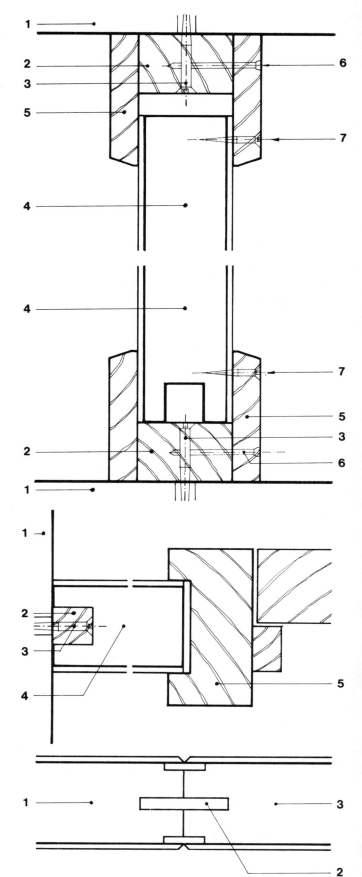

Trennwände: Versetzbare Wände mit Aluminiumrahmen

M = 1 : 2

A Kopfausbildung

Am Kopf der Trennwand wird eine Aluminium-U-Profilschiene mit Hilfe von Dübeln an der Massivdecke befestigt. Die Fuge wird mit Schaumstoffstreifen ausgelegt, um Unterschiede auszugleichen und die Schallübertragung zu verringern. Die Trennwand besteht aus zwei Lagen Gipskartonplatten auf einem konstruktiven Kern (innerem) und weist eine Gesamtdicke von 50 mm auf.

1 Massivdecke
2 Schaumstoffstreifen
3 Aluminium-Deckenschiene
4 Gipskartonplatten, 12,5 mm dick

B Schwellenausbildung

An der Schwelle der Trennwand wird eine spezielle Fußbodenplatte aus Holz mit Dübeln auf dem Massivboden befestigt. Die Trennwandplatten werden auf die Bodenplatte gesetzt und in dieser Stellung mit Schrauben durch die Kunststoff-Fußleiste hindurch befestigt.

1 Massivboden
2 Hölzerne Bodenplatte
3 Dübel und Holzschraube, 50 mm lang, mittig alle 600 mm
4 Gipskartonplatte, 12,5 mm dick
5 Kunststoff-Fußleiste, 100 mm hoch
6 Holzschraube, 30 mm lang

C Wandanschluß und Türpfosten

Am Anschluß an eine Massivwand wird eine Aluminiumschiene auf Schaumgummistreifen verlegt und mit Dübeln in der Wand verschraubt. Das Spezial-Türrahmenprofil aus Aluminium wird an ein aufrecht stehendes Aluminium-H-Profil geschraubt. Dieses greift um die Gipskartonkanten des Trennwandpaneels. Der Türrahmen ist oben und unten durch Winkelstützen versteift.

1 Massivwand
2 Schaumgummistreifen
3 Aluminiumschiene
4 Holzschraube, 30 mm lang in Dübel
5 Gipskartonplatte, 12,5 mm dick
6 Türrahmenprofil aus Aluminium
7 Holzschraube, 30 mm lang, alle 45 cm
8 Türblatt

D Wandpfosten

Der senkrechte Anschluß zwischen zwei Paneelwandteilen wird mit einem Aluminium-H-Profil hergestellt. Ähnliche Profile werden für das Verlegen elektrischer Leitungen und Schalter verwendet, ebenso um einen Kreuzungsstoß herzustellen oder aber um eine zusätzliche Aussteifung zu erreichen, wenn die Höhe vom Fußboden bis zur Decke über 3,30 m beträgt. Ein Aluminium-Sonderprofil (Spezialprofil) wurde entwickelt, um Verglasungen in Gummiglasprofilen und für Isolierglas einen Abstandhalter aufzunehmen.

1 Aluminium-H-Profil
2 Gipskartonplatte, 12,5 mm dick
3 Glaseinsatzprofil aus Aluminium
4 Abstandhalter für Isolierglas
5 Glas, 6 mm dick
6 Gummiglasprofil

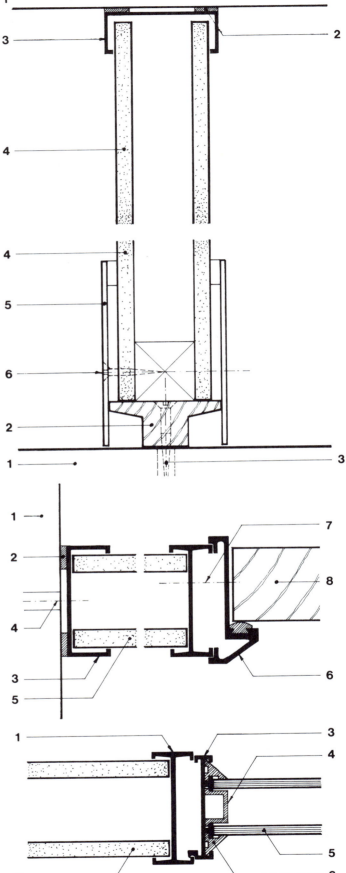

Trennwände: Versetzbares Trennwandsystem: Aluminium

M = 1 : 2

A Kopfanschluß
Dieses Trennwandsystem ist voll demontierbar. Die Wandplatten oder die Pfosten sind zwischen Fußboden und Decke aufgebockt. Ein ganzes Sortiment von Teilen kann in die vierteilige Spezialstütze eingefügt werden. Ein durchgehendes Gummilager wird gegen die Decke gedrückt und von dem Schienenprofil als Querstrebe umschlossen.

1 Massivdecke
2 Gummilager
3 Aluminiumprofil
4 Massive Wandplatte, in voller Höhe hartstoff-beschichtet

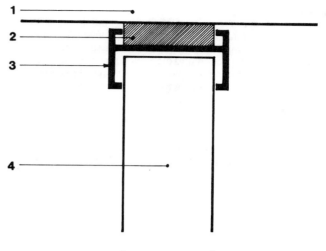

B Schwellenausbildung
Der Grundbock stützt die Wandplatte, wird von Hand eingestellt und kann eine Toleranz von 70 mm aufnehmen. Fußleisten sind an beiden Seiten befestigt und bilden einen durchgehenden Kanal, in dem Elektrokabel und andere Installationen untergebracht werden können. Vertikale Hängezapfen werden innerhalb der Pfostenschlitze angebracht.

1 Fußboden
2 Stützbock
3 Massive Wandplatte, in voller Höhe hartstoff-beschichtet
4 PVC-Fußleiste

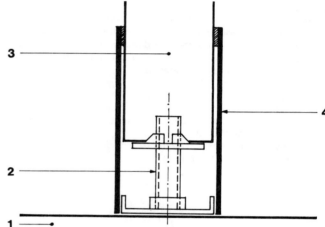

C Wandanschluß und Türpfosten
Der Anschluß zwischen einem Standardpfosten und einer Massivwand erfolgt über Gummilagerbänder. Sie werden von der Oberfläche des Pfostens ein wenig zurückgesetzt. Der Türrahmen wird über Holzeinlagen gesetzt, die an den Flanschen des Pfostens mit Knebeln befestigt sind.

1 Massivwand
2 Gummilager
3 Pfostenprofil aus Aluminium
4 Holzeinlage mit Knebel
5 Stranggepreßtes Hart-PVC-Profil oder Aluminium-Türprofil
6 Teakfurniertes Türblatt

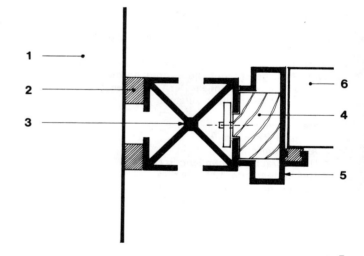

D Wandpfosten
Durch den Standardpfosten wird die Trennwand in Normabschnitte geteilt. Wandpaneele, Türrahmen und Verglasung sind voll auswechselbar. Eine Anzahl von Pfosten und Wandbeschlagteilen stehen zur Verfügung und sind mit Schutzabstandshaltern aus Plastik versehen, die mit Dübeln oder Schrauben befestigt sind. Zum System gehören viele weitere Ausbauteile. Sie werden mit Aluminiumklammern befestigt, die an den Pfosten mittels Schrauben gesichert sind.

1 Pfosten aus Aluminiumlegierung (stranggepreßt, stromgeraut und geätzt)
2 Massive Wandplatte, in voller Höhe hartstoff-beschichtet
3 Stranggepreßte PVC-Bettung
4 Stranggepreßte PVC-Bettung
5 Glasscheibe, 6 mm dick

Trennwände: Wandtafeln auf Stahlrahmen

M = 1 : 2

A Kopfausbildung
Die Aluminium-Paßschiene liegt an der Decke und wird durch eine Stahlrichtschiene im Inneren verstärkt. Sie trägt die Stahlrahmenstützen alle 60 cm. Beide Seiten des Rahmens sind mit einer Wandplatte verkleidet. Diese besteht aus einem Gipskartonkern, der an der Außenseite furniert und mit einem Ausgleichsfurnier an der Rückseite versehen ist.

1 Aluminium Paßschiene
2 Stahlrichtschiene
3 Wandtafeln

(Anmerkung: Bei den Stützprofilen dieses Beispiels handelt es sich um in Großbritannien übliche Spezialprofile.)

B Schwellenausbildung
Die Stahlrichtschiene ist auf den Fußboden geschraubt. Die senkrechten Stahlrahmenstützen werden aufgestellt und durch Zwischenriegel abgesichert. Die Wandplatte wird an beiden Seiten des Rahmens angebracht und durch Aluminium-T-Profile als Deckstreifen, die in die Vertikalpfosten geklemmt werden, festgehalten.

1 Stahlrichtschiene
2 Stahlrahmenstütze, mittig alle 60 cm
3 Wandplatte
4 Aluminium-Fußleiste

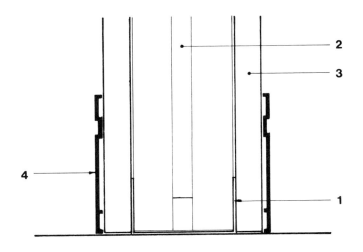

C Wandanschluß und Türpfosten
Der Anschluß zwischen der Trenn- und einer Massivwand wird mittels einer Aluminium-Paßschiene und einer Vertikalstütze hergestellt. Sie werden beide an die Wand geschraubt. Der Türpfosten aus Hartholz ist eingenutet, um über die Flanschen der Stütze zu greifen. Die Wandplatte wird angelegt. Die Fuge zwischen der Wandtafel und dem Türpfosten wird mit einem Aluminium-T-Profil, das in die Vertikalstützen geklemmt ist, abgedeckt.

1 Aluminium-Paßschiene
2 Stahlstütze
3 Wandplatte
4 Türpfosten aus Hartholz
5 Aluminium-T-Profil

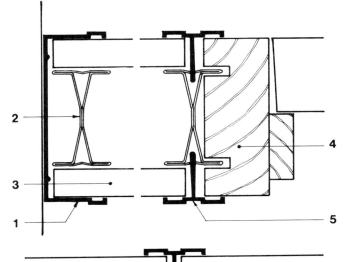

D Wandpfosten
Das Trennwandsystem benutzt Vertikalstützen, die im Abstand von 60 cm stehen. Die Wandplatten befinden sich auf beiden Seiten der Stahlrahmenkonstruktion. Sie werden durch Aluminium-T-Profile, die in die Stützen geklemmt werden, gehalten und dienen gleichzeitig als Abdeckstreifen über dem Fugenstoß.

1 Stahlstütze
2 Wandplatte
3 Aluminium-T-Profil

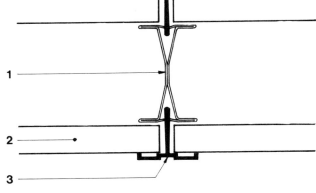

Trennwände: Wandplattensystem in Stahlrahmen

M = 1 : 2

A Kopfausbildung

Dieses Trennwandsystem beruht auf der Montage bestimmter Plattenmaterialien in Rahmenteile aus Standard-Walzstahl-Profilen. Am Kopf der Trennwand wird ein H-Profil an die Decke geschraubt. Andere Teile werden hinzugefügt, um den Rahmen zu vervollständigen. Dichtungsprofile werden an allen Seiten des Paneels angebracht. Die Elemente werden dann in ihre Lage gedrückt und leicht in die Profilschiene mit Hilfe eines Kittmessers eingedrückt.

1 Massivdecke
2 Gekantetes Stahlprofil
3 Dünnwandpaneel
4 Plastik-Dichtungsprofil

(Anmerkung: In Deutschland werden ähnliche Spezialprofile wie in diesem Beispiel hergestellt.)

B Schwellenausbildung

An der Schwelle der Trennwand wird ein H-Profil auf den Fußboden geschraubt. Elektrokabel werden innerhalb des Kanals untergebracht, die Flansche dienen als Fußleiste. Das Plastik-Dichtungsprofil kann jede Platten- oder Paneelstärke von 3 mm bis 13 mm aufnehmen.

1 Massivdecke
2 Gekantetes Kaltstahlwalzprofil als Rahmenteil
3 Dünnwandpaneel
4 Plastik-Dichtungsprofil

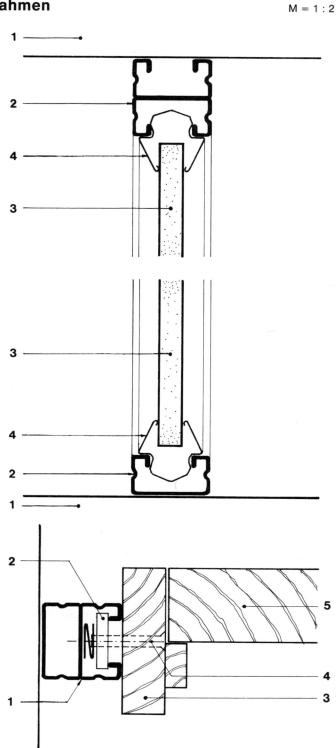

C Wandanschluß und Türpfosten

An einer Massivwand wird ein H-Profil-Rahmenteil an der Wand angeschraubt und an Kopf- und Schwellenprofilen mit Spezial-Eckwinkeln befestigt. Türrahmenpfosten und -sturz werden am Rahmen mit einer selbstjustierenden Schraubenmutter und einer Maschinenschraube befestigt. Die Mutter befindet sich im Inneren des Kanals, wo sie während der Montage durch die befestigte Feder und die Schraube straff gegen die Flanschen des Kanals gehalten wird.

1 Rahmenteil H-Profil
2 Selbstjustierende Schraube mit Federbefestigung
3 Türrahmen aus Holz
4 Maschinenschraube
5 Türblatt

D Wandpfosten

Der Stoß zweier Paneele wird mit Hilfe eines Standard-H-Rahmenprofils hergestellt. Eine Glasscheibe wird an allen vier Seiten mittels der Plastik-Formdichtung eingesetzt; die Ecken des Rahmens werden mit einem Gummistreifen versehen und die montierte Glasplatte dann sanft in die Schiene gedrückt. Wandplatten aus anderem Material werden auf dem gleichen Wege montiert. Der empfohlene Spielraum zwischen der Glaskante und dem Rahmen beträgt 8 mm, der für anderes Material 5 mm.

1 H-Profil Rahmenteil
2 Glasscheibe
3 Plastik-Formprofil
4 Dünnwandpaneel
5 Plastik-Formprofil

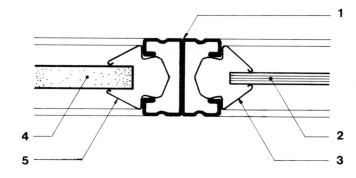

Trennwände: Leichtbetonplatten

M = 1 : 2

A Kopfausbildung

Diese Ausführung ist nur bei geringen Deckendurchbiegungen anzuwenden. Eine Holzleiste wird längs der Trennlinie an die Deckenuntersicht geschraubt. Ein Schaumplastikstreifen wird in die Nut am oberen Ende der Trennwandplatte eingelegt, bevor die Platte aufgerichtet wird. Der Deckenabschluß wird angelegt, um die Fuge zwischen dem oberen Ende der Trennwand und der Decke zu verdecken.

1 Decke
2 Holzleiste
3 Holzschraube
4 Einlage aus Schaumplastik
5 Gasbeton-Leichtbauplatte
6 Deckenabschluß

B Schwellenausbildung

Die Trennwandplatte wird mit einer Hebelstange auf eine Höhe von etwa 40 mm über Fußbodenoberkante angehoben und mit Holzkeilen gehalten, die in der Ebene der Trennwand eingetrieben werden. Nach Eintreiben der Keile ist es nicht mehr erforderlich, die Einlage am Kopf der Platte zusammenzupressen. Der freie Raum unter der Platte und an beiden Seiten der Keile wird mit Zementmörtel im Mischungsverhältnis Zement : Sand wie 1 : 3 verfüllt und in einer Ebene mit der Trennwandplatte abgerieben.

1 Decke
2 Gasbeton-Leichtbauplatte
3 Holzkeil
4 Holzkeil
5 Mörtel, Zement : Sand wie 1 : 3

C Wandanschluß und Türpfosten

Beim Anschluß einer Platte an einer Wand werden die senkrechten Kanten der Leichtbetonplatten von losen Teilen durch Bürsten befreit, angefeuchtet und mit Klebemörtel eingestrichen. Die Platte wird in ihre Lage angehoben und gegen die Wand gepreßt. Nach etwa einer halben Stunde wird der Klebemörtel, der an beiden Seiten herausgequetscht worden ist, abgestrichen. Türrahmen werden mit abgeknipsten Hakennägeln befestigt, die durch die vorgebohrten Löcher des Rahmens passen und 50 mm tief in die Platte eindringen.

1 Wand
2 Klebemörtelschicht, 1,5 mm bis 3 mm dick
3 Gasbetonplatte
4 Hölzerner Türrahmen
5 Abgeknipster Hakennagel, alle 500 mm
6 Holzbekleidung

D Stoßfuge

Die Stoßfugen zwischen angrenzenden Platten werden mit Klebemörtel gefüllt, der auf die bereits fertige Platte aufgetragen wird. Die nächste Platte wird angepreßt und in dieser Stellung durch drei schmale Metallklammern gehalten, die etwa alle 90 cm über die Fuge reichen und so eingeschlagen werden, daß sie mit der Oberfläche der Platten bündig liegen. Nach etwa einer halben Stunde wird der überschüssige Klebemörtel, der an beiden Seiten herausgequollen ist, abgestrichen.

1 Gasbetonplatte in Endstellung
2 Gasbetonplatte
3 Klebemörtel

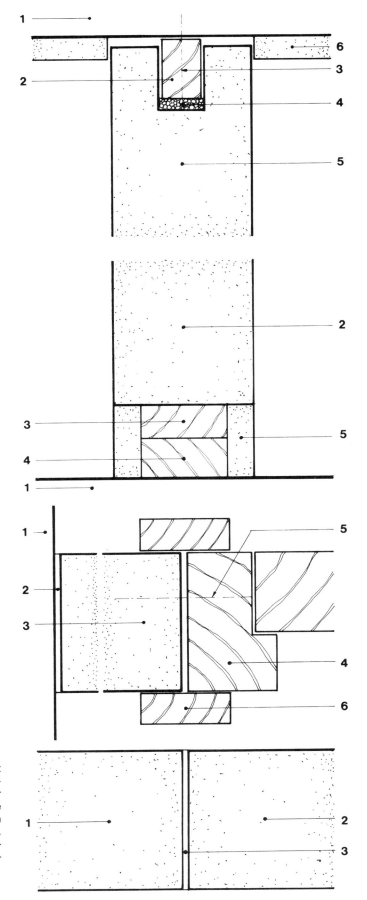

Trennwände: Holzrahmenwand für Festsäle

M = 1 : 10

A Kopfausbildung

Die Trennwand für einen Festsaal besteht aus einer Holzrahmenleichtkonstruktion und einer zweischaligen Wandverkleidung. Sie besitzt einen großen Hohlraum und jede Schale hat ein geringes Gewicht, um günstige akustische Eigenschaften zu erzielen. Die Holzrahmen werden jetzt gewöhnlich in Elementen von Stockwerkshöhe vorfabriziert, manchmal einschließlich der Gipskartonverkleidung.

1 Dachraum
2 Unbefestigter Holzrahmen
3 Brandsperre aus einer Asbesttafel 12 mm dick
4 3 Lagen aus je 13 mm starkem Gipskarton
5 25 mm dicke Glaswollmatte (oder Mineralfaser)
6 Gipskartonplattendecke

B Zwischenboden

Die Verkleidung jeder Schale mit einem Gewicht von etwa 25 kg/m² sollte aus drei Lagen Gipskartonplatten, je 13 mm dick, oder aus vier Lagen, je 10 mm dick, bestehen. Der handelsübliche Typ besteht aus zwei fabrikmäßig zusammengeleimten Platten, die im Holzrahmen vormontiert sind. Die dritte Lage wird auf der Baustelle mit den bereits befestigten Platten auf dem Rahmen rechtwinkelig angebracht.

1 Holzrahmen
2 3 Lagen aus Gipskarton, je 13 mm dick
3 25 mm dicke Glaswollmatte (oder Mineralfaser)
4 Brandsperre aus einer nicht befestigten Asbestplatte
5 Querbalken

C Schwellenausbildung

Die Breite des Hohlraumes ergibt sich aus dem Abstand der Innenflächen der Verkleidung und sollte mindestens 225 mm betragen. Im Hohlraum befindet sich eine Lage Schallschluckmaterial in Form von Glas- oder Mineralwollmatten von 13 mm bis 25 mm Dicke.

Die Matte wird für gewöhnlich im Hohlraum durch Anheften auf einer Seite des Holzrahmens aufgehängt. Zwei Matten auf beiden Seiten des Hohlraumes bieten zusätzlich einen Feuerschutz.

1 Betonfußboden
2 Holzrahmen
3 3 Lagen aus Gipskarton, je 13 mm dick
4 Glaswollmatte 25 mm dick
5 Fußbodenbelag

D Anschluß an eine Außenwand

Am Verbindungspunkt der Saalwand mit der Außenwand wird der Hohlraum zwischen Innen- und Außenschale von der Außenwand durch eine Brandsperre aus einer Asbesttafel getrennt.

1 Innenfläche und äußere Schale der Außenwand
2 Holzrahmen der Festsaalwand
3 3 Lagen Gipskartonplatte, je 13 mm dick
4 Innere Schale der Außenwand
5 Glaswollmatte, 25 mm dick
6 Asbestplatte als Feuersperre, 12 mm dick

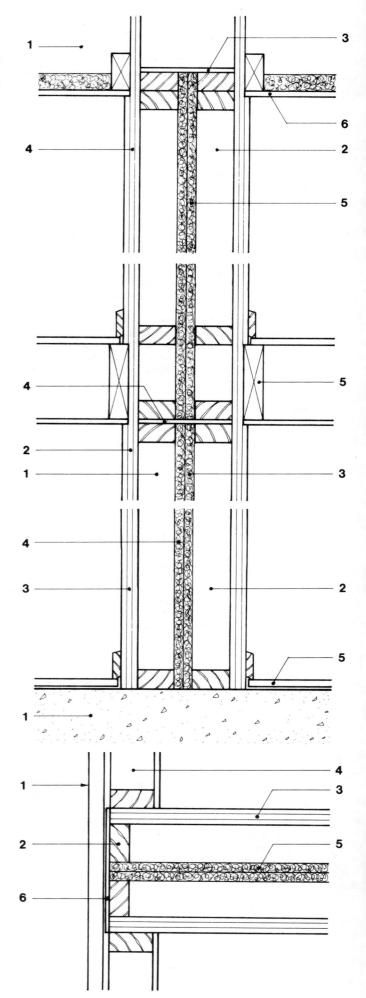

Innenwandausführungen: Putz

M = 1 : 1

A Kantenabschluß
Die Kante eines Wandputzabschlusses wird durch eine Streckmetalleinlage geschützt. Die Einlage besitzt eine U-förmige Schiene in Putzstärke mit einem Streckmetallstreifen, der an der Wand liegt und als Putzträger dient. Die Einlage wird mit Putzklecksen an der Wand oder aber, wenn eine besonders haltbare Befestigung gefordert wird, mit einem verzinkten Putznagel befestigt.

1 Wand
2 Verzinkte Putzkanteneinlage aus Stahl für 16 mm Putzstärke
3 Putzklecks
4 Putz, 16 mm dick

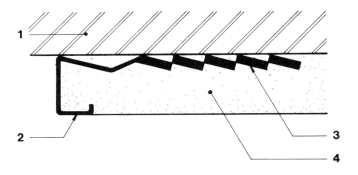

B Außenecke
Die äußere Putzkante wird durch eine verzinkte Eckschiene geschützt, die eine umlaufende Nase und zwei Streckmetallschenkel besitzt. Auf beiden Seiten der Flucht werden alle 60 cm Putzkleckse an der Wand angebracht und die Schenkel der Einlage in diese hineingedrückt. Die Einlage wird gelotet und rechtwinkelig eingepaßt. Dann werden zwei Lagen Putz aufgebracht. Die Feinschicht wird über die Nase der Eckschiene gewischt.

1 Stützwand
2 Putzklecks
3 Verzinkte Stahleckschiene
4 Putz, 16 mm dick

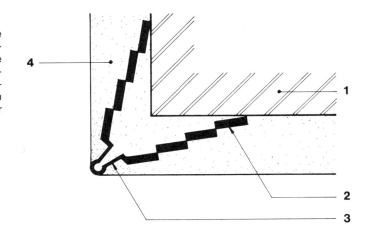

C Türpfosten
Der Anschluß zwischen Putzkante und Türrahmen wird mit einer Spezialeinfassung aus verzinktem Stahl hergestellt. Sie besteht aus einem L-förmigen Ende mit einem Schenkel aus Streckmetall. Die Einlage ist so zugeschnitten, daß sie in den Schlitz um den Türrahmen herum paßt. Sie ist an der Wand mit Putzklecksen befestigt.

1 Stützwand
2 Hölzerner Türrahmen
3 Verzinkte Einfassung aus Stahl
4 Putzklecks
5 Putz, 13 mm dick

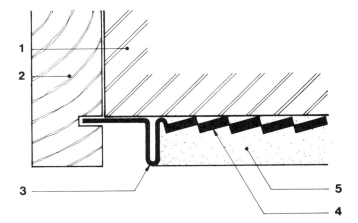

D Wechsel der Wandverkleidung
Der Anschluß zwischen Wandputz und einer anderen Wandoberfläche, z. B. einem Zementputz, wird mit einer langen verzinkten Stahleinlage hergestellt. Die Einlage besitzt in der Mitte eine U-förmige Nase mit Streckmetallschenkeln an beiden Seiten. Putzkleckse werden auf beiden Seiten der Verbindung alle 60 cm auf der Wand angebracht und die Einlage wird in die Kleckse hineingedrückt. Dann wird auf beiden Seiten der Einlage die Wandoberfläche fertiggestellt.

1 Stützwand
2 Putzklecks
3 Verzinkte Stahlbandeinlage
4 Putz, 13 mm dick
5 Zementputz

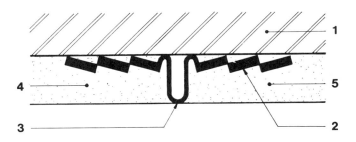

Innenwandausführungen: Keramische Wandfliesen

M = 1 : 1

A Fliesenbettung im Zementmörtel

Um keramische Fliesen an einer Wand anzubringen, erhält diese einen Bewurf aus Zement-Sandmörtel im Mischungsverhältnis 1 : 4 und wird mit einem Reibebrett abgezogen. Die Bewurfschicht sollte vollkommen trocken sein, bevor mit dem Fliesen begonnen wird. Das Mörtelbett besteht aus einer Mischung von Portlandzement und Sand im Verhältnis 1 : 4, die innerhalb von zwei Stunden vor dem Verlegen mit Wasser angemacht wird. Die Fliesen werden gesäubert und eine halbe Stunde vor ihrer Verwendung gewässert. Der Bewurf wird angefeuchtet, die Fliesen gleichmäßig mit Mörtel versehen und fest angedrückt, so daß eine Bettungsdicke von 7 mm bis 12 mm entsteht.

1 Bewurfschicht, Zement : Sand wie 1 : 4
2 Mörtelbett, Zement : Sand wie 1 : 4
3 Keramische Wandfliese

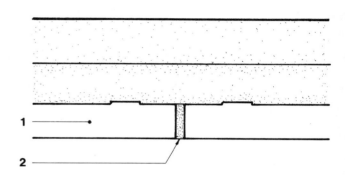

B Fugenausbildung zwischen den Fliesen

Der Abstand der Fliesen voneinander sollte beim Verlegen mindestens 1,5 mm betragen. Dieses wird durch Fliesen mit Abstandsösen oder durch Abstandspflöcke, die während des Arbeitsvorganges eingesetzt werden, erreicht. Der Fugenmörtel besteht aus Portlandzement mit Kalkmehl oder Zementweiß im Mischungsverhältnis 1 : 3 oder 1 : 4 und wird mit sauberem Wasser angemacht. Die Fugen werden angenäßt und der Mörtel wird mit einer Bürste (oder Schwamm) in die Fugen eingewischt. Überflüssiger Mörtel wird entfernt und die Oberfläche der Fliesen mit einem trockenen Tuch abgerieben.

1 Keramische Wandfliese
2 Mörtel, Zement zu Kalkmehl oder Zementweiß wie 1 : 3 oder 1 : 4

C Fliesen mit Fliesenkleber

Wenn die Wandfliesen nicht tief genug gerillt oder sonst schlecht anzuschließen sind, sollten sie in eine Lage Zement- oder Mastixkleber gebettet werden. Zuerst wird eine Schlämmschicht Zementmörtel auf die Wand gebracht, die vor dem Fliesen trocken sein sollte.

Die Verarbeitung des Klebemörtels hängt von seinem Typ ab und wird vom Hersteller angegeben.

1 Schlämmschicht, Zement : Sand wie 1 : 4
2 Zement- oder Mastixkleber
3 Keramische Wandfliese

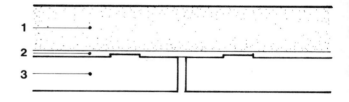

D Dehnungsfuge in Fliesenbelägen

Wenn Wandfliesen in großen Flächen verlegt werden, können sich in den Fliesen durch den unterschiedlichen Schrumpfungsprozeß beim Trocknen Druckspannungen ausbilden. Daher werden Dehnungsfugen waagerecht und senkrecht in Abschnitten von ungefähr 4 m vorgesehen. Die Fugen werden übereinstimmend mit den Konstruktionsfugen der Wand angelegt. Die Hinterfüllung wird in die Fuge der Schlämmschicht eingelegt und trägt die Dichtungsmasse, die wenigstens 10 mm breit sein sollte.

1 Schlämmschicht, Zement : Sand wie 1 : 4
2 Zement- oder Mastixkleber
3 Keramische Wandfliese
4 Schaumstoff-Hinterfüllung
5 Einkomponentendichtungsmasse

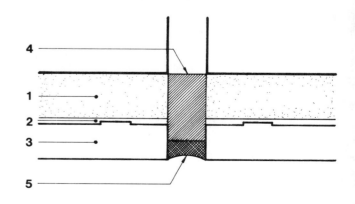

Innenwandausführungen: Innere Fensterbänke aus Asbestzement

M = 1 : 2

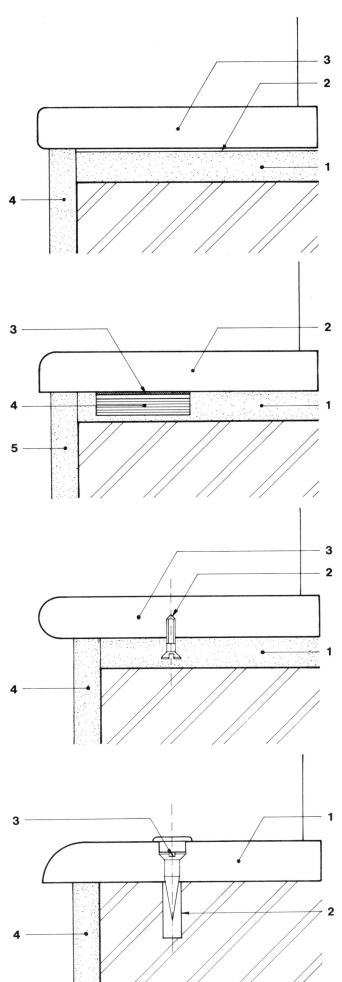

A Eine ebene Unterlage oder eine ähnliche Oberfläche wird für die Fensterbank hergestellt. Die Fensterbank aus Asbestzement wird an der Unterlage festgeklebt. Dazu wird sie durch Eigengewicht oder auf andere Art fest auf die Klebeschicht gepreßt, bis diese abbindet. Die Kante der Fensterbank hat, wie abgebildet, zwei bleistiftdick abgerundete Ecken.

1 Lager
2 Kleber
3 Fensterbank aus Asbestzement
4 Putz

B Kurze Stücke gezackter Kunststoff-T-Profile werden alle 45 cm an der Unterseite der Fensterbank aus Asbestzement mit Kontaktkleber befestigt. Die Bank wird dann in ein Mörtellager gebettet und beschwert, bis der Mörtel abgebunden ist. Die Kante der Fensterbank hat, wie abgebildet, an der oberen Ecke eine bleistiftdicke Rundung.

1 Mörtelbett
2 Fensterbank aus Asbestzement
3 Kontaktkleber
4 Kunststoff-T-Profil, 50 mm lang
5 Putz

C Gewindeschneidende Schrauben werden in blindgebohrte Löcher in die Unterseite der Asbestzement-Fensterbank geschraubt. Der Schraubkopf steht ein Stück hervor und wird in ein Mörtelbett eingedrückt. Die Bank wird beschwert, bis der Mörtel abgebunden ist. Die Kante der Fensterbank wird z. B. (wie abgebildet) halbrund ausgeführt. Diese Methode ist nur möglich, wenn die Fensterbank mindestens 15 mm dick ist.

1 Mörtelbett
2 Blechschraube
3 Fensterbank aus Asbestzement
4 Putz

D Zur Aufnahme von Holzschrauben werden in die Fensterbank Löcher gebohrt und abgesenkt. Die Auflagerfläche wird geebnet und die Fensterbank in ihre Lage gebracht. Die Auflagerfläche wird von oben angebohrt und mit Dübeln versehen, dann wird die Fensterbank aufgeschraubt. Die Versenklöcher werden ausgefüllt oder mit Kunststoffkappen abgedeckt. Die Kante der Bank erhält, wie abgebildet, eine „Bullennase" an der oberen Ecke.

1 Fensterbank aus Asbestzement
2 Dübel
3 Senkkopf-Holzschraube
4 Putz

Innenwandausführungen: Oberflächenbehandeltes Sperrholz

M = 1 : 2

A Sperrholzplatten werden gewöhnlich an Latten befestigt. Wenn eine Beschädigung der Kanten der Platten oder Tafeln nicht zu erwarten ist, wird ein Spalt zwischen den angrenzenden Platten freigelassen. Die Schraubbefestigung erfolgt hier von der Rückseite. Ein Metallwinkel hält die Platte an der Wandlatte. Diese Methode wird bei dünnen Platten angewandt.

1 Hölzerne Wandlatte
2 Aluminiumwinkel
3 Schraube
4 Oberflächenbehandelte Sperrholztafel oder -platte

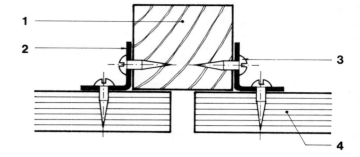

B Eine andere Art der Befestigung besteht darin, Sperrholztafeln mit Nut und Feder versehen direkt an die Latte zu legen und durch die Zunge der Nut festzunageln. Die Tafeln sind nicht leicht zu entfernen, es sei denn, man demontiert in entgegengesetzter Richtung wie bei der Montage oder durch Abschneiden der Feder.

1 Hölzerne Wandlatte
2 Sperrholztafel, genutet und gefedert
3 Heftnagel
4 Sperrholztafel, genutet und gefedert

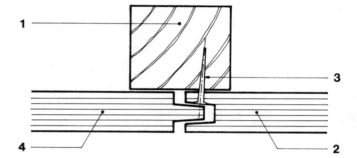

C Eine wirkungsvolle Methode der Befestigung, die auch einen Kantenschutz für das Paneel ergibt und die außerdem ein leichtes Entfernen jeder einzelnen Tafel erlaubt, besteht in einem Aluminium- oder Kunststoffprofil, das durch Löcher in der Mitte der Schiene an die Wandlatte geschraubt wird. Dieses Profil kann auch verwendet werden, um Wandkonsolen für Regale und Befestigungen zu halten.

1 Hölzerne Wandlatte (einfache Holzlatte)
2 Sperrholztafel
3 Aluminium- oder Kunststoffprofil
4 Holzschraube aus Aluminium oder Edelstahl

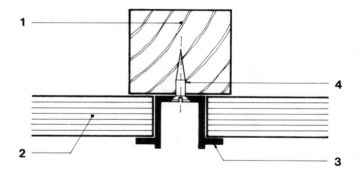

D Die andere Form eines Abdeckprofils verbirgt die Befestigungsschrauben. Das Profil wird zuerst ausgerichtet und an die hölzerne Wandlatte geschraubt. Das Sperrholzpaneel wird darauf in seine endgültige Lage geschoben. Dieses Verfahren erfordert genaues Berücksichtigen der Verhältnisse von Plattengröße zum Zwischenraum am Stoß.

1 Holzlatte
2 Aluminium-Kappenprofil
3 Holzschraube
4 Sperrholztafel

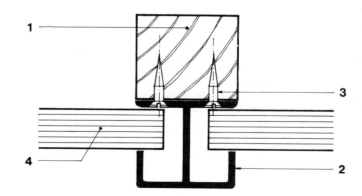

Innenwandausführungen: Schallschluckplatten aus Holz

M = 1 : 2

A Kopfanschluß
Mit Schallschluckplatten aus Holz werden Wände und Zwischenwände verkleidet. Die Platten werden so befestigt, daß sie mit anderem Abschlußmaterial keine Berührung haben. Auf der tragenden Wand werden alle 45 cm Latten horizontal auf Dämmstreifen verlegt und befestigt. Eine Akustikplatte ist 60 cm breit und wird auf der Lattung senkrecht mit Schrauben, Stiften oder Klammern befestigt. Die Horizontalfugen zwischen den Platten werden entweder mit einer Weite von 3 bis 6 mm offen gelassen oder mit einer Hartholzeinlage ausgefüllt, die bündig oder zurückgesetzt liegt.

1 Tragende Wand oder Zwischenwand
2 Unterlage
3 Holzlatte, 50 mm x 25 mm
4 Schallschluckplatte aus Holz, 25 mm dick
5 Nagel, 25 mm lang
6 Hartholzeinlage, 21 mm x 6 mm

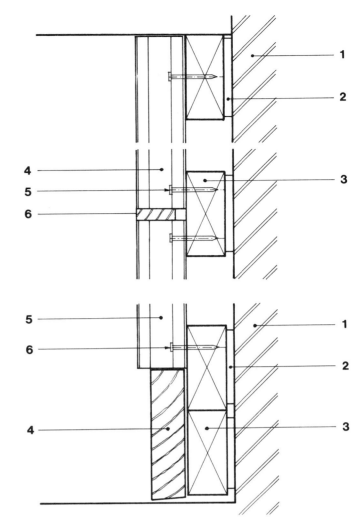

B Schwellenanschluß
Die Schallschluckplatten am unteren Ende der Wand sind so befestigt, daß sie die Fußleiste nicht berühren. Die Fußleiste ist gesondert an einer eigenen Latte befestigt. Eine zusätzliche Latte ist für die Befestigung der Akustikplatte vorgesehen.

1 Tragende Wand
2 Unterlage (Dämmstreifen)
3 Latte aus Holz, 50 mm x 25 mm
4 Fußleiste aus Holz
5 Schallschluckplatte aus Holz
6 Nagel, 25 mm lang

C Zwischenbefestigungen
Die senkrechten Fugen zwischen den Akustikplatten werden so angeordnet, daß eine gleichmäßige Wiederholung der vertikalen Schlitze entsteht. Eine Hartholzeinlage mit der gleichen Breite wie der senkrechte Schlitz wird an die Kante der Platte geheftet. Die zweite Platte wird dann daran befestigt. Der Nagel wird in die Rückseite der Platte durch den Spalt geschlagen, mit Hilfe eines Dornes von kleinerem Durchmesser als der Breite des Spaltes.

1 Tragende Wand
2 Hinterfüllung (Dämmstreifen)
3 Latte aus Holz, 50 mm x 25 mm
4 Hartholzeinlage
5 Akustikplatte aus Holz
6 Nagel, 25 mm lang

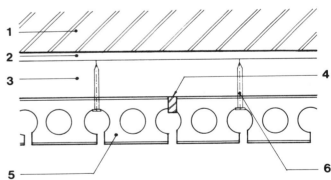

D Innen- und Außenecken
Die Außenecke von Schallschluckplatten wird durch eine Hartholzleiste gebildet. Der Stoß zweier Platten an der Innenecke wird mit einer Weite von 4 mm offen gelassen, so daß er sich den sichtbaren Breiten der Vertikalspalten anpaßt.

1 Tragende Wand
2 Unterlage
3 Holzlatte, 50 mm x 25 mm
4 Schallschluckplatte aus Holz
5 Nagel, 25 mm lang
6 Hartholzleiste, 25 mm x 25 mm

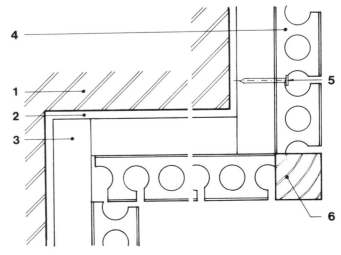

Innenwandausführungen: Schallabsorbierende Lamellen aus Holz

M = 1 : 2

A Kopfausführung

Schallschluckende Holzlamellen als Wandverkleidungen werden aus Hartholzstreifen mit Nut und Feder hergestellt und sind in sich genutet und geschlitzt, um die Schallreflektion einzuschränken. Die Holzlatten werden an der Wand alle 30 cm waagerecht befestigt. Der Raum zwischen den Latten wird mit Glasfiber oder Mineralwolle ausgefüllt. Die Lamellen werden senkrecht angebracht und an die Latten geheftet.

1 Tragende Wand
2 Holzlatten, 50 mm x 25 mm
3 Glasfiber oder Mineralwolle
4 Schallabsorbierende Hartholzlamellen, 15 mm dick
5 Paneelstift, 25 mm lang

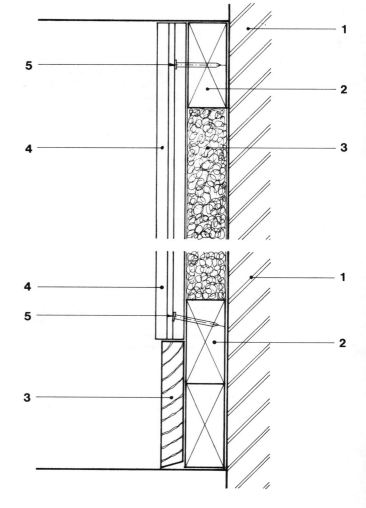

B Schwellenausbildung

Das untere Ende jeder Nut wird an eine horizontale Latte geheftet, die unabhängig von der Latte für die Fußleiste angebracht ist. Die Glaswolle zwischen den Latten gewährt Schalldämmung, Wärmedämmung und Feuerschutz.

1 Tragende Wand
2 Holzlatte, 50 mm x 25 mm
3 Fußleiste aus Holz
4 Schallschluckende Hartholzlamellen, 15 mm dick
5 Paneelstift, 25 mm lang

C Zwischenbefestigung

Die Lamelle wird durch ihre Feder an die Holzlatten geheftet. Die Heftstifte werden dann durch die Nut der benachbarten Platte verdeckt.

1 Tragende Wand
2 Holzlatte, 50 mm x 25 mm
3 Schallschluckende Holzlamelle, 15 mm dick
4 Paneelstift, 25 mm lang

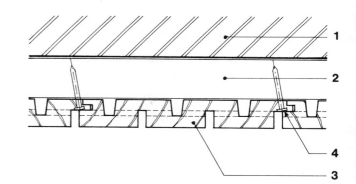

D Innen- und Außenecken

Die Außenecke zweier Lamellen wird mit einer gefälzten Hartholzleiste von Paneelstärke hergestellt. Wenn die Lamellen zugeschnitten sind, werden die Stifte durch einen Vertikalschlitz hindurch mit einem Schmalkopfdorn von kleinerem Durchmesser als der Breite des Schlitzes eingetrieben.

1 Tragende Wand
2 Holzlatte, 50 mm x 25 mm
3 Schallschluckende Hartholzlamelle, 15 mm dick
4 Paneelstift, 25 mm lang
5 Hartholzleiste, 18 mm x 18 mm

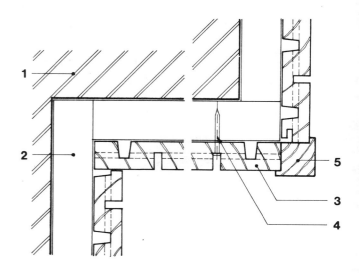

Innenwandausführungen: Preßspanplatten

M = 1 : 2

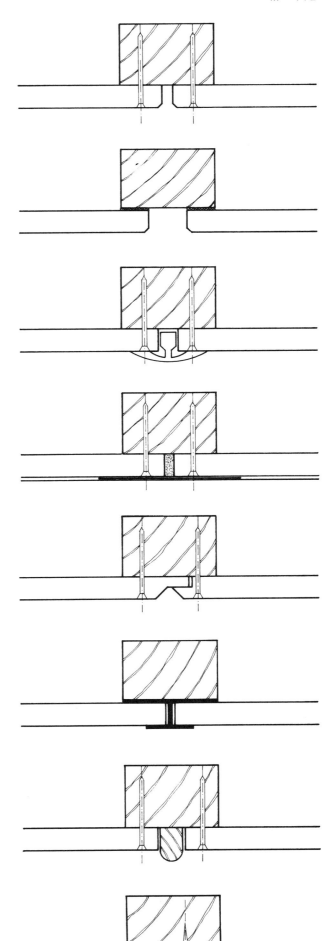

A Die Längsseiten der Preßspanplatten von 12 mm Dicke erhalten eine Abfasung von 2 mm und bilden einen lichten Abstand von 3 mm zwischen den Platten. Die Tafeln sind an den alle 61 cm stehenden Stützplatten befestigt. Die Nägel, 40 mm lang, befinden sich alle 75 mm rund um den Rand der Platte herum und alle 150 mm an Querriegeln. Die Nagelköpfe werden eingetrieben und die Löcher verfüllt.

B Die Platten werden mit einem lichten Abstand von 20 mm angebracht. Die Kanten sind mit einer Abfasung von 2 mm versehen. Als Alternative zum Nageln werden die Platten mit Kleber befestigt.

C Die Platten sind mit rostfreien Nägeln, wie unter A beschrieben, mit einem lichten Abstand von 10 mm angebracht. Die Spalten zwischen den Platten werden mit einem eingeklebten Kunststoff-T-Profil abgedeckt.

D Die Platten werden mit einem lichten Abstand von 3 mm angebracht und der Spalt wird mit Holzkitt verfüllt. Ein Glasfasergewebe von mindestens 75 mm Breite wird dann in ein Bett aus PVA-Kleber über die ganze Fugenlänge angepreßt. Nach dem Härten und Trocknen wird die Oberfläche leicht aufgerauht und für das Anlegen von Tapeten vorher eingeleimt.

E Die Stoßkanten der Platten werden besonders profiliert, um eine Dehnung zu erlauben und die Latte zu verdecken.

F Ein Aluminium-H-Profil wird an die Stützlatte geschraubt. Es dient als Abdeckstreifen, der die Platten hält und gleichzeitig Bewegungen erlaubt.

G Eine Holzeinlage wird an die Stützlatte geheftet, die Kanten jeder Platte stoßen an die Einlage und werden mit Nägeln befestigt. Das Nagelloch wird dann verfüllt.

H Die Kanten der Platten erhalten Nut und Feder, so daß die Schraube zur Befestigung der ersten Platte verdeckt wird. Die Verbindung erlaubt die Bewegung jeder einzelnen Tafel und zeigt auf die Wandoberfläche eine schmale Fuge.

Innenwandausführungen: Gipskartonplatten

M = 1 : 1

A Platten mit spitz zulaufenden Kanten
Der Stoß von Gipskartonplatten mit spitz zulaufenden Kanten kann so ausgeführt werden, daß eine glatt durchlaufende Wandoberfläche erzielt wird. Bei der Befestigung an Metallpfosten wird die Kante jeder Platte mit selbstschneidenden Blechschrauben befestigt. Die Vertiefung zwischen den Platten wird mit Fugenspachtel verfüllt, in den ein Spezialpapierband eingedrückt wird. Das Band wird weiter mit Spachtelmasse bedeckt, die dann an der Plattenoberfläche glattgestrichen wird. Ein Streifen von 20 cm Breite wird als Übergang mit der gleichen Spachtelmasse behandelt, um die Fuge vollständig zu überdecken.

1 Metallpfosten
2 Gipskartonplatte mit spitz zulaufender Kante
3 Selbstschneidende Blechschraube, 22 mm lang
4 Spachtelfüllmasse
5 Papierfugenband, 45 mm breit
6 Fugenabschlußspachtel

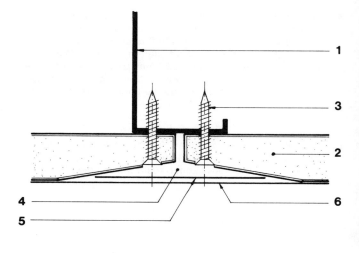

B Platten mit Schmiege (abgeschrägter Kante)
Die Verbindung von Gipskartonplatten mit Schmiege ist dafür bestimmt, eine dekorative V-Fuge zu zeigen. Bei der Befestigung an Holzpfosten wird die Kante jeder Platte mit verzinkten Flachkopfnägeln von 40 mm Länge festgenagelt. Nur der Grund der V-Fuge wird mit Fugenspachtel verfüllt und mit dem gleichen Material wird ein Überzug über die gesamte Oberfläche der Platte aufgespachtelt.

1 Holzpfosten
2 Gipskartonplatte mit Schmiege
3 Verzinkter Flachkopfnagel, 40 mm lang, 2 mm Durchmesser
4 Fugenspachtelabschluß

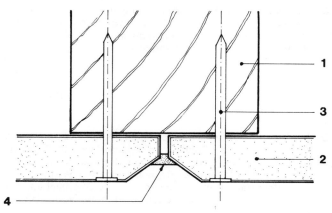

C Scharfkantige Platten
An Zwischenstützen wird die Gipskartonplatte mit Fugenkleber auf PVA-Basis befestigt. Nägel werden an den Kanten verwendet. Scharfkantige Gipskartonplatten werden auf Stoß verlegt und die Fuge zwischen ihnen mit Jutegewebe, in Spachtel gebettet, überdeckt. Die gesamte Oberfläche der Gipskartonplatte wird dann mit einer Spachtelschicht überzogen.

1 Holzpfosten
2 Kleber mit fugenfüllender Eigenschaft (PVA)
3 Scharfkantige Gipskartonplatte
4 Streifen aus Jutegewebe, 90 mm breit
5 Spachtelüberzug

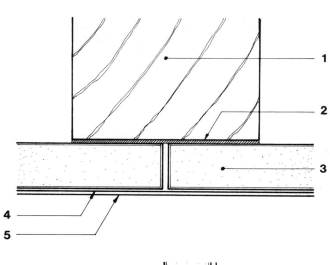

D Außenecke zwischen Platten
Der Stoß von Gipskartonplatten an Außenecken wird mit Hilfe einer verzinkten Ecklochschiene hergestellt. Diese ist flügelförmig mit einer viertelrunden Metallkante, die zum Schluß sichtbar bleibt. Eine Lage Spachtelmasse wird an beiden Seiten der Ecke angebracht, dann wird die Eckschiene fest eingepreßt. Nach Abbinden der Spachtelmasse wird eine weitere Schicht aufgezogen und über die Oberfläche der Gipskartonplatte verstrichen. Dann wird eine Spachtelschicht aufgebracht. Wenn diese abgebunden hat, wird eine weitere Schicht aufgetragen und abgezogen.

1 Gipskartonplatte, 13 mm dick
2 Spachtelmasse
3 Eckschiene, 25 mm x 25 mm
4 Spachtelfeinschicht

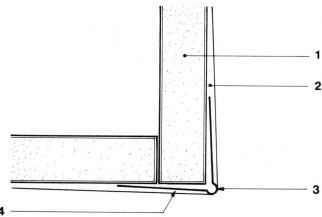

Innenwandausführungen: Gipskartonplatten

M = 1 : 1

A Die Verbindung zwischen der Kante einer Gipskartonplatte und der tragenden Wand wird durch eine Stahlkantenschiene für Gipskartonplatten abgeschlossen und geschützt. Die Lochschiene für die Einlage wird mit Mauernägeln an die Wand genagelt. Die Gipskartonplatte wird dann in die U-förmige Schiene, die mit einer Haltefeder versehen ist, hineingedrückt.

1 Tragende Wand
2 Verzinkte Stahlkantenschiene für Gipskartonplatten
3 Mauernagel
4 Gipskartonplatte, 13 mm dick

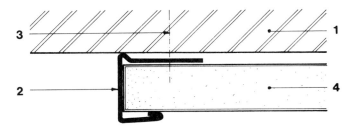

B Soll die Gipskartonplatte mit einer Spachtelschicht überzogen werden, wird zuerst die Kantenschutzschiene um die Kante der Gipskartonplatte, mit dem gelochten Flansch nach außen, gelegt. Die Umfassung wird durch die Gipskartonplatte hindurch mit Pappnägeln an die tragende Wand genagelt. Anschließend wird die Spachtelschicht als Feinschicht aufgebracht. Sie bedeckt gleichzeitig Umfassung und Nägel.

1 Tragende Wand
2 Gipskartonplatte, 13 mm dick
3 Verzinkte Stahlkantenschiene für Gipskartonplatten
4 Pappnagel
5 Putzspachtelüberzug, 6 mm dick

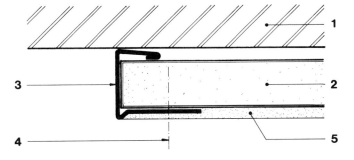

Fußbodenausführungen: Sperrholztafeln

M = 1 : 1

A Sperrholztafeln auf Holzbalken
Es gibt verschiedene Methoden, Sperrholztafeln mit Nut und Feder als Fußboden zu befestigen. Wird der Fußboden ohne Belag ausgeführt, verläuft die Fuge auf der Mitte des Tragebalkens. Die Tafel wird mit einem gestauchten Nagel durch die Feder jeder Tafel verdeckt genagelt. Ein Metallwinkelschutz wird während des Nagelns verwendet, um das Verbindungsprofil gegen Beschädigung zu schützen.

1 Fußbodenbalken
2 Sperrholztafel mit Nut und Feder, 15 mm dick
3 Gestauchter Nagel, 37 mm lang
4 Sperrholztafel mit Nut und Feder

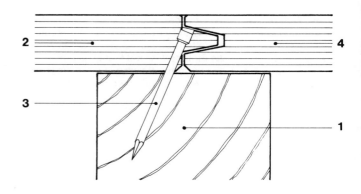

B Unterlage aus Sperrholz auf Fußbodenbalken
Wird die Sperrholztafel als Unterlage genutzt, so wird jede Tafel mit gedrillten Flachkopfnägeln befestigt. Der Abstand von Kanten und Enden soll mindestens 10 mm betragen. Die anschließende Tafel wird gegengeschlagen, um einen strammen Sitz der Fuge zu gewährleisten; ein kleiner Abschnitt des Nutprofils kann dabei das Verbindungsprofil schützen.

1 Holzbalken
2 Sperrholztafel mit Nut und Feder, 15 mm dick
3 Gedrillter Flachkopfnagel, 37 mm lang
4 Sperrholztafel mit Nut und Feder, 15 mm dick
5 Fußbodenoberbelag

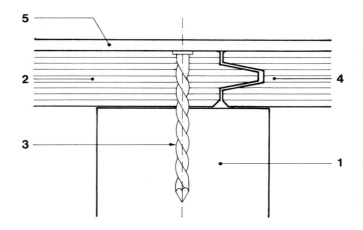

C Unterlage aus Sperrholz auf Betonfußboden
Wird die Sperrholztafel als Unterlage auf einem Betonfußboden gebraucht, wird sie mit Stahlnägeln direkt im Beton befestigt. Als Füllmasse zwischen dem Beton und den Sperrholztafeln wird Kunstharzkleber verwendet. Sollte der Beton nicht sauber ausgetrocknet sein, muß eine Dampfsperre auf der Betonoberfläche angelegt werden.

1 Betonbodenplatte
2 Kunstharzkleber
3 Sperrholztafel mit Nut und Feder, 15 mm dick
4 Stahlnagel, 40 mm lang
5 Sperrholztafel mit Nut und Feder, 15 mm dick
6 Fußbodenoberbelag

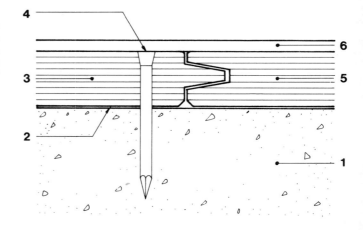

D Sperrholztafeln auf Wärmedämmschicht
Werden die Sperrholztafeln als Fußbodenbelag auf einer Betonbodenplatte verlegt, können die Tafeln ohne Befestigung auf eine Schicht Hartschaum, 25 mm dick, gelegt werden. Diese wiederum liegt auf einer Dampfsperre, die sich auf der Betonoberfläche befindet. Jede Tafel wird an der Feder angeschlagen, um einen strammen Sitz der Fuge zu gewährleisten.

1 Betonbodenplatte
2 Dampfsperre
3 Polystyren-Hartschaum (Styropor)
4 Sperrholztafel mit Nut und Feder als Fußbodenbelag, 15 mm dick
5 Sperrholztafel mit Nut und Feder als Fußbodenbelag, 15 mm dick

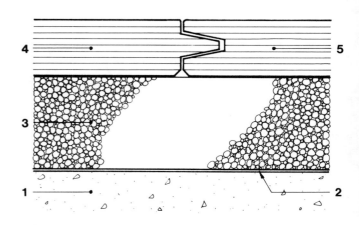

Fußbodenausführungen: Estrich

M = 1 : 2

A Estrich auf Frischbeton
Der Estrich wird auf die Ortbetondecke aufgebracht, bevor diese voll abgebunden ist, normalerweise innerhalb von drei Stunden nach dem Gießen des Betons. Die Dicke der Estrichschicht soll mindestens 10 mm, jedoch nicht mehr als 25 mm betragen. Der Estrich wird in Teilflächen so aufgebracht, daß er sich mit der Unterkonstruktion noch verbindet. Der Untergrund und der Estrich binden zusammen ab, so daß eine Trennung nicht mehr möglich ist.

1 Betonplatte
2 Estrich, Zement : Sand wie 1 : 4

B Verbundestrich
Die Betonplatte wird gegossen, man läßt sie abbinden und härten. Dann wird die Oberfläche des Betons aufgerauht, gereinigt und genäßt, um Staubbildung zu verhindern. Mörtel oder ein Haftgrund wird danach kurz vor dem Verlegen des Estrichs auf die Oberfläche aufgebracht. Die Dicke des Estrichs sollte mindestens 40 mm betragen.

1 Betonplatte
2 Estrich, Zement : Sand wie 2 : 9

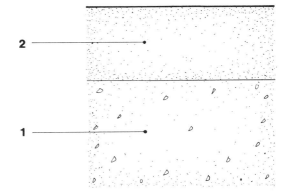

C Estrich auf Trennschicht
Die Betonplatte wird gegossen. Man läßt sie abbinden und härten. Die Platte wird gesäubert und mit einer Feuchtigkeits-Sperrfolie abgedeckt. Dann wird der Estrich in einer Dicke von mindestens 50 mm verlegt. Wenn der Estrich Heizleitungen enthält, sollte seine Dicke nicht unter 60 mm betragen.

1 Betonplatte
2 Feuchtigkeits-Sperrfolie
3 Estrich, Zement : Feinkorn : Grobkorn wie 2 : 3 : 6

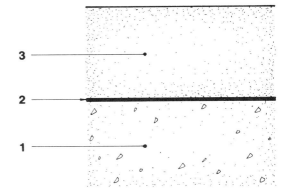

D Schwimmender Estrich
Die Betonplatte wird gegossen. Man läßt sie abbinden, härten und austrocknen. Polystyren-Hartschaumplatten von 25 mm Dicke werden verlegt und eng gestoßen. Der Estrich wird in einer Dicke von mindestens 60 mm eingebracht.

1 Betonplatte
2 Polystyren-Hartschaumplatte, 25 mm dick (Styropor)
3 Estrich, Zement : Feinkorn : Grobkorn wie 2 : 3 : 6

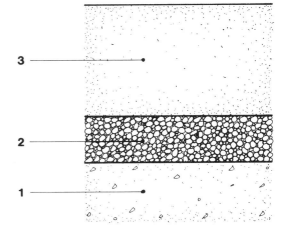

Fußbodenausführungen: Holzböden

M = 1 : 2

A Dielenfußboden aus Weichholz

Holzschwellen werden abgeschrägt und auf dem Betonboden auf einer Feuchtigkeits-Sperrfolie verlegt. Flachkopfnägel (Pappnägel) werden auf beiden Seiten der Latte angenagelt, wobei die Köpfe außen stehen bleiben, um einen Halt im Estrich zu schaffen. Der Estrich wird so trocken wie möglich aufgebracht und in Höhe des Schwellenkopfes abgezogen. Die Holzdielen werden mit gestauchten Nägeln auf das Lagerholz genagelt. Die Dielen werden mit zwei Nägeln auf jeder Latte im Abstand von 17,5 cm festgenagelt, die letzten Nägel zwischen 15 mm und 20 mm vom Dielenende.

1 Betonplatte
2 Feuchtigkeitssperre
3 Holzlatte, mit Holzschutzmittel imprägniert
4 Breitkopfnagel (Pappnagel) alle 45 cm auf jeder Seite
5 Estrich
6 Diele aus Weichholz
7 Gestauchter Nagel, 50 mm lang

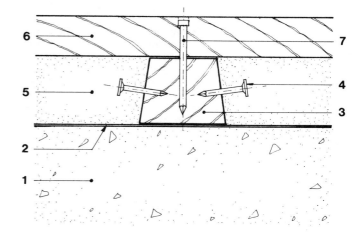

B Dielenfußboden aus Weichholz

Auf ähnliche Art werden quadratische Latten mit Stahlnägeln auf dem Estrich befestigt. Dieser liegt auf einer Feuchtigkeitssperre über der Betonplatte. Der Dielenfußboden aus Weichholz wird mit gestauchten Nägeln auf die Latten genagelt.

1 Betonplatte
2 Feuchtigkeitssperre
3 Estrich
4 Holzlatte, 36 mm x 36 mm
5 Stahlnagel
6 Dielenfußboden aus Weichholz
7 Gestauchter Nagel, 50 mm lang

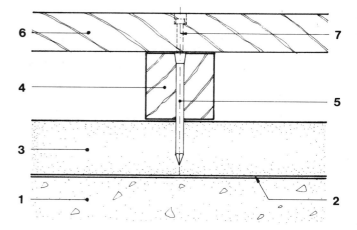

C Dielung aus Weichholz

Eine weitere Möglichkeit, Dielen zu verlegen, besteht darin, die Ortbetonplatte mit einer Feuchtigkeits-Sperrfolie zu bedecken und die quadratische Latte mit Stahlnägeln direkt auf den Beton zu nageln. Die Dielung wird dann mit gestauchten Nägeln auf die Latte genagelt. Der Fußboden ist auf jede Latte verdeckt genagelt. Die Nägel werden seitlich oberhalb der Zunge in einem Winkel von etwa 50° zur Senkrechten in die Diele geschlagen.

1 Betonplatte
2 Feuchtigkeitssperre
3 Holzlatte, 36 mm x 36 mm
4 Stahlnagel
5 Weichholzdielung
6 Gestauchter Nagel, 40 mm lang

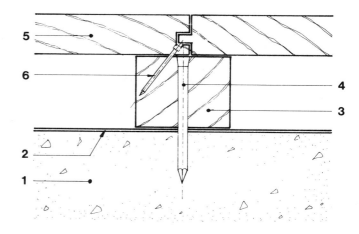

D Riemenparkett aus Hartholz

Die Oberfläche des Estrichs soll abgerieben, eben, trocken und staubfrei sein, ohne Unregelmäßigkeiten der Oberfläche und oben fein aufgerauht, ähnlich einer mit dem Reibebrett abgezogenen Fläche. Die Unterseite jedes Hartholzriemens wird in Kleber getaucht und sofort verlegt.

1 Betonplatte
2 Estrich, Zement : Sand wie 1 : 4
3 Feuchtigkeitsdichte Klebefolie
4 Hartholzriemen

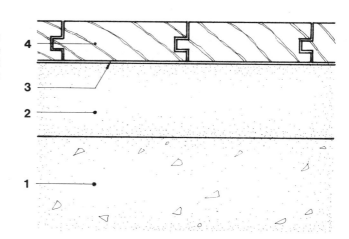

Fußbodenausführungen: Bodenfliesen auf Betonboden

M = 1 : 2

A Getrennt aufgebrachte Bettung
Der Betonboden wird gesäubert und mit einer Trennlage aus Polyäthylen- oder Ölpapier mit einer Überlappung von 100 mm bedeckt. Eine steife Mischung von Zement : Sand im Verhältnis 1 : 4 wird 15 mm bis 25 mm dick zur Aufnahme der Fliesen aufgebracht. Die Bettung wird mit trockenem Zement bestreut und leicht mit der Kelle gerieben, bis der Zement feucht wird. Die Fliesen werden mit einem lichten Abstand von mindestens 3 mm sofort verlegt und auf Waage angeklopft. Die Fugen werden mindestens 12 Stunden später verfüllt. Hat der Fußboden eine Ausdehnung von über 15 m in einer Richtung, wird eine Dehnungsfuge vorgesehen. Der Spalt zwischen Boden und Wanne wird zum Schluß abgedichtet.

1 Betonboden
2 Trennlage aus Polyäthylen- oder Ölpapier
3 Bettung, Zement : Sand wie 1 : 4, 15 mm bis 25 mm dick
4 Fußboden-Tonfliese
5 Dehnungsfuge
6 Dauerelastischer Kitt

B Verbundbettung
Eine steife Mischung von Zement und Sand im Verhältnis 1 : 4 kommt direkt auf den vorher angenäßten Betonboden. Die Bettung von 20 mm bis 40 mm Dicke wird festgestampft und vollständig verdichtet. Sie wird mit trockenem Zement bestreut und leicht mit der Kelle gerieben, bis der Zement feucht wird. Die Fliesen werden mit einem lichten Abstand von mindestens 3 mm verlegt und auf Waage angeklopft. Die Fugen werden mindestens 12 Stunden später verfüllt. Der Spalt zwischen Boden und Wand wird zum Schluß abgedichtet.

1 Betonboden
2 Bettung, Zement : Sand wie 1 : 4, 20 mm bis 40 mm dick
3 Boden-Tonfliese
4 Dehnungsfuge
5 Dauerelastischer Kitt

C Fugen zwischen den Fliesen
Die Fugen zwischen den Tonfliesen werden mindestens 12 Stunden nach dem Verlegen in einem besonderen Arbeitsgang verfüllt. Eine Mischung von Portlandzement : feinem trockenem Sand im Verhältnis 1 : 1, von pastenförmiger Mörtelkonsistenz, wird gut in die Fugen zwischen den Fliesen eingearbeitet und mit deren Oberfläche glattgestrichen. Überschüssiger Mörtel wird durch Abbürsten mit scharfem Sand entfernt. Der Spalt zwischen Boden und Wand wird zum Schluß abgedichtet.

1 Betonboden
2 Trennlage
3 Dehnungsfuge
4 Bettung, Zement : Sand wie 1 : 4
5 Bodenfliese aus Ton
6 Fuge, 3 mm dick, Zement : Sand wie 1 : 1
7 Dauerelastischer Kitt

D Dehnungsfuge
Bei Größen des Fliesenbodens von über 15 m in einer Richtung können sich die Fliesen ausdehnen und der Betonboden kann ziemlich schrumpfen. Hier wird eine Dehnungsfuge umlaufend angelegt, wenn erforderlich auch quer über den Fußboden. Bei Kehl-Sockelfliesen wird die Dehnungsfuge als Dehnungsstreifen zwischen Sockelfliese und Fußbodenfliese ausgebildet.

1 Betonboden
2 Trennschicht
3 Bettung, Zement : Sand wie 1 : 4
4 Gekehlte Sockelfliese aus Ton
5 Dehnungsstreifen
6 Bettung, Zement : Sand wie 1 : 4
7 Fußbodenfliese aus Ton

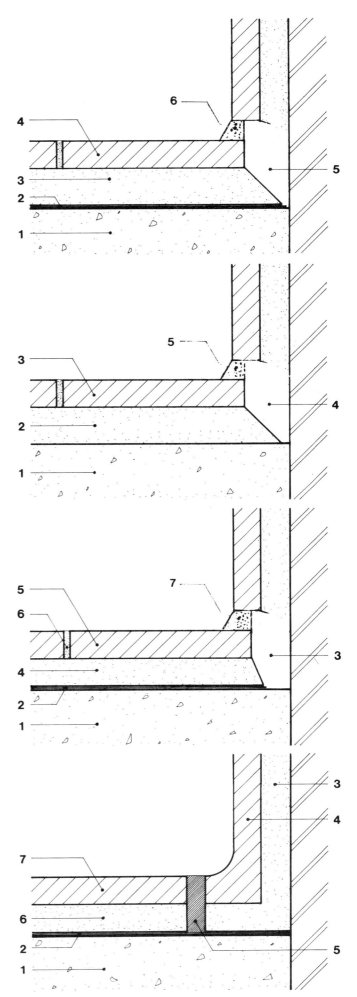

Fußbodenausführungen: Fußbodenfliesen aus Ton

M = 1 : 2

A Dehnungsfuge
Bei Größen eines Fußbodens von über 15 m in einer Richtung wird eine Dehnungsfuge quer durch den Fliesenboden angeordnet. Fugen mit einer Weite bis zu 10 mm werden mit einem zusammenpreßbaren Füllstück, einem Trennstreifen und Dichtungsmasse versehen. Die Tiefe der Dichtungsmasse sollte grundsätzlich nicht weniger als 12 mm betragen. Die Masse sollte dicht eingebracht werden, so daß keine Lücken am Grunde der Fuge verbleiben.

1 Betonboden
2 Zusammenpreßbares Füllstück
3 Bettung, Zement : Sand wie 1 : 4
4 Fußbodenfliese aus Ton
5 Trennstreifen (zwischen 2 und 6)
6 Dichtungsmasse

B Preßfuge
Wenn zu erwarten ist, daß sich die Beton-Bodenplatte zusammenzieht und der Fußboden im Verbund hergestellt ist, wird eine Preßfuge vorgesehen, die die Bewegung aufnehmen kann. Die Polysulfid-Zweikomponenten-Dichtungsmasse wird in Längs- und Querrichtung eingebracht und klebt an den Seitenkanten der Bodenfliesen. Sie ist aber von der Grundplatte getrennt und wird von einem durchgehenden Streifen aus Polyäthylen-Schaumstoff gestützt, der in die Fuge zwischen dem Fliesenbett eingelegt wird. Diese Art Fuge wird im allgemeinen etwa alle 4 m angeordnet.

1 Betonboden
2 Bettung, Zement : Sand wie 1 : 4
3 Fußbodenfliese aus Ton
4 Polyäthylen-Schaumstoffstreifen
5 Polysulfid-Zweikomponenten-Dichtungsmasse, 18 mm x 18 mm

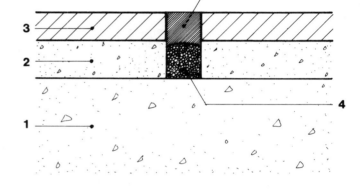

C Verstärkte Dehnungsfuge für leichte Beanspruchung
Bei der Breite einer Dehnungsfuge von über 12 mm wird diese mit zwei Metallwinkelprofilen, die fest in der Bettung verankert sind, verstärkt. Die Fuge zwischen den beiden Winkeln wird mit einem zusammenpreßbaren Füllstück, einem Trennstreifen und Dichtungsmasse verschlossen. Die Dichtungsmasse muß imstande sein, die maximalen Bewegungen zwischen den Winkelprofilen aufzunehmen. Das Verhältnis Weite : Tiefe variiert von 1 : 1 (für eine Weite von 12 mm) bis zu 2 : 1 (bei einer Weite von 50 mm).

1 Betonboden
2 Zusammenpreßbares Füllstück
3 Durchgehendes Metall-Winkelprofil
4 Bettung, Zement : Sand wie 1 : 4
5 Fußbodenfliese aus Ton
6 Trennstreifen aus Polyäthylen
7 Dichtungsmasse

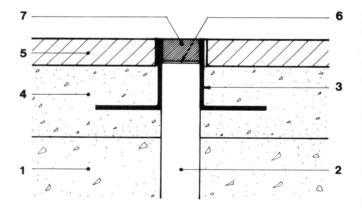

D Verstärkte Dehnungsfuge für schwere Beanspruchung
Wenn eine hohe Verkehrsbelastung und große Dehnungswege zu erwarten sind, wird eine Tiefe von 25 mm und eine Weite von 50 mm für die Dichtungsmasse vorgesehen. Die Dichtungsmasse wird von dem zusammenpreßbaren Füllstück durch ein Trennband aus Polyäthylen getrennt, das in einer Vertiefung des Bodenestrichs untergebracht ist.

1 Betonboden
2 Zusammenpreßbares Füllstück
3 Bettung, Zement : Sand wie 1 : 4
4 Fußbodenfliese aus Ton
5 Trennband aus Polyäthylen
6 Polysulfid-Zweikomponenten-Dichtungsmasse

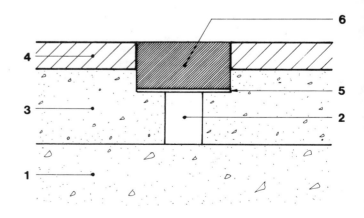

Fußbodenausführungen: Dehnungsfugen

M = 1 : 2

A Dehnungsfuge für 15 mm dicke Fußböden
Ein Mörtelstreifen wird längs der Kanten der Betonplatte aufgebracht, um eine ebene und glatte Oberfläche zu erzielen. Aluminium-Profile werden beiderseits der Fuge zur Aufnahme von Dehnungsstellen angebracht. Sie werden vorerst mit Mauernägeln festgenagelt, so daß die Oberkante bündig mit dem fertigen Fußboden zu liegen kommt. Dann werden der Estrich und der Fußbodenbelag fertiggestellt. Durch Einfügen der PVC-Dichtung wird die Fuge geschlossen. Die lichte Weite beträgt höchstens 30 mm, mindestens 20 mm.

1 Betonplatte mit Dehnungsfuge
2 Mörtelstreifen
3 Aluminiumprofil
4 Mauernagel
5 Estrich
6 Fußbodenbelag
7 PVC-Dichtung

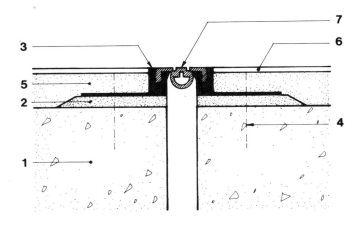

B Dehnungsfuge für 35 bis 50 mm dicke Fußböden
Die nachfolgende Konstruktion ist der in ,,A'' oben ähnlich. Die Aluminiumprofile sind als ein Paar ineinandergreifender Profile konzipiert, die sich bei der Montage der Fußbodendicke zwischen 35 mm und 50 mm anpassen lassen. Die lichte Weite beträgt höchstens 30 mm, mindestens 20 mm.

1 Betonplatte
2 Mörtelstreifen
3 Ineinandergreifende Aluminiumprofile
4 Mauernagel
5 Estrich
6 Fußbodenfliese
7 PVC-Dichtung

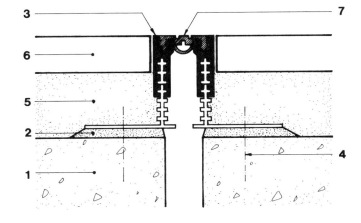

C Dehnungsfuge in 5 mm dickem Teppichboden
Der Estrich wird mit glatter und ebener Oberfläche verlegt. Das Aluminiumprofil wird beiderseits der Fuge zur Aufnahme der Dehnungsteile angebracht und mit Klebemasse am Estrich befestigt. Die bewegliche PVC-Dichtung wird eingefügt und der Teppich auf Stoß an die Kante der Dichtung ausgelegt. Die lichte Weite beträgt höchstens 40 mm und mindestens 30 mm.

1 Betonplatte
2 Estrich
3 Klebemasse
4 Aluminiumprofil
5 PVC-Dichtung
6 Teppich, 5 mm dick

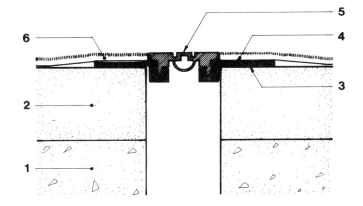

D Dehnungsfuge zwischen Fußboden und Wand
Die Dehnungsfuge liegt zwischen Bodenplatte und Wand. Aluminiumprofile sind mit Mauernägeln an Fußboden und Wand befestigt. Das Fußbodenprofil greift ineinander und läßt sich so der Fußbodendicke zwischen 25 mm und 30 mm anpassen. Estrich und Fußbodenbelag werden verlegt und die Wand wird geputzt. Die flexible PVC-Dichtung wird dann eingefügt. Die lichte Weite beträgt höchstens 40 mm und mindestens 30 mm.

1 Betonplatte
2 Wand
3 Aluminiumprofil
4 Mauernagel
5 Estrich
6 Fußbodenbelag
7 Putz
8 PVC-Dichtung

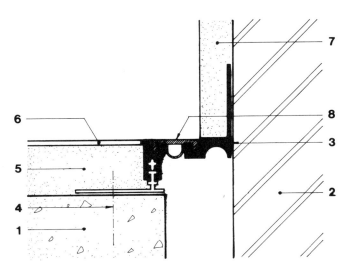

Fußbodenausführungen: Dehnungsfugen in Betonfußböden

M = 1 : 2

A Fuge durch Estrich und Bodenbelag
Die Betonbodenplatte ist in Abschnitte geteilt. Die Fugen zwischen den angrenzenden Platten, lichte Weite 25 mm, werden mit trockenem Sand ausgefüllt. Das Fugenband wird über die Fugen zwischen die Platten gelegt. Die Seiten des Bandes bilden einen dauerhaften Abschluß für den Estrichfußboden, das Oberteil gibt die Höhe für den Estrich und die Ebene des Fußbodenbelages an.

1 Betonplatte
2 Sandfüllung
3 Fugendehnungsband aus Polychloropren
4 Estrich
5 Venyl-Fußbodenbelag

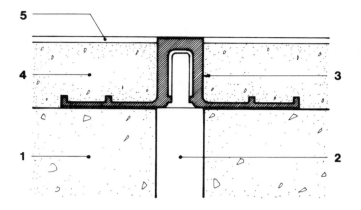

B Fuge durch Terrazzofußboden
Wenn die Dicke des Estriches oder eines ähnlichen Fußbodenbelages größer ist als die Höhe des Fugenbandes, wird das Band auf eine ziemlich trockene Mörtellage gebettet und eingefluchtet. Die Bänder werden entsprechend den Feldern der Bodenplatte verlegt und an Kreuzungspunkten durch Spezialkreuzstücke miteinander verbunden. Der Fußbodenbelag über dem fertigen Fußboden kann dann in einem gesonderten Arbeitsgang verlegt werden.

1 Betonplatte
2 Sandfüllung
3 Mörtelbett
4 Fugendehnungsband aus Polychloropren
5 Terrazzoboden

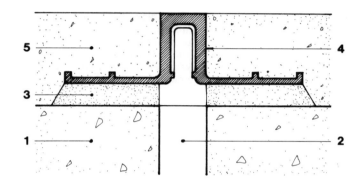

C Typischer Verlegeplan von Fugenbändern
Vier verschiedene Teile werden benötigt, um eine rechteckige Unterteilung des Fußbodens zu erreichen: Gerade Stücke, T-Stücke, Kreuzungsstücke und Eckstücke. Alle Dichtungen werden auf Polychloroprenbasis und in U-Profilform hergestellt. Die Kreuzungsstücke haben Laschen zur Verbindung mit den geraden Teilen. Die geraden Profile können auf der Baustelle auf die erforderliche Länge zugeschnitten oder zu längeren Einheiten verklebt werden.

1 Gerades Fugenband
2 T-Stück
3 Kreuzung
4 Eckstück

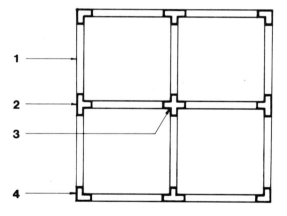

D Anschlüsse von Fugenbändern
Der Anschluß zwischen einem Kreuzungsstück und geraden Fugenbändern wird durch eine profilgerechte Verlängerung eines jeden Schenkels der Kreuzung hergestellt. Das zugehörige U-Profil des Bandes greift über die Verlängerung des Kreuzungsstückes und schließt die Verbindung. Der Anschluß der anderen Fugenbänder erfolgt auf die gleiche Weise.

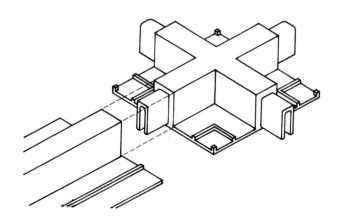

Fußbodenausführungen: Holzfußboden auf Beton

M = 1 : 2

A Holzfußboden auf einer Betonplatte
Standard-Fußbodenklammern mit Zwillingsschenkeln werden alle 40 cm in die Betonplatte vor deren Erhärten eingelassen. Über der Platte wird eine feuchtigkeitsdichte Folie verlegt. Die Seitenzungen der Klammer werden geöffnet und die Holzlatten dazwischengelegt. Mit zwei Flachkopfnägeln in jeder Zunge wird die Klammer mit der Latte verbunden.

1 Betonplatte
2 Feuchtigkeitsdichte Folie
3 Standard-Fußbodenklammer, 32 mm breit, aus verzinktem Stahlblech
4 Holzlatte, 50 mm x 50 mm
5 Flachkopfnagel aus verzinktem Stahl, 4 Stk. je Klemme
6 Holzfußboden

B Holzfußboden auf einer Betonplatte
Standard-Fußbodenklammern mit einem Schenkel sind eine Variante zu „A" und besitzen einen Mittelschenkel. Dieser hat zwei hakenförmige Aufbiegungen, die in den Beton oder Estrich vor dem Erhärten eingedrückt werden. Die zwei Zungen werden zur Aufnahme der Fußbodenlatte auseinandergezogen. Sie werden an der Latte mit Flachkopfnägeln festgenagelt.

1 Betonplatte
2 Feuchtigkeitsdichte Folie
3 Fußbodenklammer mit einem Schenkel aus verzinktem Stahlblech
4 Holzlatte, 50 mm x 50 mm
5 Flachkopfnagel aus verzinktem Stahl, 4 Stk. je Klemme
6 Holzfußboden

C Holzfußboden auf einer Betonplatte
Diese Fußbodenklammern mit Schalldämmung werden kurz vor dem Verlegen des Holzfußbodens befestigt und können auch auf alten Bodenplatten verwendet werden. Die untere Platte der Klemme wird mit Mauernägeln von 18 mm Länge direkt auf den Betonboden genagelt. Die Klemme ist 32 mm breit und wird im Abstand von 40 cm angebracht. Die Holzlatte wird in das U-Profil zwischen die Zungen eingefügt und mit runden Flachkopfnägeln festgenagelt. Das schalldämmende Polster besteht aus dauerelastischem Spezialgummi und behält seine akustische Wirkung.

1 Betonplatte
2 Feuchtigkeitssperre
3 Fußbodenklemme zur direkten Befestigung, aus verzinktem Stahlblech
4 Verzinkter Mauernagel aus Stahl, 18 mm lang
5 Holzlatte, 50 mm x 50 mm
6 Verzinkter Flachkopf-Stahlnagel, 4 Stk. je Klemme
7 Holzfußboden

D Holzfußboden auf einer Betonplatte
Schalldämmende Fußbodenklemmen mit kurzer Zunge sind eine abgewandelte Form der Klemmen mit Mittelschenkel. Dieser hat zwei hakenförmige Aufbiegungen, die in den Beton oder Estrich vor dem Erhärten eingedrückt werden. Das schalldämmende Polster ist aus dauerelastischem Spezialgummi hergestellt. Die Holzlatte wird zwischen die zwei Zungen der Klemme eingesetzt und an ihnen festgenagelt.

1 Betonplatte
2 Feuchtigkeitssperre
3 Schalldämmende Fußbodenklemme, kurzschenkelig, aus verzinktem Stahlblech
4 Holzlatte, 50 mm x 50 mm
5 Verzinkter Flachkopf-Stahlnagel, 4 Stk. je Klemme
6 Holzfußboden

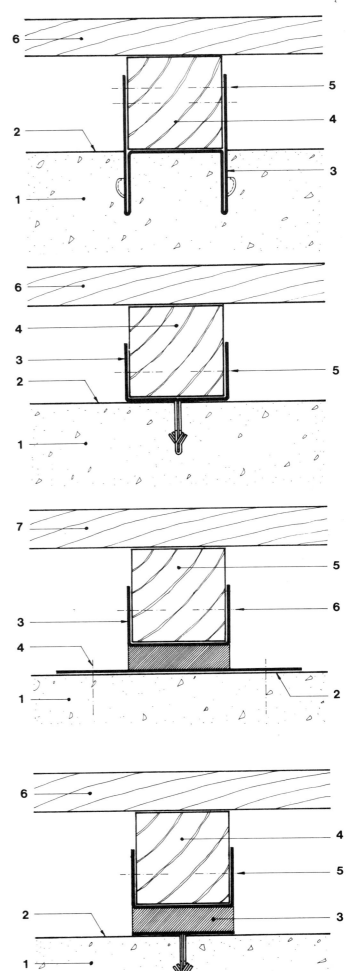

Fußbodenausführungen: Fußbodenbelag aus Spanplatten

M = 1 : 2

A Spanplattenboden auf Holzbalken
Bei Balken im Abstand von 40 cm wird der Spanplattenbelag 18 mm dick. Er wird alle 30 cm an den aufliegenden Kanten der Platten auf die Balken genagelt, etwa alle 50 cm auf Zwischenbalken. Federn werden in die Nuten der Kanten der anliegenden Platten geschoben und verleimt. Ringnägel, 50 mm lang, werden mit dem Kopf in die Oberfläche der Platten getrieben und nicht verfüllt.

1 Holzbalken auf Fußböden
2 Belag aus Qualitäts-Spanplatten, 18 mm dick
3 Feder für Spanplatte
4 Klebstoff
5 Ringnagel, 50 mm lang

B Spanplattenboden auf Latten
Die Betonplatte wird mit einer Polyäthylenfolie oder einer ähnlichen Dampfsperre abgedeckt. Die Latten werden für Spanplatten von 22 mm Dicke im Abstand von 60 cm verlegt, bei Platten von 18 mm Dicke im Abstand von 40 cm. Federn für Spanplatten werden in die Nuten längs der Kanten der anliegenden Platten geschoben und verleimt. Dann werden die Platten mit Ringnägeln, 50 mm lang, auf die Latten genagelt.

1 Betonplatte
2 Polyäthylenbahnen als Dampfsperre
3 Holzlatte, 46 mm x 46 mm
4 Belag aus Qualitäts-Spanplatten, 18 mm dick
5 Feder
6 Klebstoff
7 Ringnagel, 50 mm lang

C Spanplattenboden auf Dämmplatten
Die Betonplatte wird mit einer Feuchtigkeitssperre (Feuchtigkeitssperrfolie) und harten Schaumstoffplatten, eng auf Stoß verlegt, bedeckt. Der Spanplattenbelag, an allen vier Kanten mit Nut und Feder versehen, wird ohne Befestigung auf der Dämmschicht verlegt. Die Federn längs zweier Kanten einer Platte werden in die dazugehörigen Nuten der Nebenplatte gedrückt und verleimt. Ein Abstand von 10 mm verbleibt zwischen der Fußbodenkante und der anliegenden Wand auf allen Seiten des Bodens, um eine Wärmeausdehnung zu erlauben.

1 Betonplatte
2 Folie als Feuchtigkeitssperre
3 Harte Schaumstoffplatte, 25 mm dick (Polystyren)
4 Spanplattenboden, 18 mm dick
5 Klebstoff

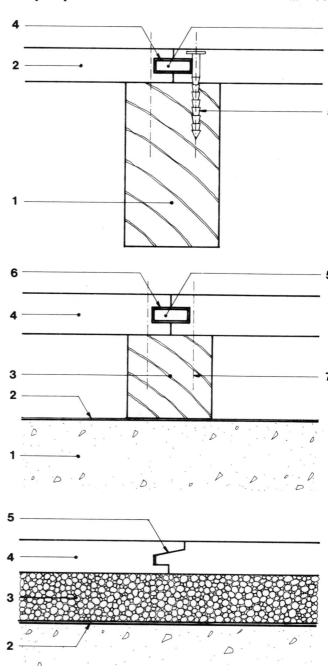

Fußbodenausführungen: Schall- und Wärmedämmung

M = 1 : 5

A Schalldämmung mit schwimmendem Estrich

Die Bodenplatte, mindestens 10 cm dick, wird gesäubert und mit hochwertigen Schallschutzplatten aus Polystyren, 25 mm dick, abgedeckt. Dasselbe Material wird auch bis Oberkante Fußboden an die Wand gelegt. Alle Fugen werden dicht gestoßen und angeklopft. Das Polystyren wird mit einem Zementestrich, Zement : Sand wie 1 : 4, 60 mm dick belegt. Die Feldgrößen sollten nicht mehr als 60 m² betragen, um Rißbildungen einzuschränken. Als Fußbodenbelag werden PVC-Fliesen oder ein ähnlicher Belag aufgebracht.

1 Massivboden, 10 cm dick
2 Hochwertiges expandiertes Polystyren, 25 mm dick
3 Estrich, Zement : Sand wie 1 : 4, 60 mm dick
4 PVC-Fußbodenfliesen

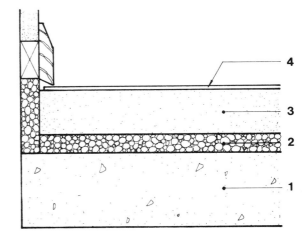

B Schalldämmung mit schwimmendem Spanplattenboden

Ein anderer Fußboden besteht aus einer Abdeckung des Betonbodens mit hochwertigen Schallschutzplatten aus Polystyren. Darauf wird eine Polyäthylenfolie als Feuchteschutz verlegt. Darauf werden Spanplatten mit Nut und Feder, 18 mm dick, aufgebracht mit einem Abstand von 15 mm zwischen Bodenkante und Wandoberfläche. Nut und Feder der Anschlüsse werden üblicherweise verleimt.

1 Massivboden, 10 cm dick
2 Hochwertiges expandiertes Polystyren, 25 mm dick
3 Polyäthylenfolie als Feuchtigkeitssperre
4 Spanplatten, 18 mm dick, mit Nut und Feder

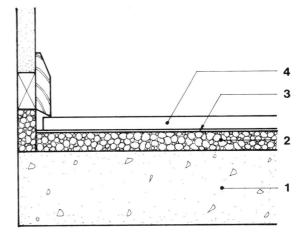

C Wärmedämmung bei unbeheiztem Betonfußboden

Der Wärmeabfluß nach unten wird durch Auflage von Standard-Polystyrenplatten auf den Unterboden vermindert. Die Platten liegen über einer Feuchtigkeitssperre auf einem Sandbett. Die Platten werden dicht an dicht gestoßen und die Fugen angeklopft. Dann wird der Estrich verlegt und schließlich mit PVC-Fliesen oder einem ähnlichen Fußbodenbelag versehen.

1 Fester Unterboden
2 Sand
3 Polyäthylenfolie als Feuchtigkeitssperre
4 Expandiertes Polystyren, 50 mm dick
5 Betonplatte, 10 cm dick
6 PVC-Fußbodenfliesen

D Wärmedämmung bei Fußbodenheizung

Bei Fußbodenheizung mit elektrischen Unterflurkabeln werden die Polyäthylenfolie, die expandierten Polystyrenplatten und der Estrich, wie oben in „C" beschrieben, verlegt. Die Heizkabel werden ausgelegt und mit einem zweiten Zementestrich (Zement : Sand wie 1 : 4), 75 mm dick überdeckt. Dann werden PVC-Fliesen oder ein ähnlicher Fußbodenbelag verlegt.

1 Fester Unterboden
2 Sand
3 Polyäthylenfolie als Feuchtigkeitsschicht
4 Expandiertes Polystyren, 50 mm dick
5 Betonplatte, 10 cm dick
6 Heizungskabel
7 Estrich, Zement : Sand wie 1 : 4, 75 mm dick
8 PVC-Fußbodenfliesen

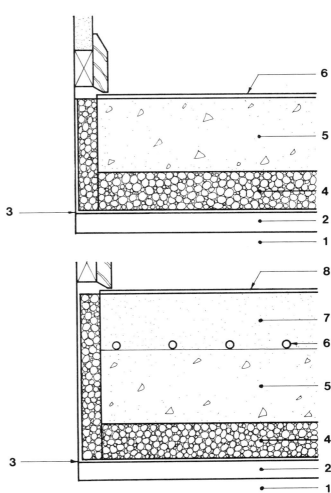

Deckenausführungen: Putz auf Streckmetall

M = 1 : 2

A Flach abgehängte Decke
Die Aufhänger werden beim Gießen der Decke einbetoniert oder später befestigt und nehmen die Hauptträger auf. Läuferprofile werden rechtwinklig zu den Trägern alle 350 mm mit Drahtankern befestigt. Das ausgezogene Streckmetall wird mit den Läufern verdrahtet. Eine Putzschicht wird auf das Streckmetall aufgebracht. Dieser folgen zwei weitere Schichten bis zu einer Putzdicke von 16 mm.

1 Aufhänger, Flachstahl 25 mm x 3 mm
2 U-Profilträger aus Normalstahl, 38 mm x 11 mm
3 Verzinkte Drahtanker
4 Läuferprofil aus Normalstahl, 19 mm x 10 mm
5 Verzinkte Drahtanker
6 Ausgezogenes Streckmetall
7 Putz, 16 mm dick in drei Schichten

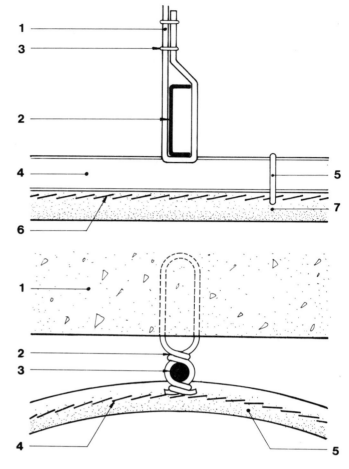

B Gewölbt abgehängte Decke
Haarnadelförmige Klemmen werden alle 60 cm einbetoniert. Sie halten Bewehrungsstäbe, die wiederum das Streckmetall tragen. Das gewölbt ausgezogene Streckmetall wird mit dem Rundeisen verdrahtet. Dann wird eine Putzschicht auf das Streckmetall aufgebracht. Dieser folgen zwei weitere Schichten bis zu einer Putzdicke von 16 mm.

1 Betonplatte
2 Haarnadelklemmen von 3 mm Durchmesser, in die Platte einbetoniert
3 Rundstäbe, 10 mm Durchmesser
4 Ausgezogenes Streckmetall
5 Putz, 16 mm dick in drei Lagen

C Decke an Betonbalken
Längs seiner Unterseite erhält der Betonbalken eine eingegossene Holzeinlage. Das ausgezogene Streckmetall wird mit Pappnägeln an jeder Rippe genagelt, d.h. etwa alle 90 mm. Dann wird eine Lage Putz auf das Streckmetall aufgebracht. Dieser folgen zwei weitere Lagen bis zu einer Gesamtputzdicke von 16 mm.

1 Betonbalken
2 Holzeinlage, in den Träger einbetoniert
3 Ausgezogenes Streckmetall
4 Verzinkter Pappnagel, 38 mm lang
5 Putz, 16 mm dick, in drei Schichten

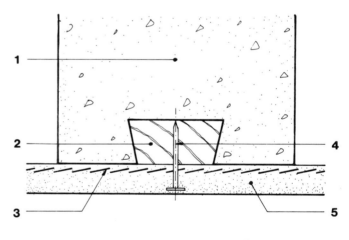

D Decke an Stahlträgern
Flache Aufhänger werden mit Klammern am unteren Flansch des Stahlträgers befestigt. U-förmige, leichte Stahlschienen werden alle 350 mm an den Aufhängern befestigt. Dann wird das Streckmetall mit den Läuferschienen verdrahtet. Nun wird eine Lage Putz auf das Streckmetall aufgebracht. Zwei weitere Lagen folgen bis zu einer Gesamtputzdicke von 16 mm.

1 T-Träger
2 Stahlklammer, 25 mm x 3 mm
3 Stahllaufhänger, 25 mm x 3 mm
4 Stahlschiene, U-Profil, 38 mm x 10 mm
5 Ausgezogenes Streckmetall
6 Verzinkter Drahtanker, 3 mm Durchmesser
7 Putz

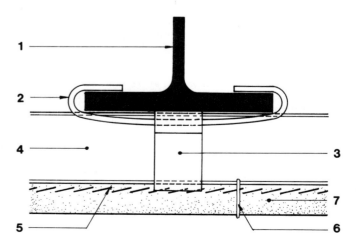

Deckenausführungen: Stabverleimte Platten (Tischlerplatten)

M = 1 : 2

A Stabverleimte Platten können auf verschiedene Arten als Deckenverkleidung angewandt werden. Vier davon sind auf dieser Seite abgebildet. Aus vorgefertigten Platten, die genutet sind, um die Flanschen eines T-Profils aufzunehmen, kann eine abgehängte Decke hergestellt werden. Die Schlitze sind genauestens so angelegt, daß eine ebene Decke und enge Fugen zwischen den Platten, die das T-Profil völlig bergen, sichergestellt sind.

1 Hängedraht
2 Verzinktes T-Profil
3 Stabverleimte Platte, 30 mm dick

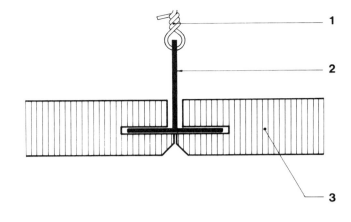

B Wenn die fertige Decke dicht an der Tragekonstruktion liegen soll, werden zuerst Holzlatten befestigt und aufgefüttert, um eine ebene Untersicht zu ergeben. Dann werden die vorgefertigten Platten, die mit Nut und Feder versehen sind, an die Latten genagelt.

1 Deckenkonstruktion
2 Holzlatten
3 Stabverleimte Deckenplatten, 26 mm dick
4 Gestauchter Stahlnagel, 50 mm lang

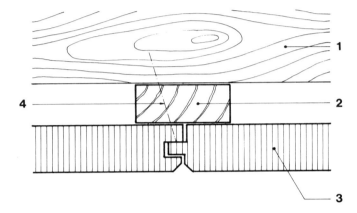

C Eine Alternative bilden Deckenplatten, die an allen vier Kanten abgefast und an gegenüberliegenden Seiten genutet sind, um Hartholzfedern aufzunehmen. Holzlatten werden an der Tragekonstruktion befestigt und aufgefüttert, um eine ebene Untersicht zu ergeben. Dann werden die Platten mit lose sitzenden Federn, die längs der unbefestigten Kanten in die Nuten eingesetzt werden, angenagelt.

1 Tragekonstruktion
2 Holzlatten
3 Deckenplatte, 600 mm x 600 mm, 22 mm dick
4 Gestauchter Stahlnagel, 50 mm lang
5 Hartholzfeder, 30 mm x 3,2 mm

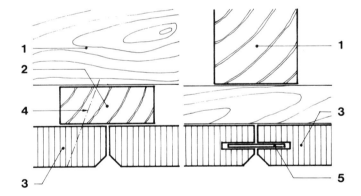

D Eine dekorativ wirkende Decke mit schalldämmender Wirkung wird durch Annageln von Brettstreifen unter eine Glasfasermatte erreicht. Dicke, Breite und Zwischenräume können je nach Erfordernis variiert werden. Die Brettstreifen werden rechtwinklig an die tragenden Balken genagelt. Die Matte liegt zwischen den Balken und wird von den Streifen gehalten.

1 Holzbalken
2 Glasfasermatte
3 Streifen aus einer stabverleimten Platte, 100 mm x 22 mm
4 Gestauchter Nagel, 62 mm lang

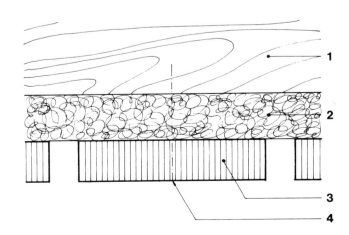

Deckenausführungen: Holzfaserplatten

M = 1 : 2

A Längsfuge zwischen Deckenplatten
Feste Holzlatten werden so an die Deckenkonstruktion geschossen, daß sie eine ebene Oberfläche bilden. Latten 75 mm x 25 mm kommen an alle vier Seiten jeder Platte. Zusätzliche Latten von 50 mm x 25 mm werden alle 300 mm in Plattenmitte angebracht. Die Platten werden an den Latten mit Haftstreifen gesichert und in den Schlitzen mit Heftkrampen befestigt.

1 Betonplatte
2 Holzlatte, 75 mm x 25 mm
3 Mauernagel
4 Fugenfüllender Klebestreifen
5 Holzfaserplatte mit Längsnuten
6 Heftkrampe

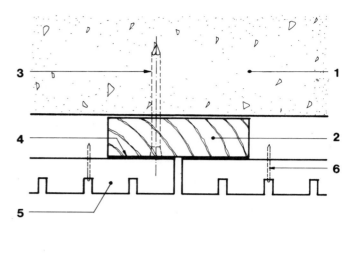

B Anschluß von Deckenplatten und Tragelatten
Die Längsfuge zwischen den Platten erhält dieselbe Breite wie die Nuten. Die Querfuge zwischen angrenzenden Platten erhält einen Abstand von 6 mm.

1 Querlatte
2 Längslatte
3 Kleber
4 Deckenplatte

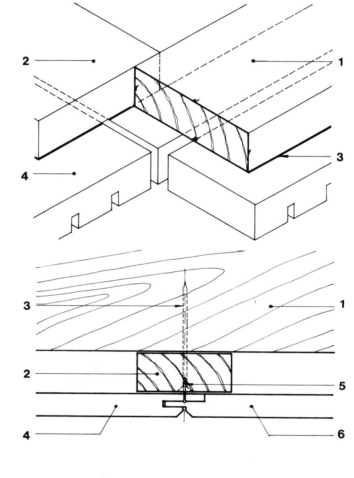

C Längsfuge zwischen Deckenstreifen
Die Holzfaserplattenstreifen haben eine Längsfeder mit einer langen und einer kurzen Kante und sind an den anderen zwei Kanten genutet. Die Latten werden in diesem Falle rechtwinklig alle 285 mm an die Deckenbalken genagelt. Die lange Nutkante des Streifens wird längs der Mitte der Latte angelegt und alle 100 mm angeheftet. Die dazugehörige lange Kante der Feder des angrenzenden Streifens wird dann in die Nut eingefügt und der Streifen leicht eingeschlagen.

1 Deckenbalken
2 Holzlatte, 50 mm x 25 mm
3 Flachkopfnagel
4 Holzfaserplatte mit Nut und Feder
5 Heftkrampe, 13 mm lang
6 Faserplattenstreifen

D Anschluß von Deckenstreifen

1 Deckenbalken
2 Holzlatte
3 Holzfaserplatte, Nutenkante
4 Holzfaserplatte, Federkante

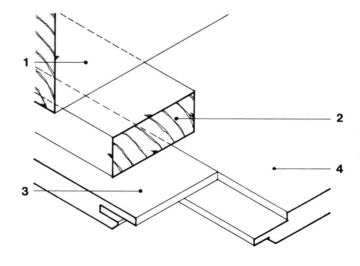

Deckenausführungen: Schallschluckplatten

M = 1 : 2

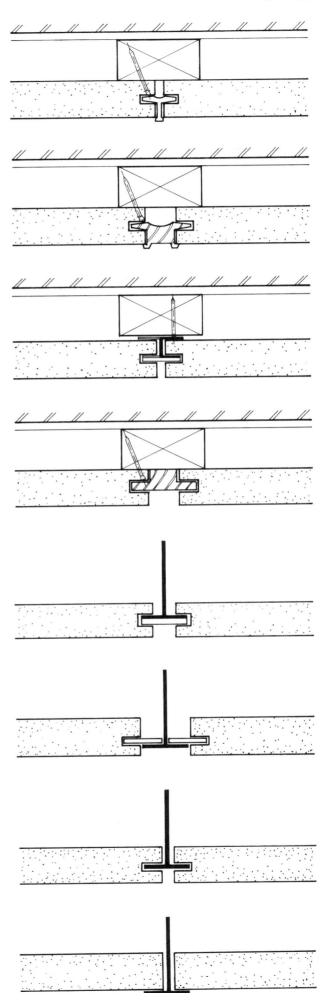

A Die Schallschluckplatten, 20 mm dick, sind an allen vier Kanten eingeschlitzt, um Befestigungsklemmen, Formstücke oder T-Profile aufzunehmen. Leisten 50 mm x 25 mm werden in Mitte der Fugen zwischen den Platten, etwa alle 60 cm, angebracht und so ausgerichtet, daß sie eine ebene Untersicht ergeben. Die Platten werden mit einem gestauchten Stift verdeckt befestigt. Mit fortschreitender Montage werden kurze T-Formstücke aus Kunststoff zwischen die Platten eingefügt.

B Die Platten werden mit einem lichten Abstand von 16 mm angebracht. Die Fugen werden mit einem U-förmigen Holzprofil, das während der Montage der Platten in die Schlitze geschoben wird, ausgefüllt.

C Die Platten werden mit einem lichten Abstand von mindestens 3 mm angebracht. Eine H-förmige Klemme aus gekantetem Blech wird an die Holzleiste genagelt. Die unteren Flanschen der Klemme greifen in die Schlitze der Platten. Eine durchlaufende Hartholzfeder wird unter die Klemme in den gleichen Schlitz eingefügt.

D Die Platte wird mit einem lichten Abstand von 16 mm angebracht und verdeckt an die Holzleiste genagelt. Ein eingefalztes Holzformstück wird in die 6 mm weiten Schlitze der Platte eingefügt.

E Die Platten werden, wie bei einer abgehängten Decke, von abgehängten T-Profilen gehalten. Der Unterflansch des T-Profils liegt in den 6 mm weiten Schlitzen an den Kanten der Platten, und diese erhalten weiter eine Hartholzfeder, die unter dem Flansch im gleichen Schlitz liegt. Die lichte Weite zwischen den Platten beträgt 13 mm.

F Jede Platte wird mit einer Hartholzfeder ausgerüstet. Diese liegt oberhalb des Unterflansches des T-Profils. Der Abstand zwischen den Kanten der Platten ist etwas größer als die Breite des Flansches des T-Profils.

G Der Unterflansch des T-Profils liegt voll im 4 mm breiten Schlitz der Platte, so daß sich ein Maximalabstand der Platten von 6 mm ergibt.

H Die Platten haben einen Abstand von 6 mm und werden direkt vom Unterflansch des T-Profils getragen.

Deckenausführungen: Mineralfaserplatten

M = 1 : 2

A Längsschnitt durch eine abgehängte Decke mit verdecktem Gitterwerk (Tragegitter)
Die Hauptträger sind im Abstand von 1 200 mm gesondert von der Stützkonstruktion mit Hängedrähten abgehängt. Darunter hängen alle 60 cm Z-Profile. Der Oberflansch des Z-Profils wird an die Hauptträger angeklemmt, der Unterflansch greift in die Schlitze in den Kanten der Deckenplatten.

1 Hauptträger, U-Profil
2 Halteklemme aus Draht
3 Z-Profil
4 Mineralfaser-Deckenplatte, 600 mm x 600 mm x 22 mm

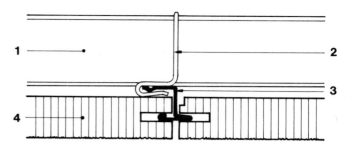

B Querschnitt durch eine abgehängte Decke mit verdecktem Gitterwerk
Die Verbindung von Deckenplatten wird rechtwinklig zu den Z-Trageprofilen mit flachendenden Spleißen hergestellt. Die Enden werden vom Unterflansch des Z-Profils getragen, und die Klemme wird in die Schlitze längs der Kanten der angrenzenden Platten geschoben.

1 Hauptträger, U-Profil
2 Z-Profil
3 Halteklemme aus Draht
4 Mineralfaser-Deckenplatte
5 Spleiß

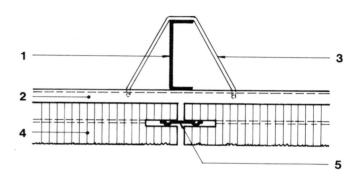

C Längsschnitt durch eine abgehängte Decke mit sichtbarem Gitterwerk
Die abgehängte Decke mit sichtbarem Tragwerk besteht aus einem Gitter aus T-Profilen, das jede Deckenplatte an allen vier Seiten trägt. Die durchlaufenden T-Profile liegen im Abstand der Plattenbreite und sind mit Hängedrähten an der Tragekonstruktion abgehängt. Gleichartige Profilabschnitte werden rechtwinklig dazu in einem Abstand entsprechend der Plattenlänge angebracht. Die Platten werden eingelegt und mit Spezialklammern, die über den runden Kopf des T-Profilsteges greifen, niedergehalten.

1 Durchlaufendes T-Profil
2 T-Querprofil
3 Mineralfaser-Deckenplatte
4 Halteklammer

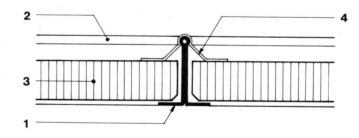

D Querschnitt durch eine abgehängte Decke mit sichtbarem Gitterwerk
Die Verbindung der Platten rechtwinklig zum durchlaufenden T-Profil erfolgt durch kurze Quer-T-Profile, die an beiden Enden mit der Hauptschiene verbunden werden. Die Deckenplatten werden auf die Flansche gelegt und durch Spezialklammern, die über den Runden Kopf des T-Kreuzungssteges greifen, niedergehalten.

1 Durchlaufendes T-Profil
2 T-Querprofil
3 Mineralfaser-Deckenplatte
4 Halteklammer

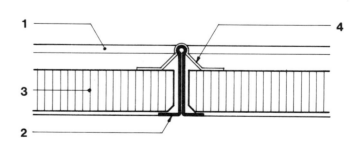

Deckenausführungen: Ausbildung von Untersichten

M = 1 : 2

A Untersicht aus Schiefer

Bei Untersichten aus Schiefer wird eine Höchstdicke der Platten von 25 mm empfohlen, um übermäßige Belastungen zu vermeiden. Die Platte wird auf Mörtelklecksen an die tragende Konstruktion angelegt und in dieser Lage mit einem Spreizdübel und einer Unterlegscheibe von 6 mm Durchmesser befestigt. In den Schiefer werden Löcher gebohrt und abgesenkt, um später mit einem Schieferkorn oder -plättchen geschlossen zu werden.

1 Betondecke
2 Mörtelklecks, 12 mm dick
3 Schieferplatte, maximal 25 mm dick
4 Spreizdübel mit Unterlegscheibe von 12 mm Durchmesser
5 Schieferkorn oder Schieferplättchen

B Untersicht aus Asbestzement

Untersichten aus flachen Asbestzementtafeln werden normalerweise mit Holzschrauben in vorgebohrten Löchern befestigt, abgesenkt und verfüllt. Die Fugen zwischen den Platten liegen über den Trageleisten und werden, falls notwendig, verfüllt, z. B. mit Schwedenkitt oder ähnlichem Füllmaterial.

1 Holzträger
2 Holzleiste, 50 mm x 25 mm
3 Platte aus Asbestzement, 13 mm dick
4 Nichtrostende Holzschraube in vorgebohrten Löchern
5 Schwedenkitt oder ähnliche Füllmasse

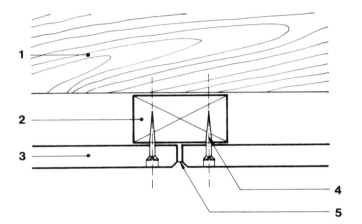

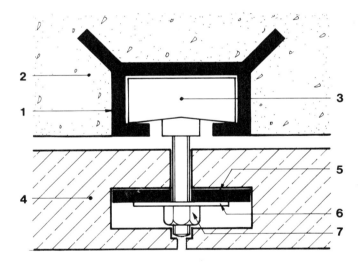

C Untersicht aus Stein

In die tragende Betonplatte wird eine Ankerschiene einbetoniert. Ein Kopf mit festem Bolzen und Tragplatte wird so in die Schiene geschoben, daß eine Seite der Trageplatte in eine Vertiefung in der Kante der Steinplatte hineingreift. Mutter und Unterlegscheibe werden dann befestigt, um die Platte in ihrer Lage zu halten. Die nächste Steinplatte hat ebenfalls eine entsprechende Vertiefung in ihrer Kante und wird herangeschoben, so daß sie von der anderen Seite der Tragplatte gehalten wird.

1 Ankerschiene
2 Tragende Betonplatte
3 Kopf und Bolzen aus Phosphorbronze
4 Steinplatte als Unterverkleidung
5 Tragplatte aus Phosphorbronze, 75 mm x 50 mm x 6 mm
6 Unterlegscheibe
7 Mutter

D Untersicht aus Marmor

Ein kurzes Stück einer schwalbenschwanzförmigen Ankerschiene aus Phosphorbronze wird an der erforderlichen Stelle in die Betonplatte einbetoniert. Eine plattenförmige Krampe, auf der einen Seite schwalbenschwanzförmig, auf der anderen mit einem Dübelloch versehen, wird in das Profil eingeführt. Die Kante jeder Marmorplatte wird angebohrt, um einen Dübel aufzunehmen, außerdem wird in jede Platte eine Vertiefung in Stärke der Krampe eingeschnitten.

1 Schwalbenschwanzförmige Ankerschiene
2 Tragende Betonplatte
3 Krampe aus Phosphorbronze mit Dübelloch
4 Dübel aus Phosphorbronze, 75 mm lang, mit 6 mm Durchmesser
5 Marmorplatte als Unterverkleidung

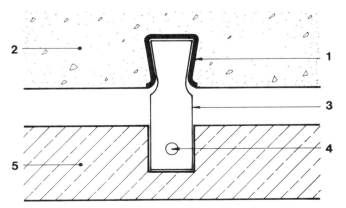

Formteile: Nageldübel

M = 1 : 1

A Eine Möglichkeit, Anschlüsse an Bausteinen mit geringer Dichte zu schaffen, bilden Spreizanker. Diese bestehen z. B. aus einer Rohrhülse, auf der einen Seite abgeflacht, um einen Kopf zu bilden, auf der anderen Seite befindet sich ein Spreizstift. Der Anker wird mit einem Paßstück angesetzt und bis zum Anschlag mit dem Hammer eingeschlagen. Das Paßstück wird dann entfernt und der Anker weiter eingehämmert, bis die Hülse sich auseinandersperrt und eine feste Verankerung gewährleistet.

1 Gasbetonstein
2 Befestigtes Teil
3 Anker

B Eine andere Art einer vielseitigen Befestigung am Mauerwerk besteht in der Verwendung eines Spezialnagels, der von einer Spreizhülse eingeschlossen ist. Zuerst wird ein Loch von bestimmtem Durchmesser und Tiefe in das Mauerwerk gebohrt. Der Hülsennagel wird dann in das Loch eingesetzt. Der Nagel wird so tief in die Ankerhülse eingetrieben, daß diese auseinanderspreizt und eine dauerhafte Befestigung ergibt.

1 Mauerwerk
2 Befestigtes Teil
3 Hülsennagel

C Eine Alternative ist die Verwendung eines Mauernagels. Er besteht aus besonders gehärtetem Qualitätsstahl, korrosionsbeständig, mit geriffeltem Spezialkopf, um einem Abgleiten des Hammers vorzubeugen und einer Spitzenausbildung, die ein Spalten des Holzes vermeidet. Der Nagel wird mit kurzen kräftigen Hammerschlägen durch das zu befestigende Holzteil hindurch in den Untergrund geschlagen. Der Nagel sollte nicht in einer Mörtelfuge eingeschlagen werden.

1 Ziegelmauerwerk oder Betonblockstein
2 Befestigtes Element
3 Mauernagel

D Eine weitere Art, Teile am Mauerwerk von geringer Dichte zu befestigen, besteht in der Verwendung eines Nagels in Verbindung mit einer Spezialhülse, die den Nagel führt und die Seitenäste in das Mauerwerk lenkt. Die Spezialhülse wird direkt durch das zu befestigende Teil in das Mauerwerk gehämmert. Dann wird der Nagel in die Hülse eingeführt und bis zum Ende eingeschlagen.

1 Mauerwerk
2 Befestigtes Teil
3 Nahtlos gezogene Hülse vor dem Nageln
4 Hülse nach dem Nageln
5 Nagel im Endzustand

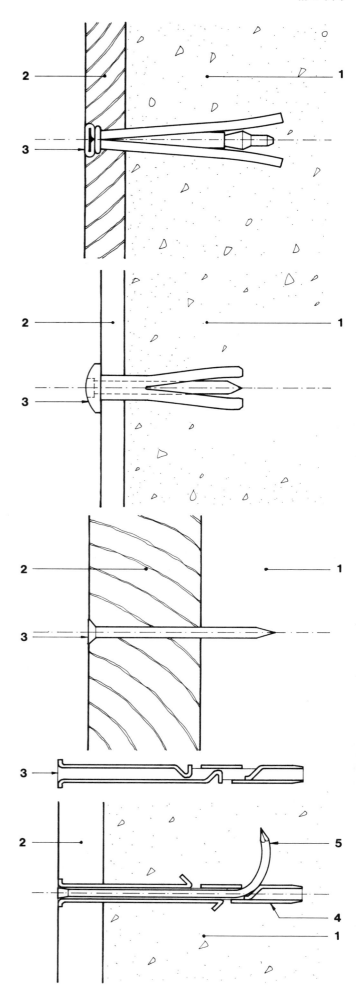

Formteile: Verschraubungen

M = 1 : 1

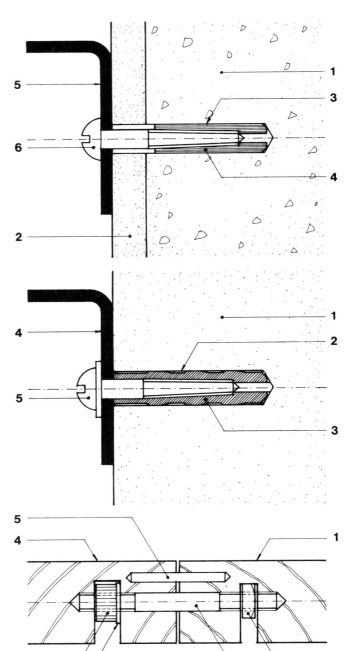

A Eine einfache und wirkungsvolle Art, Teile an den meisten Arten von Mauerwerk, Ziegelwänden und Beton zu befestigen, besteht in der Anwendung von Faserdübeln und Holzschrauben. Ein Loch von angegebenem Durchmesser und entsprechender Tiefe wird gebohrt. Die Schraube wird mit ein oder zwei Umdrehungen in den Dübel eingesetzt und dieser mit Hilfe der Schraube in das Loch gedrückt. Die Schraube wird mit ihrem Gewinde eingedreht. Dann wird die Schraube herausgenommen, das zu befestigende Teil in seine Lage gebracht und die Schraube wieder hineingesteckt und festgezogen.

1 Mauerwerk
2 Putz
3 Vorgebohrtes Loch zur Aufnahme des Dübels
4 Faserdübel mit wasserabweisender Bindemasse imprägniert
5 Befestigtes Teil
6 Holzschraube

B Eine andere Verschraubungsart, besonders in weichem Material oder leichten Blocksteinen, ist die Anwendung eines Nylondübels. Ein Loch mit angegebenem Durchmesser und entsprechender Tiefe wird zur Aufnahme des Dübels gebohrt. Der Dübel wird eingesetzt und wenn notwendig mit einem leichten Hammer hineingeklopft. Das Zubehörteil wird angesetzt, die Schraube eingeführt und festgezogen.

1 Leichter Blockstein
2 Dübelloch
3 Nylondübel
4 Befestigtes Teil
5 Holzschraube

C Der Handlaufbolzen, auch Handlaufschraube genannt, wird zur Verbindung von glatten Stößen von zwei Hölzern wie z. B. Handläufen angewandt. Er besteht aus einem Schaft, der an beiden Enden mit einem Gewinde versehen ist. An dem einen Ende befindet sich eine Vierkantmutter, an dem anderen eine Radmutter mit Rillen und Unterlegscheibe. Die Vierkantmutter greift in ein quadratisches Zapfloch am Ende des einen Handlaufes. Die Radmutter wird in das Zapfloch des anderen Handlaufes eingesetzt und wird durch Eingreifen in die Rillen mit einem Locheisen für Handläufe festgedreht. Zwei oder mehr Dübel werden in die Enden der Handläufe eingesetzt, um die Ausrichtung beim Zusammenschrauben der Enden zu sichern.

1 Handlauf
2 Vierkantmutter in der Nut liegend
3 Handlaufbolzen
4 Handlauf
5 Holzdübel
6 Unterlegscheibe
7 Radmutter mit Rillen

D Die Wagenbauschraube wird hauptsächlich zur Verbindung schwerer Holzprofile gebraucht. Sie besitzt einen quadratischen Kopf und ein grobschneidendes Gewinde mit selbstbohrender Spitze. Ein Teil des Loches wird vorgebohrt und der Schraubkopf mit einem Schraubschlüssel eingedreht.

1 Holzteil
2 Holzteil
3 Unterlegscheibe
4 Wagenbauschraube aus Stahl

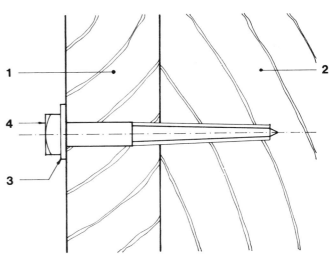

Formteile: Hohlraumdübel

M = 1 : 1

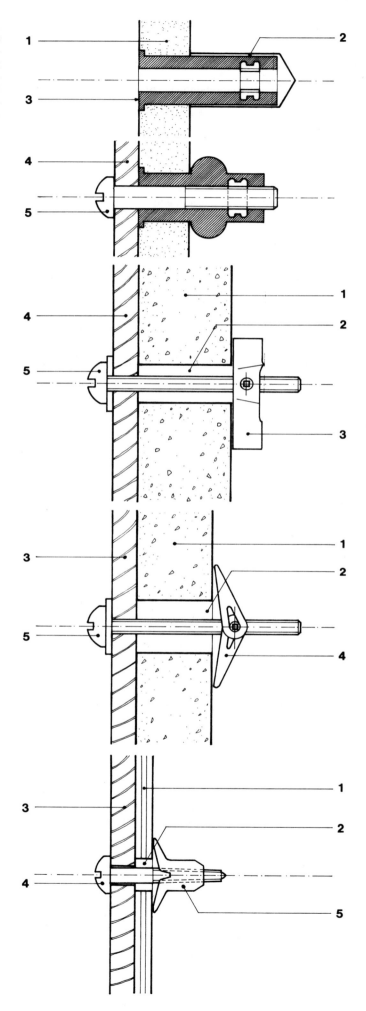

A Eine Befestigungsart von Teilen an Hohlblockmauerwerk, hohlen Wandflächen oder Türen ist die Anwendung eines Quelldübels. Dieser besteht aus einer Hülse aus Natur-Hartgummi, in deren einem Ende eine Metallmutter eingearbeitet ist und an deren anderem Ende sich ein Außenflansch befindet. Ein Loch von vorgeschriebenem Durchmesser wird durch das Material gebohrt. Der Quelldübel wird bis zu seinem Flansch eingeführt. Die Schraube wird dann durch das zu befestigende Teil in den Dübel gesteckt und angezogen, bis sie die Gummihülse zusammendrückt.

1 Wandputz
2 Vorgebohrtes Loch zur Aufnahme des Quelldübels
3 Quelldübel
4 Befestigtes Teil
5 Schraube

B Eine andere Befestigungsart an Lochsteinen und hohlen Trennwänden ist die Anwendung eines Kippdübels. Die Wand erhält ein Loch von vorgeschriebenem Durchmesser. Die Befestigungsschraube wird durch das zu befestigende Teil hindurch in den Knebel eingepaßt. Dann wird der Knebel durch das Loch in den Hohlblockstein gesteckt, bis er herunterkippt und sich gegen die Rückseite des Materials legt. Die Schraube wird angezogen, bis sie festsitzt.

1 Hohlblockstein
2 Loch für Knebel
3 Kippknebel
4 Befestigtes Teil
5 Schraube

C Eine andere Art, Befestigungen an Wänden, bei denen nur eine Seite zugänglich ist, anzubringen, besteht in der Anwendung eines Federdübels oder Springdübels. Er besteht aus einem Flachstahlknebel, der durch Federn betätigt wird. Dieser ist mittels Zapfen und einer Spannschloßmutter an dem Schaft befestigt. Ein Loch von vorgeschriebenem Durchmesser wird in den Hohlblock gebohrt. Die Schraube wird durch das zu befestigende Teil gesteckt und soweit in das Loch geschoben, bis die Schenkel des Knebels auseinanderspringen und sich an die Rückseite des Wandmaterials legen. Dann wird die Schraube angezogen, bis sie fest ist.

1 Hohlblockstein
2 Loch für Federdübel
3 Befestigtes Teil
4 Feder- oder Springdübel
5 Schraube für Federdübel

D Befestigungen an Hohlblock- und Trennwänden oder Platten aus Sperrholz oder Hartfaser mit einem beschränkten Hinterraum können mit einem Schraubanker hergestellt werden. Die Mindesttiefe der Hohlschicht beträgt 18 mm. Das Wandmaterial wird durchbohrt. Schraube und Anker werden durch das zu befestigende Teil in das Loch eingeführt. Die Schraube wird angezogen, so daß sich die Schenkel des Ankers von hinten gegen den Lochrand drücken.

1 Sperrholzwand
2 Loch für Schraubanker
3 Befestigtes Teil
4 Schraube
5 Schraubanker

Formteile: Spreizanker, Befestigung mit Bolzen

M = 1 : 1

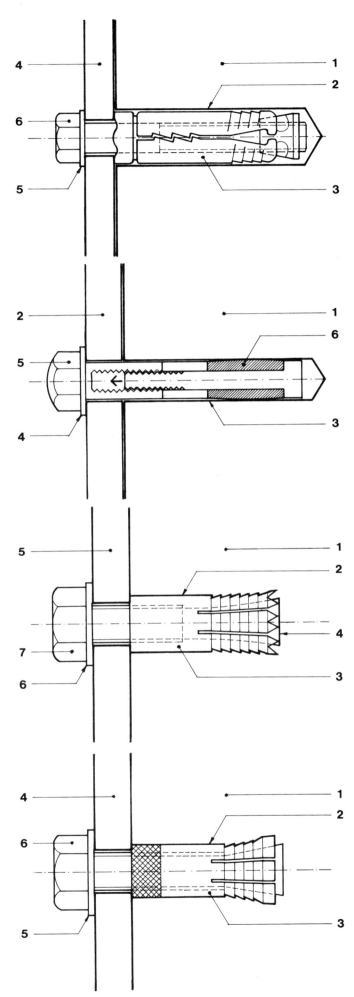

A Dieser Spreizanker besteht aus einer Spreizhülse mit eingebauter Spannmutter und gesonderter Schraube. Zuerst wird ein Loch mit vorgeschriebenem Durchmesser und entsprechender Tiefe gebohrt. Die Spreizhülse wird eingesetzt und das zu befestigende Teil über dem Loch in Stellung gebracht. Der Schraubbolzen wird nun in die Spreizhülse gesteckt und festgezogen, bis die Spannmutter packt und die Segmente der Hülse strahlenförmig nach außen gegen die Lochwandung drücken.

1 Mauerwerk
2 Vorgebohrtes Loch
3 Spreizanker
4 Befestigtes Teil
5 Unterlegscheibe
6 Schraubbolzen

B Dieser Ankerbolzen ist zur Befestigung in Hart- und Weichmaterial gedacht und besitzt eine PVC-Hülse. Wenn der Schraubbolzen angezogen wird, verkürzt sich die Hülse und vergrößert ihren Durchmesser, so daß sie sich mit der gesamten Oberfläche anpreßt. In das Mauerwerk wird ein Loch mit dem gleichen Durchmesser wie der Bolzen gebohrt. Das Loch im zu befestigenden Teil kann als Anschlag benutzt werden. Der Schraubbolzen wird eingeführt und der Kopf festgezogen.

1 Mauerwerk
2 Befestigtes Teil
3 Vorgebohrtes Loch
4 Unterlegscheibe
5 Spreizanker
6 PVC-Spreizhülse

C Der selbstbohrende Anker besitzt eine Bohrkrone, die Löcher in das Mauerwerk schneidet. Das Loch wird dann gesäubert und ein konischer Spreizdübel in das gezahnte Ende des Ankers eingesetzt. Die Ankerwirkung wird erreicht, indem man die Bohrkrone so über das untere Ende des Dübels treibt, daß sich die Wände der Bohrkrone gegen die Seiten des Loches spreizen. Das zu befestigende Teil wird über den Anker geschoben, der Schraubbolzen eingesetzt und festgezogen.

1 Mauerwerk
2 Vorgebohrtes Loch
3 Selbstbohrender Anker
4 Dübel
5 Befestigtes Teil
6 Unterlegscheibe
7 Bolzen

D Der ungezahnte Anker ist ähnlich gestaltet wie der oben abgebildete, hat aber keine Schneidezähne, um wie ein Bohrer zu arbeiten. Mit einem Preßlufthammer wird ein Loch von vorgeschriebener Tiefe und mit einem gleichen Durchmesser wie der Anker gebohrt. Der Anker wird eingesetzt und mit einigen Schlägen eingehämmert, so daß sich der Schwalbenschwanzansatz über dem kegelförmigen Stahldübel am Hinterende spreizt. Das zu befestigende Teil wird angebracht und der Bolzen verschraubt.

1 Mauerwerk
2 Vorgebohrtes Loch
3 Ungezahnter Anker
4 Befestigtes Teil
5 Unterlegscheibe
6 Bolzen

Formteile: Spreizanker, Befestigung mit Schaftbolzen

M = 1 : 1

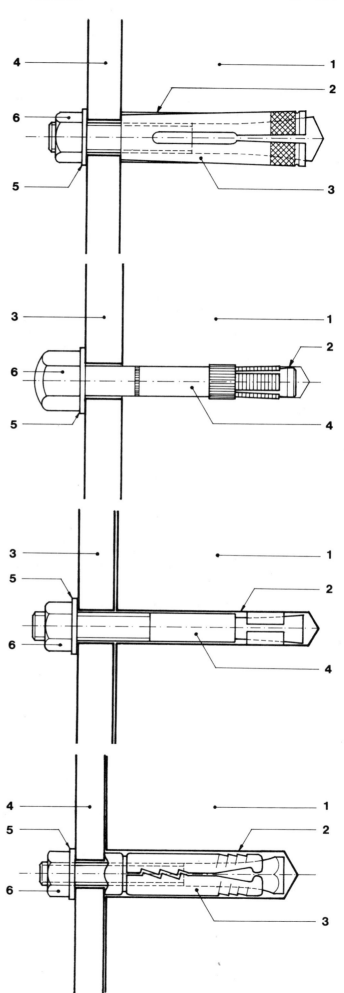

A Der Muffenanker ist ein vielseitiger Anker für schwere Belastung, weil verschiedene Kopfmuttern zur Befestigung benutzt werden können. Er besteht aus einer losen Spreizhülse, die sich über einem konischen Keil am unteren Ende spreizt, wenn der Mutterkopf angezogen wird. Ein Loch von vorgeschriebener Tiefe und gleichem Durchmesser wie der Anker wird gebohrt. Der Anker wird eingesetzt, das Zubehör angebracht und die Mutter angezogen, so daß sich die Rippen der Spreizhülse radial gegen die Lochwandung ausdehnen.

1 Mauerwerk
2 Vorgebohrtes Loch
3 Muffenanker
4 Befestigtes Teil
5 Unterlegscheibe
6 Mutter

B Diese Art Spreizanker besitzt am unteren Ende schmale Keile, die durch einen Dübel abgespreizt werden, wenn dieser beim Anziehen des Schaftes aufwärts bewegt wird. Ein Loch von vorgeschriebener Tiefe und gleichem Durchmesser wie der Anker wird gebohrt. Der Anker wird in das Loch eingeführt, das Zubehörteil aufgesetzt und Unterlegscheibe sowie Hutmutter befestigt. Sobald die Hutmutter angezogen wird, drücken sich die Keile am unteren Ende gegen die Seiten des Loches.

1 Mauerwerk
2 Vorgebohrtes Loch
3 Befestigtes Teil
4 Ankerschaft
5 Unterlegscheibe
6 Hutmutter

C Dieser Spreizanker besitzt ein konisches Ende, das teilweise von Klemmen oder Keilen umgeben ist. Ein Loch vom Durchmesser des Schaftes wird in die Wand gebohrt. Das zu befestigende Teil wird angesetzt und der Anker in das Loch eingeführt. Die Mutter wird aufgesetzt und angezogen. Hierbei zieht sie den Schaft empor und drückt die Keile am unteren Ende nach auswärts.

1 Mauerwerk
2 Vorgebohrtes Loch
3 Befestigtes Teil
4 Ankerschaft
5 Unterlegscheibe
6 Mutter

D Dieser Spreizanker besitzt einen festen Schaft und eine lose Spreizhülse, der sich radial über den am unteren Ende befindlichen Keil spreizt, sobald die Mutter angezogen wird. Zuerst wird ein Loch von vorgeschriebenem Durchmesser und von entsprechender Tiefe gebohrt. Spreizhülse und Schaft werden zusammen in das Loch eingeführt, wobei der Schaft aus dem Loch hervorschaut. Das zu befestigende Teil wird angebracht und die Mutter mit Unterlegscheibe so angezogen, daß sich die Hülse parallel zu den Seiten des Loches abspreizt und den Anker sichert.

1 Mauerwerk
2 Vorgebohrtes Loch
3 Spreizhülse
4 Befestigtes Teil
5 Unterlegscheibe
6 Mutter

Formteile: Einbetonierte Anker

M = 1 : 1

A Es gibt verschiedene Möglichkeiten, Anker einzubetonieren. Sie werden vor dem Betonieren in ihre Lage gebracht. Einer dieser Anker ist ein einbetoniertes Edelstahlhohlrohr mit Innengewinde auf der einen Seite und einem Wulst auf der anderen. Ein Schraubbolzen wird durch die vorgebohrte Schalung eingedreht und das Rohr fest angepreßt. Wenn der Beton fest ist, werden Bolzen und Schalung entfernt. Das zu befestigende Teil wird angebracht und der Bolzen wieder eingeschraubt.

1 Muffe aus Gußeisen, Aluminiumbronze oder rostfreiem Stahl
2 Verschluß (während des Betonierens)
3 Schalung
4 Bolzen (während des Betonierens)
5 Beton
6 Befestigtes Teil
7 Schraubbolzen (endgültige Stellung)

B Eine andere Art von Einbaumuffe wird bei dünneren Betonteilen eingesetzt; sie hat einen rechtwinkligen Fuß, der zwei Vorsprünge enthält, um durchgehende Bewehrungsstäbe aufzunehmen. Die Muffe wird damit an der Bewehrung festgerödelt. Ein eingefetteter Bolzen wird in die Muffe eingesetzt, der Beton wird gegossen und erhärtet. Dann wird der Bolzen zur Wiederverwendung herausgenommen.

1 Plattenmuffe
2 Bewehrungsstab
3 Beton
4 Befestigtes Teil
5 Schraubbolzen

C Eine andere Einlage zum Einbetonieren besteht aus einem festen schwalbenschwanzförmigen Formstück. Es dient zur Befestigung von Nägeln oder Schrauben. Der Block wird mit einem Nagel durch ein vorbereitetes Loch des Formstücks an der Rückseite der Schalung befestigt. Nach Erhärten des Betons wird die Schalung entfernt und der Nagel abgeknipst. Alternativ kann der Block durch Einpressen in die Oberfläche des frisch gegossenen Betons in seine Lage gebracht werden.

1 Formstück
2 Beton
3 Befestigtes Teil
4 Befestigungsschraube

D Es gibt zwei Grundarten von Ankerbolzen: Bolzen mit aufgesetzten Rippen oder eingekerbte Bolzen. Der eingekerbte Bolzen besteht aus einem Stab, der an einem Ende ein Gewinde, am anderen eingequetschte Längsverzahnungen besitzt. Der Bolzen wird normalerweise mit den üblichen Sechskantmuttern ausgestattet. Er wird in seine Stellung gebracht und einbetoniert. Das zu befestigende Teil ist angebohrt, um das Schraubengewinde aufzunehmen, wird in seine Lage gebracht und mit Muttern und Unterlegscheiben fest an seiner Stelle gehalten.

1 Beton
2 Eingekerbter Stahlbolzen
3 Befestigtes Teil
4 Unterlegscheibe aus Stahl
5 Stahlmutter

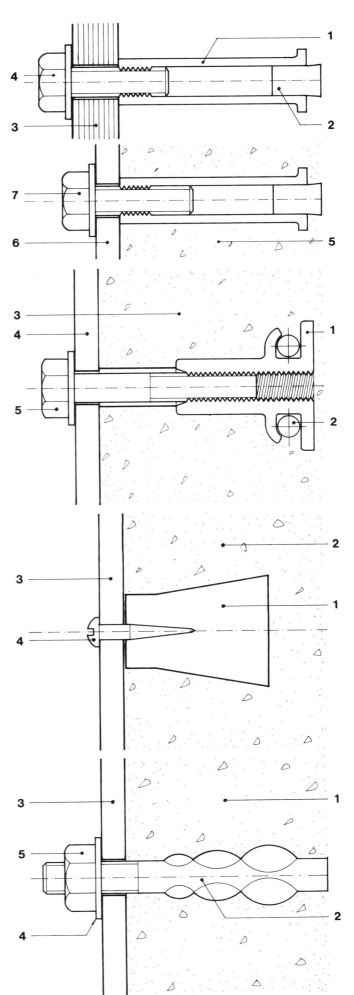

Formteile: Regalkonsolen und -schienen aus Aluminium

M = 1 : 1

A Normalschiene

Die Profilschlitzschiene aus Aluminiumlegierung ist so hergestellt, daß sie die Winkelkonsolen des Regals in Stufen von rund 25 mm aufnehmen kann. Die Schiene ist mit den benachbarten Schlitzschienen eingefluchtet. Eine Senkkopf-Holzschraube wird durch das oberste Loch in einen Dübel geschraubt und die Schiene lotrecht gehängt. Eine weitere Schraube wird dann am unteren Ende eingesetzt und dazwischen weitere Schrauben im Abstand von rund 20 cm. Die Konsolen werden in der vorgesehenen Höhe in die Schlitze der Schiene eingesetzt.

1 Wandkonstruktion
2 Schlitzschiene aus Aluminium
3 Dübel
4 Senkkopf-Holzschraube, alle 20 cm auf Mitte, 25 mm lang
5 Konsole oder Winkelstütze aus Aluminium

B Schiene zur Befestigung von Wandplatten

Eine andere Art Schlitzschienen aus Aluminium hat Flansche, um Wandpaneele von 12 mm Dicke an der Wand zu halten. Die Schiene wird mit den Nachbarprofilen eingefluchtet. Eine Senkkopf-Holzschraube wird durch das oberste Loch in einen Dübel eingesetzt, und die Schiene lotrecht gehängt. Dann wird eine Schraube am unteren Ende eingeschraubt und weitere Schrauben dazwischen angebracht, je nach Belastung. Die Konsolen werden abschließend in die Schlitze der Schiene eingehakt und tragen die Regalbretter.

1 Wandkonstruktion
2 Wandplatten, 12 mm dick
3 Schlitzschiene aus Aluminium mit Flansche
4 Dübel
5 Senkkopf-Holzschraube, 25 mm lang
6 Aluminiumkonsole

C Pfostenstütze

Ein freistehender Pfosten besteht aus einem Vierkantprofil, auf dem an allen vier Seiten Schlitzschienen angenietet sind. Die Höchstlänge wird einschließlich Kopf- und Bodenbefestigung mit 2400 mm vorgeschrieben. Ähnliche Pfosten können auch hergestellt werden unter Verwendung des Vierkantprofils mit ein, zwei oder drei angenieteten Schlitzschienen.

1 Vierkantprofil aus Aluminium
2 Schlitzschienen aus Aluminium

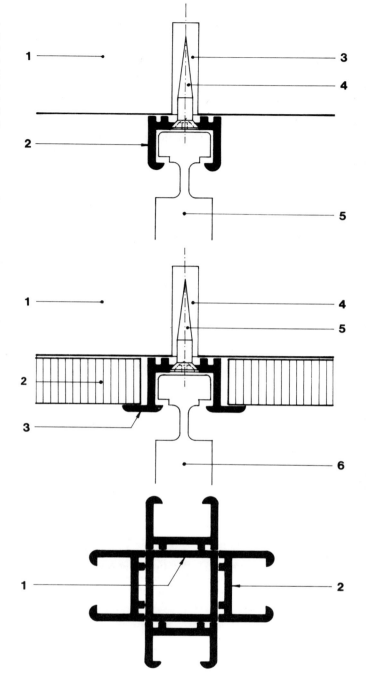

D Konsolen

Die Konsolen bestehen aus einer Aluminiumlegierung und werden in Längen von 100 bis 600 mm in Stufen von 50 mm hergestellt. Es gibt verschiedene Typen und Ausführungen, aber alle Konsolen sind für die Verwendung in Schlitzschienen bestimmt. Eine Konsole oder Winkelstütze wird mit dem Hakenende, Regalträger nach oben, in die Tragschiene eingesetzt. Dann wird sie heruntergedrückt, bis der Haken im vorgesehenen Schlitz der Schiene einrastet.

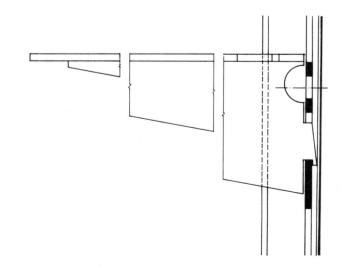

Formteile: Klebeanker

M = 1 : 2

A Chemische Klebstoffe, auch als Kunstharzklebemörtel bekannt, können bei Befestigungen in Beton, Mauerwerk und anderen Materialien verwendet werden. Sie werden in Verbindung mit einem großen Sortiment von Stäben, Beschlägen, Bolzen und Muttern (Hülsen) angeboten. Der empfohlene Durchmesser des in die Wand zu bohrenden Loches soll zwischen 4 mm und 12 mm größer sein als der Durchmesser des Stabes oder Bolzen. Die vorgeschriebene Mindesttiefe des Loches beträgt in der Regel 100 mm. Das Loch wird am besten mit einem Preßluft-Schlagbohrer unter Verwendung von Luft oder Wasser zum Ausspülen des Loches hergestellt. Ein mit einem gewöhnlichen Elektrobohrer hergestelltes Loch muß gründlich von Staub befreit werden oder besser mit einer Drahtbürste ausgebürstet und gereinigt werden. Löcher oder Taschen, die in Beton eingegossen werden, sollten schwalbenschwanzförmig oder mit rauhen Seiten ausgebildet sein, um eine ausreichende Haftung zu erzielen. Eine Kapsel mit Polyesterharz und Quarzsand wird mit einem Fläschchen Härter in das Loch eingeführt. Dann wird der Stab in das Loch gepreßt, zerstört die Kapsel und mischt den Inhalt zu einem Kunstharzmörtel, der bei normalen Temperaturen in ungefähr einer Stunde erhärtet. Eine andere Methode besteht darin, die Mischung vorzubereiten, in das Loch zu gießen und dann den Ankerstab einzuführen.

1 Mauerwerk
2 Loch
3 Klebemörtel
4 Dübel aus geripptem Walzstahl

B Gerippter Bewehrungsstab mit Gewindeende

C Werkstück mit durchgehendem Gewinde (Gewindestahl)

D Bolzen mit Verankerungsrippen

E Sechskantschraube mit Kopf nach hinten

F Bolzenmuffe

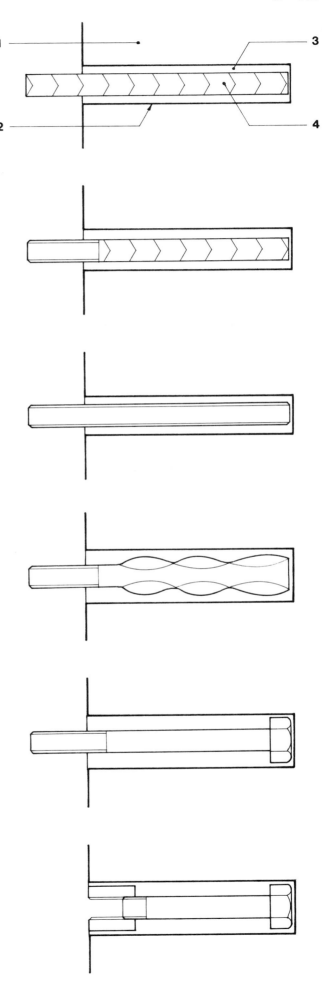

Formteile: Stahlgeländer: Rahmen

M = 1 : 2

A Rahmen aus massivem Rechteckprofil
Die Profile werden in der Länge rechtwinklig zugeschnitten. Die Verbindung erhält V-förmige Einschnitte und wird auf Stoß mit Wulst verschweißt.

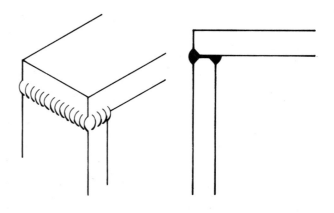

B Rahmen aus massivem Rechteckprofil
Die Profile werden in der Länge rechtwinklig zugeschnitten. Die Verbindung erhält V-förmige Einschnitte und wird auf Stoß mit glatter Naht verschweißt.

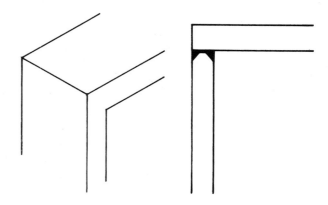

C Rahmen aus massivem Vierkantprofil
Die Profile werden genau auf Länge rechtwinklig zugeschnitten. Die beiden Profile werden dann mit einer Maschinen-Senkkopfschraube aus Stahl in vorgebohrten Löchern miteinander verbunden.

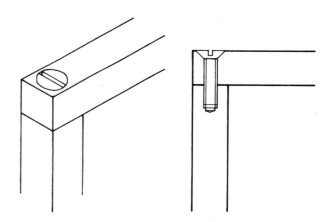

D Rahmen aus Rechteckprofilrohr
Die beiden Rechteckrohre werden an den Enden auf 45° Gehrung zugeschnitten. Die Verbindung wird auf Stoß an allen vier Seiten des Profils mit Wulst verschweißt.

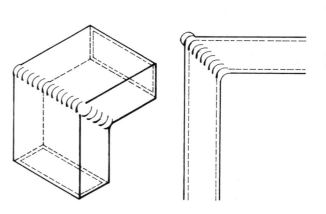

Formteile: Stahlgeländer: Durchdringung von Stäben M = 1 : 2

A Geschweißte Vierkantstäbe
Der anzusetzende Vierkantstab wird zugeschnitten und an den Handlauf gestoßen. An allen vier Seiten wird der Stoß auf Kehlnaht verschweißt.

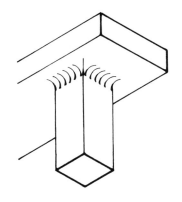 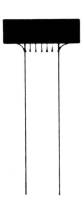

B Geschweißte Rundstäbe
Der Handlauf wird zur Aufnahme des Stabes durchbohrt. Dann wird der Stab in das Bohrloch eingefügt, aber kurz gehalten, um noch eine Vertiefung für das Schweißmetall zu lassen. Der Stab wird stöpselartig mit dem Handlauf verschweißt. Die Naht bleibt unbearbeitet. Zur Bearbeitung des Überstandes werden die Löcher im erforderlichen Winkel zum Handlauf geschliffen und so abgefeilt, daß die Oberfläche glatt ist.

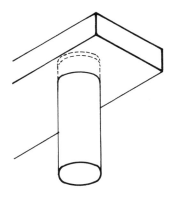 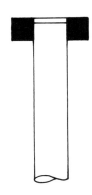

C Geschraubte Rundstäbe
Der anzusetzende Rundstab oder ein Serienprofil wird rechtwinklig zum Handlauf zugeschnitten, ggf. auch im Winkel bei geneigten Handläufen. Handlauf und Stab werden durchbohrt und angesetzt. Die Befestigung wird mit einer Maschinen-Senkkopfschraube aus Stahl hergestellt. Der Schraubenkopf wird nach dem Einschrauben abgeschmirgelt.

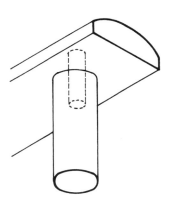 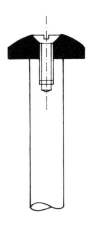

D Geschweißtes Rechteckprofilrohr
Das anzusetzende oder Standardprofil wird rechtwinklig zum Handlauf zugeschnitten. Das Profil wird an die Schiene gestoßen und an allen vier Seiten angeschweißt. Die Wülste der Schweißnähte bleiben unbehandelt.

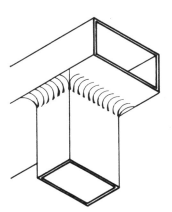 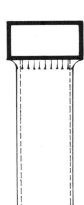

Formteile: Geländer: Verbindung von Horizontalriegeln

M = 1 : 2

A Geschweißte Rechteckriegel
Die beiden Rechteckriegel werden rechtwinklig zugeschnitten und bauseitig zusammengesetzt. Die Enden der Riegel werden V-förmig angeschnitten, um die Schweißnaht aufzunehmen. Alle vier Seiten der Verbindung werden verschweißt und bleiben unbehandelt. Die Schweißnaht kann aber auch bis auf die Oberfläche des Riegels eingeebnet werden, wenn eine glatte Ausführung gefordert wird.

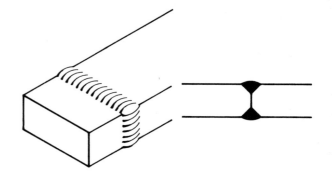

B Geschweißte Rundrohre
Die beiden Rundrohre werden auf der Baustelle mit einem kurzen Rohrstück von etwas geringerem Durchmesser als Dübel miteinander verbunden. Dieses Rohrstück hilft beim Ausrichten und Schweißen. Zwischen den zu verschweißenden Rohren verbleibt ein schmaler Spalt, der die Schweißnaht aufnimmt. Die Nähte bleiben unbehandelt.

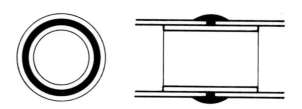

C Geschraubte Rechteckriegel
Wenn die Riegel nach der Herstellung mit Rostschutz behandelt sind, ist ein Schweißen bauseits nicht empfehlenswert. Die Verbindung der beiden Riegel erfolgt durch Überblattung, die mit mindestens zwei Maschinen-Senkkopfschrauben aus Stahl verbunden ist. Nach dem Festschrauben werden die Schraubköpfe abgeschmirgelt.

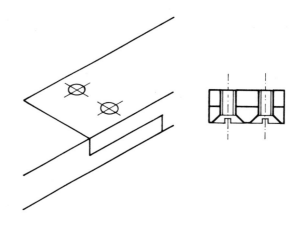

D Geschweißte Rechteckrohrprofile
Die beiden Rechteckrohre erhalten bauseits kurze, steckerähnliche Bleche, die in die Innenseiten an den Enden der Rohrprofile eingeschweißt werden. Die Profilenden werden V-förmig gekerbt, um die Schweißnaht an allen vier Seiten der Fuge aufzunehmen. Die Naht bleibt unbehandelt.

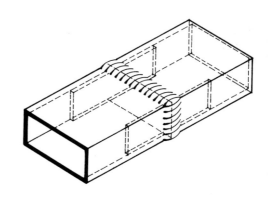

Formteile: In Beton eingegossene Ankerschienen

M = 1 : 2

A Ankerschiene, Gewicht 3,05 kg/m
Die verzinkte Ankerschiene besteht aus kaltgewalztem Stahl, ist mit Schaumstoff gefüllt und wird an den gewünschten Stellen vor dem Betonieren fest an der Schalung angebracht. Nach dem Einbringen, Erhärten und Ausschalen des Betons wird die Kunststofffüllung entfernt, so daß die Schiene sauber und frei von Mörtel und Zement ist, um die selbstgleitenden Standardmuttern aufzunehmen; ebenso Klammern, Konsolen und andere Beschläge an jeder erforderlichen Stelle längs der Schiene.

1 Verzinkte Ankerschiene
2 Schaumstoffüller
3 Betonplatte

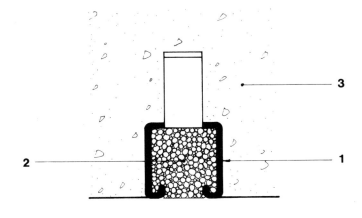

B Ankerschiene, Gewicht 1,94 kg/m
Die Tragfähigkeit der Ankerschiene hängt hauptsächlich von der Festigkeit des Betons ab. Die Schiene kann in den gewünschten Längen und an den erforderlichen Stellen angebracht werden. Die Normallänge von Schienen beträgt rund 7 m. Die Verankerungen im Beton sind rund 10 cm voneinander entfernt.

1 Verzinkte Ankerschiene
2 Schaumstoffüllung
3 Betonplatte

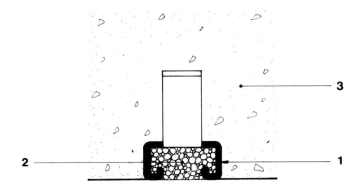

C Ankerschiene, Gewicht 1,30 kg/m
Das leichte Ankerschienenprofil wird aus leichtem Normalstahlblech in den gleichen Abmessungen wie die Schiene in ,,B" (oben) kalt gewalzt.

1 Verzinkte Ankerschiene
2 Schaumstoffüllung
3 Betonplatte

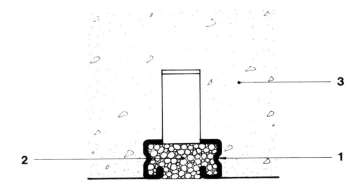

D Ankerschiene, Gewicht 0,73 kg/m
Das ganz leichte Profil wird in den Maßen 25 mm x 12,5 mm gewalzt. Dieses Profil wird zur Anpassung von 6 mm Klemmmuttern an MG-Maschinenschrauben mit 13 mm Durchmesser hergestellt.

Die Betonanker sind abwechselnd in 61 mm und 39 mm Entfernung angebracht. Dies erlaubt, Normallängen von 3000 mm auf Maßeinheiten von 100 mm zuzuschneiden.

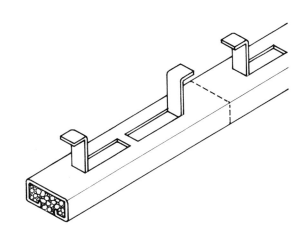

Stichwortverzeichnis

(Die *kursiv* gedruckten Seitenangaben verweisen auf Ausführungsbeispiele)

Abdecktafeln *104, 106*
Abstandshalter *48*
Aluminium *81, 121, 145, 182*
Aluminiumflachdächer *96*
Anbringen 56
Anker 34, *48, 180, 181*
Ankerschienen *187*
Anordnung 32
Anschlüsse 32, *86*
Anschlußprofil *42*
Arbeitsfuge 21, *62*
Asbestzement *102, 153*
Asphaltdach *98, 107*
Auflagen *78, 79*
Außenwände *64*
Außenwandpaneele *133*

Balken *78*
Balkenschuhe *72*
Bauphysik 31
Befestigen 24
Befestigungsteile *50*
Begriffe 22
Beispiele *59*
Beschläge *51*
Betonauflagen *79*
Betonbalken *78*
Betonboden *163, 166*
Betondachsteine *85*
Betonflachdach *99*
Betonplatten *63, 126*
Betonsturz *110*
Betonstütze *61, 78*
Betonwände *65*
Bewegungsfuge 21, *122*
Bezeichnungen 12
Blatt 13
Bleidächer *87*
Bleiverbindung 20
Blöcke *48*
Bodenfliesen *163*
Bolzen *49, 179*
Brandschutz 31, *75, 141*
Bronzeverbindung 20
Bruchsteinmauerwerk *65*
Brustzapfen 16

Dachanschlüsse *86, 97*
Dächer *85*
Dachpappe *107*
Dachsteine *85*
Decken *170*
Deckenplatten *82*
Decktafeln *104*
Dehnungsfuge 20, 21, *62, 165*
Dichtungsmassen 45
Dübel 34, *48, 49, 73, 176, 177*
Dübeln 26

Eckblatt 15
Eckfuge 17
Eigenschaften 31
Entwurfsgrundlagen 32
Erdgeschoßböden *66*
Estrich *161*

Falz 14, 21
Falzung 21
Fase 14

Fassadenelemente *124*
Federverbindung 14
Fensterbänke *113, 153*
Feuchtigkeitssperre *119*
Feuerschutz 31
Flachdach *96, 100*
Fliesen *137, 152, 163*
Formstücke *50*
Formteile *176*
Fuge 17, 18, 23, 33, *126, 128*
Fugenband *62*
Fugenbreiten 33
Fugendichtung *129*
Fugendichtungsmassen 45
Füllmassen 45
Fundamente *60*
Funktionen 29
Fußböden *66, 160*

Gabelzapfen 16
Gasbetonplatten *131*
Gehrung 15
Geländer *67, 184*
Gerades Blatt 13
Gipskarton *138, 142, 158*
Glasdach *108*
Glasmulden *109*
Gleitlager 22
Glockenmuffe 20
Granitplatten *136*
Grenzfläche *42*
Grundlagen 9
Gründung *60*

Haken *51*
Heizungsbereich 20
Herstellung 56
Hohlfuge 18
Hohlraumdübel *178*
Holzbalken *70, 72*
Holzböden *162, 167*
Holzfachwerk *64*
Holzfaserplatten *172*
Holzpfetten *105*
Holzrahmen *70*
Holzrahmenwand *150*
Holzspanplatten *103*
Holzverbindungen 13, *73*
Holzverkleidungen *132*
HV-Verbindungen *84*

Ingenieurbauwerke 21
Innenwandausführungen *151*
Isolierung *68*

Keilzinkenverbindung 13
Kellenschnitt 18
Kitte 45
Klammern 34, *51*
Klaue 16
Klauenschiftung 15
Klebeanker *183*
Kleben 25
Klebstoffe, 34, 44, 45
Kniegelenk 20
Köcherfundament *60*
Konsolen *182*
Kugelgelenk 21
Kupferdächer *89*

Labyrinthfuge 21
Lage 30, 32
Lagerfuge 18
Leichtbauplatten *134*
Leichtbeton *83*
Leichtbetonplatten *149*
Leime 45
Leimfuge 21
Lippenfuge 19
Lösungsmittel 20
Lötung 20
Lüftungsbereich 20
Luftschichtanker *118*

Mastix 45
Mauerkappen *116*
Mauerwerk *65, 122*
Mauerwerksverbindungen 17
Mineralfaserplatten *174*
Mörtel 44
Montage 54
Muffe 20
Muttern 40

Nägel 34, 52
Nageldübel *176*
Naturstein *114, 136*
Nieten 34
Nietverbindungen 21
Normen 34
Nut- u. Federverbindung 14

Oberflächen *151*
Offene Fuge 21
Ortbetongründung *62*

Pflasterdach *99*
Pfosten *67*
Platte *63*
Preßspanplatten *157*
Profilbleche *120*
Profilverbindung 16
Putz *151, 170*

Rahmen *70, 184*
Regalkonsolen *182*

Sanitärbereich 20
Schäftung 13
Schalldämmung *156, 169*
Schallschluckplatten *155, 173*
Schallschutz 31
Scheinfuge 21
Schieferplatten *115, 135*
Schmelzverbindung 20
Schornsteinanschlüsse *86*
Schräges Blatt 13
Schrauben 26, 34, 35, *53*
Schraubverbindungen 20, *84, 177*
Schwalbenschwanz 15, 17
Schweißen 34
Schweißverbindung 20
Schwindfuge 21
Setzungsfuge 22
S-Falz 14
Sitz *55*
Spanplatten *168*

Sperrholz *133, 154, 160*
Spreizanker *179, 180*
Ständerbau *71*
Stahlauflager *78*
Stahlbau *75*
Stahlbetonstütze *80*
Stahlpfetten *104*
Stahlstützen *60*
Stahlsturz *111*
Stahlträger *74*
Stahltrapezblech *120*
Stehfalzdeckung *95*
Steinverklammerung *17*
Stopfbuchse *21*
Stopfmasse *46*
Stoß *14, 80*
Stoßfuge *17, 21*
Streifen *47*
Stützenfüße *60, 69*
Stumpfer Stoß *14*
Sturz *110, 112*

Täfelung *138*
Tischlerplatten *171*

Toleranzen *33, 34*
Traufe *107*
Trennwände *138*

Überblattung *70*
Überfälzung *14*
Überfalzung *17*
Überlappung *13*
Untersichten *175*

Verankerungen *48, 130*
Verbinder *49*
Verbindungen *20, 22, 24, 80*
Verbindungsmittel *22, 44*
Verbindungsstreifen *47*
Verbindungstechniken *54*
Verblendung *110*
Verbundplatte *139*
Verdübelte Fuge *17*
Verglasungsmasse *46*
Verkämmung *15, 70*
Verklammerung *17, 27*
Verkleidung *134*
Verkleidungsplatten *125*

Versatz *15, 70*
Verschraubungen *20, 177*
Versetzbare Wand *141, 143*
Versiegelungsmasse *46*
Verzahnung *13*
Vorgefertigte Betonplatten *126*
Vorschriften *34*

Wände *62, 68, 110*
Wärmedämmung *169*
Wandfliesen *152*
Wandtafeln *147*
Wanne *68*
Wellasbestzement *102*
Wellblech *101*
Wetterrechte Fuge *19*
Wulst *21*

Zapfen *16, 70*
Zeichnungen *43*
Ziegelwand *66*
Zinkdächer *93*
Zinkung *16*
Zweischalige Außenwand *64, 118*

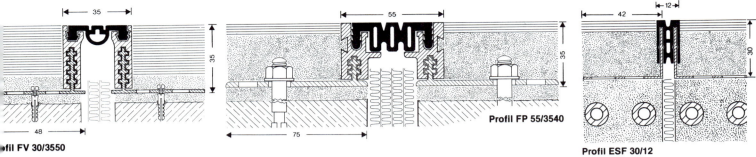

Beispiele aus dem großen MIGUA Programm

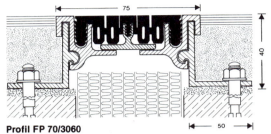

für Fußboden

FB 20/3028
FB 20/1518 FB 20/1820
FB 20/2122 FB 20/2422
            FB 20/4030
FB 20/5038 FB 20/6048

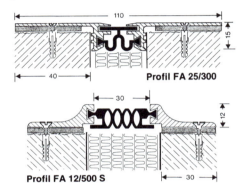

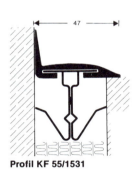

für Fassade

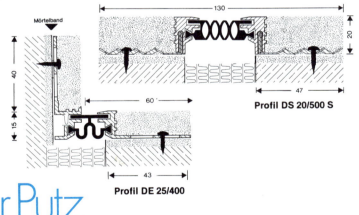

für Putz

MIGUA-Systeme im Bauwesen:
Bewegungsfugen-Dichtungsprofile
Fugenbänder/Tiefbau
Fugenbänder/Flachdach
Fugendichtungen/Beton-Fertigteilbau
Abdichtbänder
Bau- und Gleitlager Gleitfolien

Bitte fordern Sie unsere ausführlichen Kataloge an.

MIGUA Sicherheit mit Profil

MIGUA
MITTELDEUTSCHE GUMMI- UND ASBESTGESELLSCHAFT

HAMMERSCHMIDT GMBH + CO

Postfach 167 · Brügelweg 1-3 · 5628 Heiligenhaus · Fernruf (02126) 5086
Fernschreiber 08516725 miga d · Drahtwort MIGUA Heiligenhaus

Verkaufsbüro und Auslieferungslager Süd:
Iversbuschstraße 65 · 8000 München 50
Telefon: (Vorwahl 089) 8122882 · Fernschreiber 05215574 miga d